U0303636

治 水

环境社会学视角

陆益龙 著

商务印书馆
The Commercial Press

图书在版编目（CIP）数据

治水：环境社会学视角 / 陆益龙著. —北京：商务印书馆，2022

ISBN 978-7-100-21263-2

Ⅰ.①治… Ⅱ.①陆… Ⅲ.①水资源管理—研究—中国 Ⅳ.① TV213.4

中国版本图书馆 CIP 数据核字（2022）第 097076 号

治水
——环境社会学视角
陆益龙　著

商 务 印 书 馆 出 版
（北京王府井大街 36 号　邮政编码 100710）
商 务 印 书 馆 发 行
北京市白帆印务有限公司印刷
ISBN 978 - 7 - 100 - 21263 - 2

2022 年 12 月第 1 版　　　开本 880×1230　1/32
2022 年 12 月北京第 1 次印刷　印张 10⅛

定价：75.00 元

目　录

第一章　水治理的社会学研究

禹乃遂与益、后稷奉帝命，命诸侯百姓兴人徒以傅土，行山表木，定高山大川。禹伤先人父鲧功之不成受诛，乃劳身焦思，居外十三年，过家门不敢入。

——司马迁：《史记·夏本纪》

水是生命之源、生产之要、生态之基，水之于人、社会乃至我们这个星球来说，其重要性不言而喻。治水则反映了人类与水的相互关系和互动过程，人类文明进程包含了丰富的治水历史经验。关注和研究治水问题，就是要对人和自然、人与水的关系及互动的法则、政策、实践和方法等加以科学认识与反思。

一、水的二重性

对水的属性和特征的认识影响着人类对水的态度和治水行为。人类对水的认识和观念是开放的、动态的，在不同时空场域，人与水的关联不同，对水的认知、对水的态度也会有差异。水是生命之源，其意义和性质则是永恒的、客观存在的。人类的治水事业要立足于对水的客观属性和永恒意义的科学认识，积累多种知识，形成更多共识。

（一）自然属性与社会属性

水的二重属性首先体现在水既具有自然属性，又有社会属性。自然属性是指水是自然界的一种基本物质，是自然形成的，即通过自然降雨过程而产生的自然物质。之所以说水也具有社会属性，是因为水在人类社会生活中占据着特别的地位，是社会中一种特殊的资源。

作为一种最重要的自然资源，水资源受自然条件的影响和作用较大。不同地区、不同气候条件，水资源的分布和占有存在巨大差异。在中国，南方和西南地区降水量大，水资源相对丰富；而在北方特别是西北地区，干旱与水资源短缺情况较为严重。

水的时空分布情况也成为一个地区自然条件的重要构成与核心标识，水资源的分布和储量为地区的社会经济发展提供了相应的自然禀赋以及相应的条件约束。对于干旱缺水地区来说，水会成为困扰地区社会经济活动的重要制约因素。在降水量较大地区，水资源虽相对丰富，但区域社会经济活动也会受相应水自然条件的制约。如降水量时间分布不均会带来洪涝灾害和季节性旱情等，这些都在一定程度上影响着地方发展。

水的社会属性反映的主要是水与社会的关系、水在社会中的地位和使用状况。水资源体现的就是自然属性与社会属性的统一，即水是人类必需和共享的自然物，但水是作为重要资源在社会中得以占有和使用的，人与水的关系受社会因素或社会条件的影响。正因水也具有社会属性，所以水之于不同区域、不同社会来说，其意义、其影响是有差异性的，对待治水的态度、利用水的方式、水的分配、治水的方略等也会不同。例如，在水利建设发达和完善的社会，水资源会造福人类，水与社会和谐发展。相反，在忽视水资源保护的社会，随着水环境的恶化，水则会成为影响社会生活，制约发展的社会问题。

认识水的二重属性对于治水来说有一定的启示，水意识反映了人们的用水行为并非仅仅是在使用一种自然物品，而是在自然条件与社会文化相互影响的社会环境里建立起一种关系。不同的水意识在一定自然与社会条件下形成，又在社会行动中显现出来，对人们的用水或是治水行动产生影响，甚至是支配作用。人与水的关系某种意义上便是自然属性与社会属性之间的辩证关系：一方面，水资源状况作为一种自然条件，影响和制约着人类的社会生活和社会行为；另一方面，人类的社会行为又对水的自然状态有着越来越大的影响。因此，应对水问题，不仅要尊重水的自然属性，遵循自然规律，还要关注水的社会属性，即社会行为对水自然环境构成的影响，倡导并促进水与社会和谐协调的关系，使人类社会行为有利于水生态环境的自然均衡，为人类社会可持续发展创造有利的水环境。

（二）公共属性与资源属性

人的生存和生活离不开水，因此，对任何社会来说，水都是一种公共物品。社会需要保证生存和生活用水供应，需要保障用水安全。在这个意义上，水不仅是自然物品，具有自然属性，而且是社会生活必需的公共物品，具有公共属性。

鉴于水在社会中的公共属性，社会成员与水的关系有着两个方面的内涵：一方面，由于水是社会成员生存的必要条件，因而在社会中每个人都享有获得水的权利，社会需要为满足这一权利提供必要的公共条件和支持。社会中的涉水事业很多是公共事业，尤其是生活用水的供应如城市供水系统、水源地建设与保护、水生态保护等，是关系到所有人社会生活的事务，有着公共的目的，对公共利益有重大影响，因此需要作为社会公共事业加以重视和发展。

另一方面，社会成员在享有水这一公共物品的同时，也有承担相应责任的公共义务。如在保护公共物品的供给条件、保护水环境和用水安全等方面，由于公共利益有时会受到个人的某些社会行动的影响，因而保护公共物品的公益性、安全性、可持续性，就需要共同一致的行动。每个社会成员其实都有保护公共产品、保护公共利益的责任和义务。保护好水的公益性、公共性，离不开社会成员公共意识的增强。

水在社会中不仅具有公共属性，而且具有资源属性。水的资源属性是指水在社会中的配置和使用并非完全开放、无偿使用的，水之于社会而言是一种重要的资源，需要在社会中被公平、合理和科学地分配、使用。

水资源因气候、地理等自然条件的差异而在区域分布上存在较大差异性，例如，水是流动的资源，在河流的上下游之间，就存在水资源的占有地位差异，上游如果过多占有或不当用水，可能就会影响到下游民众公平获取水资源的权益。水资源是社会生产和社会生活不可缺少的资源，每个社会成员、每个社会单位在水资源获得上都享有公平的权利。要保障水资源获得权的公平性，社会就需要有公平合理的水资源分配制度。

作为一种资源，水资源的占有、取得、使用行为也就有专用性、排他性和有偿性。由于社会中的水资源不是无穷无尽的，而是有限的，为维护水资源的合理开发和利用，就需要相关的制度安排来规制、约束和管理用水社会行为，以保障水资源使用的公平和效率，使水资源更好地服务于人民生活。

社会的可持续发展、人与自然的和谐，首先取决于社会中水资源的可持续发展与科学合理利用。人类的行为对水资源及其他自然条件有着非常大的影响，特别是科学技术越来越发达的社会，人类改造自然的能力发生着惊人的变化，与此同时，影响环境、破坏自然生态的能力和风险也在显著提高。贝克之所以将现代社会视为"风险社会"，①正是现代技术的突飞猛进及其使用，在造福人类的同时，也可能给人类社会带来一些不可逆的改变和影响，这些不可逆的改变和影响所带来的威胁并不仅仅反映在可见的范围之内，更为可怕的是一些无法预知且无法逆转的威胁。也就是说，当人类发现某条发展路径前面就是危险的陷阱，再想折转回头改变路径时，却发现没有任何退路，这些就是风险社会的潜在风险。

（三）水利与水害

兴修水利，消除水害，这是人类治水的基本宗旨。不仅人的日常生活离不开水，人们需要饮用水，洗衣做饭需要用水，洗漱需要用水等，而且工农业生产也离不开水，水是生产活动必不可少的资源。自古以来，人类兴修水利，就是通过科学有效的手段，对水的自然状态加以调控，从而使水资源得到合理开发和使用，以利于人类社会的生活和生产，即让水造福于人类社会。

水利集中反映了人类与水的关系，人类为了更加主动地调控水资源，更好地开发利用水资源，使水资源对社会生产生活更加有利，就要通过先进的技术手段，改变水的自然分布和运动状况。因而水利往往是与工程联系在一起，即人类通过水利

---

① 参见贝克:《风险社会》，何博闻译，译林出版社，2004年。

工程建设，改变水的自然生态，并加以人为、能动的调节和控制，这样即可达到根据社会需要进行调度、分配、再开发、再利用等社会经济目标。较为普遍的水利工程如水库大坝、引水渠等，可以将自然降水和河流的水集中储存起来，这样可以为降雨少的季节的生产生活用水提供保障，而且大坝蓄水还可开发再利用，为能源、交通、农业和渔业等领域的发展创立新的条件。

预防、消除和治理水害是水利事业的基本目标之一。在自然灾害中，洪灾、旱灾是与水相关的两种灾害，对人类生产生活、生命财产等会造成损失和损害。水灾是由恶劣气候因素造成的，应对水灾，消除水害，人类需要尊重自然规律，认识自然规律，科学地防灾减灾。人类兴修水利工程，重要目的之一就是防灾减灾，应对并消除水害，将自然灾害的不利影响降至最低程度。

兴利除害体现了人类与自然的互动，不过在水利观念中，也包含了人类中心主义的成分，即人类在水利工程中，可能自觉不自觉地站在人类利益中心的立场，而对行动和改造的对象可能并未作充分的考虑，对人与水的和谐、生态的平衡关系也未能充分顾及。如果人类水利事业和行动中只有人类利益中心主义观念，而缺乏生态理念、人与自然和谐相处的理念，就会导致有些水利工程在获得短期利益时，留下水生态环境平衡被打破的潜在风险。因此，科学的水利观念在遵循经济理性原则的同时，也要有生态平衡的理念。

水与社会的关系需要辩证地理解，对人类自我中心主义的发展理念需要加以反思。中国传统"天人合一"的观念强调人与自然的和谐共处，在现代社会的水利事业发展中仍有重要的参考意义，也是人类社会在开发利用水资源时需要加以重视的。水与社会的关系既要实现"水利"，也要观照到"利水"，社会在开发利用水资源造福于人类的同时，也需要尽可能维持水生态的自然平衡，以使人为开发与自然状态保持在相对均衡的水平。

二、水环境问题

在工业化不断推进和拓展的大背景下，人类社会的用水需求和用水方式在发生转变，水环境问题日益凸显出来。所谓水环境问题，是指与水相关联的生态环境问题，主要涉及水土保持、河湖水系生态环境、地下水生态系统以及污水处理系统等方面的问题。

水环境既为人类社会生活提供用水的客观环境，也是人类的社会活动影响下的水生态环境。水环境状况反映了人类与自然、社会与水之间的关系状态，和谐的水环境为人类社会生活提供良好条件，水环境出问题则危及人类生存与生活。创造良好水环境，就要推进水环境保护与水生态文明建设。中国在2012—2017年间，为增强水环境承载能力，水生态文明建设的制度改革得以有力推进，着力构建了水生态文明建设的长效机制。[1]

在工业化、现代化、城市化不断拓展和深化的进程中，社会经济发展对安全可靠的水环境有着更高、更多的要求。现代化的生产和生活方式在改变着人类社会的用水需求和用水方式，例如，城市生活对供水和污水处理提出了更高、更多的要求，城市

---

[1]　参见水利部新闻宣传中心：《中国治水这五年：2012—2017》，黄河水利出版社，2017年，第171页。

居民对集中供水的依赖程度高，因而稳定、可靠和安全的城市供水系统对于正常社会运转来说格外重要。与此同时，城市的大量用水又给环境带来巨大的压力。大量的城市污水必须经过处理才能排放出去，否则会造成严重环境污染问题。然而，污水处理和环境保护总要承担一定的成本。当用水者逃避承担环境保护成本时，就会放任污水排放行为或采取偷排行为，由此将不可避免地导致水环境问题。

水环境问题产生的根源在于人类的社会活动，因而是一个悖论问题。一方面人类的生产生活离不开安全可靠的水环境，需要有适宜生存与生活的水环境；另一方面，人类的一些活动又在造成水环境的退化甚至恶化。那么，人类社会为何出现背离水环境保护的行动呢？对这个问题可以从三个方面来理解：一是环境道义问题或环境意识问题，二是环境立法与法治建设问题，三是环境监管问题。

水环境问题的产生和演化与社会中的环境价值、环境保护意识有着密切的联系，尤其与用水者或用水单位的环境道义观念密切相关。如果用水者缺乏尊重自然、保护环境、珍惜水资源的道义意识，其用水行为不受道义规则制约，危害水环境的社会行为便由此而放任。水环境问题是一个公共领域中的问题，仅靠行动者的道德自律难以达到有效的控制作用，必须通过环境立法，明确规范合理的、环保的用水行为，严禁危害水环境的用水行为。水环境问题还涉及公共事物的治理问题，就水环境保护而言，如果没有严格的水治理，缺乏对污染行为的有效监管，就难以达到令行禁止的治理效果。

预防和应对水环境问题是一项长期的、持续的系统工程，既要有先进科学技术的支撑，也要综合经济社会、法治、文化等方面，使用多种措施、多种手段，协同推进。此外，针对不同的水环境问题，还需有针对性的治理措施，久久为功，才会发挥治理的功效。例如，在水土保持工作方面，甘肃省天水市采取"示范引领、以案为鉴、立体宣传，强化水保监管"措施，[①]对预防和治理城市建设与发展过程中的水土流失有显著效果。

三、治水的意义

从上古时期的大禹治水，到都江堰和京杭大运河的建成，再到当今的南水北调工程，形成了中华民族悠久的治水历史，也反映出治水之于人类社会发展的重要意义。

在传统农业社会，治水显得尤为重要，因为水利是农业的命脉，只有兴水利除水害才能保障农业生产的安全，保障社会生活的基本需要。农业社会的治水反映的是人与自然、人与水的互动与适应关系。人类为了生存、生活，必须兴修水利，消除水害。所以治水主要围绕两个方面的任务进行：一是蓄水输水，二是预防洪水。蓄水输水是开发利用水资源，为生产生活服务，造福于人民，因而属于兴水利的范畴。农业生产离不开水，但洪水泛滥带来的自然灾害直接危及着农业生产和人民生命财产安全，因而防洪是治水的中心任务之一。人类社会的许多水利工程都是为了防洪而兴建起来的，如江河湖堤、海边堤坝、水库大坝等，都是用来防范洪水成灾，消除水害的。

随着社会转型与现代化，治水的范围和任务也在发生变化。

---

① 参见中华人民共和国水利部编：《2019中国水利发展报告》，中国水利水电出版社，2019年，第242页。

工业文明和城市文明的兴起，带来了人类社会水需求结构的变化，以及用水方式的转变。对于城市生活来说，饮用水的供给是基础，因此，治水的首要任务就是确保城市饮用水的安全、稳定和可持续供给。要保障城市饮用水的安全，治水就要加强水源地的生态保护和水环境保护。

工业生产用水和城市生活用水不同于农业生产和农村生活用水，其差异性不仅体现在规模和集中程度上，更重要的是用水行为的生态环境后果有着明显的差异。传统农业生产的灌溉用水和农村日常生活用水所产生的废水或污水虽对环境造成一定影响，但影响程度相对有限，通过适当调节可以缓解和修复对环境造成的污染。而工业生产和城市生活污水如果不加处理直接排放到自然环境中，则会造成非常严重的环境污染，且这些污染具有难以逆转和修复的特性。因此，现代社会的治水，一个重要的治理对象便是工业生产和城市生活的污水。尽管各个城市都有各自的污水处理系统，但工业生产废水、城市污水对生态环境造成的压力依然较大。水污染、水环境恶化问题仍是治水所要面对和解决的现实问题。

改革开放后，中国社会经济进入快速转型期，经济持续高速增长，取得举世瞩目的发展成就，创造了经济发展的中国奇迹。社会现代化的步伐也在加快，人民生活水平大幅提高，社会结构发生巨变，工业化和城市化水平不断提高，2020年，中国常住人口城镇化比率已达到63.9%。伴随经济与社会的快速发展，生态环境问题日益凸显。为积极应对和有效解决现代化进程中的生态环境问题，党的十八大站在历史和全局的高度作出重要战略部署，提出从经济、政治、社会、文化和生态文明五个方面统筹推进新时代的"五位一体"发展。在新发展理念的引领下，对新时代中国的治水工作提出了"节水优先、空间均衡、系统治理、两手发力"的"十六字"方针。中国是人口大国，也是水资源短缺的国家，水资源的短缺问题是客观现实条件。基于这一基本条件，治水工作需要解决的主要矛盾就是人与水、社会与水资源之间的矛盾。而自然条件是无法改变的存在，治水的关键在于提高有限的水资源的用水效率。为此，建设节水型社会格外重要。治水首先要节水，通过技术手段、管理手段、文化途径，齐抓并管，科学共治，不断提高农业灌溉用水、工业生产耗水以及居民生活用水的效率。

水资源在区域间分布不均衡问题也是治水需要应对的问题。科学合理地推进治水工作，必须按"全国一盘棋"原则协调水资源配置的区域平衡，加强流域综合治理、统一调度、共治共享，不断提升协同治理的水平和效率。

治水是一项系统工程。水治理不仅仅涉及水资源，也与经济社会发展以及文化变迁有密切联系。顺利推进治水工作，不仅要强化水资源、水环境的治理，而且要强化治理措施和治理手段的系统性、配套性。通过多主体、多部门、多方面力量的协同一致，形成合力，系统治理，就会达到理想的治水效果。

在治水工作中，必须发挥政府的主导、组织和协调作用。治水是一项复杂的、艰巨的工程，虽然治水关系到每个人的切身利益，但治水并不能依靠分散的个体力量，而是需要一种强有力的公共权力机关来集中推进。政府在治水中的主导作用是指政府需要统一谋划和集中领导治水事业。治水属于公共事业，公共事业的发展必须由公权力来主持、策划和推动。一方面，公权力的统一谋划可以从宏观层面有效把握水资源的基本形势，了解突出问题，从而可以科学地规划治水的根本方略，以保障治水措施发挥实效。

政府是治水工作的重要组织者和协调者。治水需要多元主体参与治理实践的过程，政府不仅要通过制定法规、政策来规制与水资源相关的社会行为，而且还要组织多方力量实施具体的治水措施。政府在治水方面的组织效率集中体现在水治理行政体制及其管理效率之上。一个合理、高效的水治理行政管理体制通常在组织机构设置、权责划分和任务执行等方面较为完善，能有效地落实具体的治水措施。此外，为有效整合社会多元主体形成治水合力，政府还需发挥协调功能，一方面要在不同的利益相关者之间统筹协调好利益关系，如流域水系的上下游间的资源配置与利益调节、不同用途用水者之间的利益分配、不同区域之间的利益协调等。协调好各方的利益关系，是保障治水措施顺利落地的重要前提，而利益相关者之间的矛盾冲突则会成为治水工作的障碍。另一方面，在治水的实施过程中，政府还要在多方参与者之间发挥协调作用，使各方行动朝着共同的治理目标迈进，并通过提高行动的一致性来实现更加理想的治理效果。

随着人类社会的变迁与转型，在当今工业化与城镇化不断推进的社会里，治水的意义有了相应的变化。传统农业社会里的治水，其意义主要体现为人类如何通过兴修水利设施，特别是通过兴建灌溉系统，满足农业生产对于水的需求，以此来造福人类。与此同时，水利建设也通过预防水害，来保障人们生存与生活的安全。在兴修水利、防范水害的治水过程中，人类主要是在与自然力量进行着互动，治水的对象主要是水。而在现代社会，治水的意义已经延伸和拓展，治水所要"治"的不仅仅是自然界中的水，还包括对社会的治理。因为水生态环境问题不是自然因素造成的，而是人类社会行为导致的，过度的开发利用水资源以及工业生产带来的水污染造成生态失衡。治理水生态环境问题带来的危害，关键在人类社会自身。社会需要转变和调节相应的资源开发机制以及行为方式来保护生态的平衡，实现人类与自然的和谐相处。

四、环境社会学视野中的治水

治水问题已成为多学科关注的领域，水利水电工程和环境科学为治水提供了科学认知基础和技术支撑，社会学则提供一种反思性的认识视角以及实践策略。治水不光是技术问题，也是经济与社会问题。治水过程涉及动用资源、利用资源来创造经济价值，发挥社会机制的作用来预防和应对水灾。在社会学视野里，治水不仅需要自然科学技术的支撑，也要有人文社会科学理念的引领，把治标与治本尽可能地统一起来。

水是生命之源，在生态系统中居于核心位置。水与生态环境之间有着复杂的互动关系，因而环境社会学高度关注水环境与治水的相关问题。在治水问题方面，当代环境社会学的一些理论观念或许能提供一些值得参考的思路与方法，这些主要包括生态现代化理论、绿色转型论和低碳社会论。

（一）生态现代化理论

生态现代化理论是在20世纪80年代出现的一种理论观点。针对西方社会在工业化、现代化过程中面临的环境危机与发展困境，社会中出现了反工业化、反现代化的后现代思潮，这一思潮批评对经济增长无限追求的倾向，提出增长是有极限的，主张为保护生态环境需要抑制工业生产的不断扩张。生态现代化理论则提出了不同的观点，认为生态环境问题的产生虽与工业化、现代化有着一定的相关性，但并非工业化和现代化的必然结果。工业化、现代化的发展也可以不牺牲生态环境利益，这样的现代化发展方式就是生态现代化模式。

生态现代化理论的核心思想是寻求生态环境保护目标与现代化发展目标的兼得，亦即在工业生产与经济增长的同时，维持良好的生态环境。至于如何实现生态环境保护与现代化发展兼顾，生态现代化理论提出了一些关键因素：技术、政府、市场和社会组织。在工业化发展与生态环境保护之间，可以通过技术创新的路径实现均衡，也就是工业生产需要运用环境保护技术来消除或减少环境污染，这样既能促进经济增长，也能最大限度地保护生态环境。在实现生态现代化的进程中，政府的作用至关重要。政府通过制定科学合理的环境政策，实施严格的生态环境治理措施，推动环境友好型发展，会对生态平衡与环境保护起到有效作用，控制因现代化发展带来的环境污染问题，避免因开发而造成严重的生态环境破坏问题。市场虽然不会自动地预防和治理生态环境问题，但在推进生态现代化过程中也可建构并运用相应的市场机制。随着社会对环境保护需求的日益增长，庞大的生态科技产品和环保产品的市场逐渐形成，这一市场既促进了人类社会的环境保护事业，同时也在一定程度上对经济增长起到了推动作用。现代社会，民间环保力量逐步成长并壮大起来，涌现出众多以保护生态环境为目标的社会组织，这些组织对增进公众的环境保护意识、督促政府和企业推进环境保护行为、推动生态环境保护的公益事业等会起到积极的作用。

生态现代化理论主要是由西方学者提出的，其经验基础也主要源自于西方工业化、现代化的历史与现实。中国式现代化经验对西方生态现代化理论提出了一些挑战，对这一理论仍需深入地反思。[①]不过总体而言，生态现代化理论基本上把握了人类社会变迁与发展的大趋势。一方面，工业化、现代化已是当今社会发展的大方向，是不以人们的意志为转移的，也是不可逆的，因而那种反工业化、反现代化的发展模式是违背大势的臆想，朝着工业化、现代化方向积极迈进才是顺势而为；另一方面，生态环境保护也是当今人类社会必须要面对的共同难题。无论对于发达工业化国家还是发展中国家来说，都要在发展过程中履行生态环境保护的责任。

水在生态系统中具有举足轻重的地位，水生态环境的保护在现代化发展过程中面临着巨大的挑战。从生态现代化的理论视角看，现代社会的治水不仅要保障生产生活的水供给，也要聚焦于发展与水生态系统之间的和谐平衡关系，实现维持良好的水生态环境与促进经济持续发展兼顾的理想目标。

（二）绿色转型论

某种意义上，生态现代化理论提出了一种发展理念、一种理想目标。从人类社会现代化变迁的历史与实际经验来看，工业化及经济增长并未达到理想的平衡状态，现实情况往往是快速的经济增长常伴随着生态环境恶化问题。但是，现代化是一个动态的、具有阶段性特征的进程。在不同发展阶段，经济发展与生态环境之间的关系会出现不同的状态。

中国自改革开放后到21世纪初，工业化和经济处于快速发展

---

① 参见洪大用：《经济增长、环境保护与生态现代化》，《中国社会科学》，2012年第9期。

阶段，这一阶段的经济发展模式有学者将其概括为物质化的碳经济时代。①也就是追求物质资料的生产，且在发展经济中较少考虑碳排放问题。因为在物质尚未丰裕的社会，经济发展自然而然会成为首要的发展目标，亦即经济发展是硬道理。相应地，其他目标包括生态环境保护的价值也就要服从经济发展的需要。经济经历了快速增长之后，生产力水平大幅提高，物质生活条件也得以巨大的改善，人们对生态环境问题的关注度日益提高，对生态环境保护的需要逐渐增强，发展模式转型也会在实践中逐渐进行。

在经济发展迈入相对发达阶段后，发展模式也会渐渐转型。从历史和现实经验看，工业化、现代化发展模式的转变主要表现为绿色转型。所谓绿色转型，是指经济与社会发展转向绿色和生态环保，更加注重人、自然与社会的和谐发展，更加注重生态平衡与可持续发展。

绿色转型在具体的发展实践中主要表现为政府重视并强化生态文明建设，加强生态环境保护和治理，引导绿色经济发展和环境友好型社会建设。企业经营转向绿色生产、绿色经营，在生产过程加大环境保护力度，积极主动开展技术创新，推动资源节约型和环境友好型的生产经营。

水资源是重要的自然资源，按照绿色转型论倡导的原则，现代社会的治水尤其要关注节水。在工业化、现代化发展中，需要促使工业生产经营与经济发展转向节水型生产，推进节水型社会的建设。此外，绿色转型还包含水生态环境的保护。作为一种新型发展模式，绿色发展不是仅仅关注水资源的开发，而是更加注重维护水生态环境系统的平衡，倡导绿水青山就是金山银山

---

① 参见黄海峰：《中国绿色转型之路》，南京大学出版社，2016年。

的新发展理念，也就是说，通过有效的水治理，保护好水生态环境，也能创造经济价值，也能带动社会的发展。实现绿色转型，关键就在于从只注重水资源开发利用，转向合理的开发利用与有效的生态保护相结合的发展之路，而且逐步走向生态优先的发展。

（三）低碳社会论

在环境社会学视野里，治水问题不仅仅是水的问题，而且是与整个自然环境有着密切关系的问题。作为一种自然资源，水与气候条件密不可分。气候虽属于自然条件，以往在人们看来是一种客观的、不可改变的外在条件。然而，环境科学研究以及现实情况已让我们认识到，人类的社会活动在改变着地球的气候，气候变化已成为一个残酷的事实。

水问题、水环境以及治水在气候变化的大背景下显得更加复杂，全球变暖、极端气候出现频率的升高等气候条件给治水带来了更为严峻的挑战，应对和防灾减灾的任务在加重。治水既要治标，解决现代化发展过程中水相关问题；同时也要考虑到治本，即从人、自然与社会和谐、可持续发展角度来治理根本问题。

人类社会活动对气候变化的影响主要体现在碳排放上，尤其是人类使用矿物能源而产生的大量碳排放，是造成空气污染、气温升高以及气候变化的主要因素之一。因此，生态环境保护以及治水需要人类采取共同一致的行动，即在社会生产与生活中减少碳排放，也就是共同建构起低碳社会。

某种意义上，环境社会学的低碳社会论为新时代的治水拓展了视野，即从聚焦水治理扩展到生态环境治理、从着眼局部问题解决扩展到构建人类命运共同体的宏大领域、从治标转向标本兼治。

第二章　中国水安全与水治理

水安全是国家安全的重要组成部分，提升水安全保障能力更是建立健全水治理体系的重要目标之一。

——"中国水治理研究"项目组：《中国水治理研究》

现代社会，人类面临着越来越多的不可逆、不可控、不确定因素的困扰，正从"财富-分配"社会逐步转向"风险-分配"的"风险社会"。[①]随着风险的生产和分配，社会越来越需要安全的承诺与保障。无论对于个体还是对于团体以及国家而言，安全问题都显得越来越突出、越来越重要。如对一个国家来说，安全不仅局限于军事，而且逐渐扩展延伸至粮食安全、能源安全以及水安全等重要资源的供给安全。在经济全球化的背景下，甚至有供应链的安全。

一、何为水安全

水安全问题其实一直伴随着人类的生存与发展，人类的治水行为某种意义上就是追求和保障水安全。目前，水安全议题成为

---

① 参见贝克：《风险社会》，2004年，第17页。

热点问题，不仅受各国政府的高度关注，而且成为国际社会共同关注的问题。水安全问题已超越了以往供水安全的狭义范畴，延伸至共同维护生态系统平衡、共同应对气候变化、共同提升防减灾能力。

关于水安全的内涵，有一种定义将水安全界定为"一个国家或地区能可持续地以可承受的成本供给数量足够、水质达标的水资源，以及维护良好生态环境、减轻水旱灾害的能力"。[①]从这一定义可以看出水安全的三个核心要素：一是供水安全，这一要素还包括三个方面的因素，亦即安全的供水成本、安全的供水规模和安全的供水质量，只有在三个方面都保持安全，才能达到供水安全的目标；二是生态环境系统的安全，既包括水生态环境的安全，如江湖水系的生态系统平衡、水污染的防范与治理、水土保持以及地下水的安全等，也包括自然环境的安全，也就是整个生态系统的平衡与安全；三是防范和减轻水旱灾害方面的安全，主要是指在适应气候变化、环境变化方面的能力提升，以及应对和处置灾害风险的社会安全保障机制。

在国家安全体系中，水安全是重要组成部分。特别是对于大国来说，水安全系统更加复杂，维护和保障水安全的范围与难度相对更大，因为水是一种特殊的资源，其分布存在着巨大差异且不均衡。因此，维持一国的水安全，需要做到全国一盘棋，才能实现全面的安全。

对于区域社会来说，由于气候等自然条件不同，水资源和水环境的状况与形势不同，因而会面临不同的水安全问题。在水资

---

① 参见"中国水治理研究"项目组：《中国水治理研究》，中国发展出版社，2019年，第124页。

源短缺区域，水安全面临的突出问题就是供水不足以及旱灾的威胁。在降雨量较大的区域，水资源虽相对较为丰富，但并不意味着没有安全问题，在水质保障、水环境安全和防减灾等方面同样也会面临这样那样的问题。此外，对于经济社会发展水平不同的区域来说，水安全问题的表现形式也有所不同。经济发达、工业化程度较高的区域，用水需求自然会大增，供水压力增大，供水安全也就显得较为重要；与此同时，随着工业化的快速发展，社会生产生活用水量的增多，污水排放与水生态环境保护的压力凸显出来，水生态环境问题就成为水安全的焦点之一。在工业化程度和开发程度较低的区域，经济社会发展水平较低，水安全问题主要是成本可承担、可持续发展的供水问题，以及应对水旱灾的能力建设问题。当然，也会有治理水环境、改善水生态等方面的问题。

水安全问题的意义不仅仅是国家层面的，而且是全球共同关注的问题。由于水资源具有特殊性，是流动的、跨国界、跨区域的资源，应对水问题，保障水安全，只有加强国际合作，共同行动，才会更有效、更彻底地解决风险，构筑安全保障。例如，在应对气候变化、环境变化方面，仅靠一国之力，无法从根本上消除或减少生态环境风险，为水安全创造和改善大环境。《巴黎气候变化协定》的签署，反映出国际社会努力通过全球合作与共同行动，积极应对全球气候变化问题，改善生态环境，促进水安全。

就内涵而言，水安全所涉及的内容及任务是动态的、变化的。随着时代和大环境的变化，水安全的意义和重点也在发生着变化。在新时代，生态环境保护以及应对气候变化已经成为水安全的重要议题，这是从一种更长远、更宏观的视野来审视和应对水安全问题。

二、水安全的评估

要将水安全问题从抽象的理念转换为具体的实践，就必须更加精准、更加确切地认识和把握水安全的基本形势与状况，这也就是水安全评估需要解决的问题。

对水安全的评估是按照一定的评价指标体系来估算和判断一国或一地区范围内水安全的程度等级与基本形势。水安全评估的目的就是对一国或地区水安全的总体状况有一个量化的认识，有一个具体的判断。

水安全评估指标的确定通常有主观选择性，即研究者根据对水安全内涵及主要方面的理解，结合现实中的一些具体问题，以及现成的监测指标和数据资料，再考量不同指标反映水安全状况的重要性，最终通过权重分配编制一个指标体系。

例如，在对中国水安全评价指标体系中，研究者设置了"准则层""子准则层"和"评价指标"，其中"准则层"包含了"数量充足性""水质符合性""可持续性""成本可承受性"和"防洪安全保证性"五个方面，评价指标共设置了诸如"农村饮用水安全人口百分率""城镇自来水普及率"等20个指标，每个准则层和评价指标都分配了不同的权重。运用这一评估方法对中国水安全进行评估，得出的结果是："中国水安全现状评价综合得分为83.72，评分等级为良好"。[①]

无论运用何种方法，水安全评估的量化结果都并非绝对，而

---

① 参见"中国水治理研究"项目组：《中国水治理研究》，2019年，第125—126页。

是为了解和把握水安全现状提供一种参考信息和参照体系。水安全问题是一个复杂的系统，要精确地测量出水安全的绝对水平是比较困难的。我们只能在既有的认知范围内运用现有条件，尽可能科学、准确地认识水安全的现状与态势。

构建什么样的水安全评估方法，通常与水治理的重点需要有关。在不同的情况下，治水面临的形势和问题不同，治水的社会需要也存在差异。评估水安全的意义就在于把握与水相关的突出问题，了解应对和解决问题的可能路径，为此，评估者会考虑社会现实需要，作为考察水安全的重要维度。

在水安全评估方面，运用指标体系的量化评估是评估方法之一。实际上，水安全评估也可采用定性评估方法，或是将定量评估与定性评估恰当地结合起来。量化评估的优势在于能更客观、更具体地反映特定时间内水安全的现状和水平，评估的得分情况可更直观地呈现一定区域范围内水安全的状况和等级。然而，量化评估的局限在于所选的评价指标是有限的，其测量水安全的效度及代表性也会受现有数据资料的限制，评估的数字结果不一定能有效反映水安全的总体现状和态势。

水安全定性评估方法主要根据水安全问题所包含的核心维度和关键要素，采用定性考察与分析方法，对不同维度和要素的性质、特征和趋势作出判断和估计。定性评估的结果虽不是确切的数字，但定性评估有助于我们对水安全总体状况和基本态势有一个基本判断，即水安全形势究竟是安全的、中性的还是不安全的。此外，水安全定性评估还能反映出影响水安全的主要因素及具体表现形式。例如，在供水安全方面，影响安全的突出问题或重点问题是什么，究竟是供水规模问题还是供水质量问题；在水生态环境安全方面，主要的风险因素是什么；在预防和减轻水旱灾害方面，影响安全的主要因素是什么。对这些具体的水安全问题，定性评估可以进行更具体地考察、分析和判断。

在水安全评估中，将定量评估与定性评估结合起来，在涉及水安全的核心指标方面，采用量化方法，这样可以更确切地把握水安全的客观状况。而在涉及水安全问题的基本性质、总体态势以及具体表现方面，如果选用定性评估，则可能更有助于人们从总体上把握和理解水安全的形势。

保障水安全是治水的重要内容，为不断增进水安全，需要及时准确地掌握水安全系统中的问题和态势，以便及时有效地应对和预防。把握水安全状况，可以根据水生态系统的变化规律采取定期常规性的评估。此外，也可根据不同阶段治水面临的重点问题和重点任务，进行有针对性的专项评估。如近些年来，由于极端气候的出现，洪水和内涝灾害增多，严重影响到人民生命财产安全以及社会安全，为更好地应对这些安全风险，提升水治理能力，可开展区域社会预防和应对水旱灾害能力的专项水安全评估，发现潜在问题，增强水安全意识，提升治水水平。

三、中国水治理的形势与任务

随着中国现代化建设与发展进入新时代，治水主要矛盾已发生转变，治水面临着新的形势和新的任务。

2014年3月14日，习近平总书记专门就保障国家水安全发表重要讲话，明确提出"节水优先、空间均衡、系统治理、两手发力"的治水方针。[①]新时代的治水方针，既为中国水治理明确了

---

① 参见中华人民共和国水利部编：《2019中国水利发展报告》，2019年，第3—4页。

方向，同时也提出了新的任务。

"节水优先"原则要求治水首先要立足于节水，构建起节水型社会是新时代治水的基础和重点任务。坚持和落实"节水优先"原则的意义主要体现在如下方面：

首先，"节水优先"是中国国情现实决定的。中国是水资源短缺国家，中国的水资源仅占世界的6%。中国又是人口大国，人口占世界的22%，是世界上人口最多的国家，世界第二大经济体。中国要用世界6%的水资源养活世界22%的人口，支撑世界经济总量的近20%。在有限水资源条件下推进现代化建设与发展，就必须严格奉行节约优先的原则。如果社会经济发展不注重节约用水，随意用水甚至浪费水资源，即便治水力度在加大，跨区域调水能力提高，最终也难以解决水资源短缺问题。

其次，"节水优先"是基于目前水资源利用效率较低的现实而确立的。中国一方面是水资源短缺国，另一方面又是用水效率偏低的国家。衡量用水效率的国际通用指标是万元工业增加值的耗水量和灌溉用水的有效利用系数，这两个指标中国都远低于发达工业国家。水资源利用效率偏低从一个侧面反映出实施节约用水还有较大空间，也就是说，在社会经济发展过程中，仍需要在节水方面大作"文章"，水治理首先要加强节水，不断提高水资源利用效率。推进节水工作，首要任务就是杜绝浪费水资源的现象，避免大水漫灌和随意用水。其次，还要从技术创新、制度创新等方面促进节水，努力构建节水型社会。

此外，"节约优先"也是转变发展理念的客观需要。中共十八大之后，中国在积极地转变发展理念，党中央提出"创新、协调、绿色、开放、共享"的新发展理念。进入新时代，中国工业化与经济已得到快速发展，取得了举世瞩目的发展成就，社会主要矛盾也已相应地从人民日益增长物质文化生活需要与落后社会生产力之间的矛盾转化为人民日益增长的美好生活需要与不平衡不充分发展之间的矛盾。社会主要矛盾转化要求发展方式的转变，新发展理念就是引领新时期的中国发展要朝着"创新、协调、绿色、开放、共享"这一大方向向前迈进。其中，"协调、绿色"就包括人、自然与社会的协调发展、经济社会发展与生态文明建设的相互协调，绿色发展是指可持续的、资源节约型的、生态环境友好型的发展。水资源在整个生态系统中具有特别重要的位置，因此，按照新发展理念的要求，新时代中国的发展必须走节水型发展之路。

"空间均衡"的治水方略主要指从全国一盘棋的战略高度，统筹协调好区域间水资源调配关系，协调上下游、干支流、左右岸的社会行动，推进共建共治，实现东西、南北地区调水治水的和谐协同与均衡发展。"空间均衡"方针的重要性在于：首先，中国幅员辽阔，水资源的区域分布不均衡，解决治水问题，必须应对和破解水资源均衡合理配置的难题。其次，从发展的角度看，新时代中国发展必须解决不平衡不充分发展问题，其中水资源分布空间不平衡是重要的制约因素，因而促进发展相对滞后地区的发展，需要统筹协调区域间的水治理。

有效地治水需要有科学合理的水治理体系，治水是一项系统工程，必须坚持"系统治理"原则，才能更好地解决水问题。以往的治水较为注重工程治水，如解决供水不足问题就加大跨流域、跨区域调水力度和规模，解决水旱灾害问题就加大水库大坝工程建设的投入，虽然工程治水确实能解决突出的水问题，但并不是水治理的全部内容，因为水治理最终要服务于人类社会，同时又要维持人类社会、水和自然的和谐。因此，水治理不仅是工程治水，更是包括经济与社会治理的系统治理。

"系统治理"的治水方略包括治污水、防洪水、排涝水、保供水和抓节水的"五水共治"的治理策略。每个治水方面有不同的任务和侧重点，但相互之间又有着密切的关联，五个方面协同起来，达到共治状态，对解决水问题会起到更有效的作用。"系统治理"也可从"五水统筹"的角度来理解。所谓"五水统筹"，指统筹"水环境、水生态、水资源、水安全、水文化"五个维度，展开系统治水。水环境是目标，水生态是基础，水资源是依托，水安全是底线，水文化是纽带。①推进系统治理，关键在于建立并不断完善符合国情及国际通行做法的水治理体系。依托合理有效的水治理体系，各项治理措施就可系统地实施，共同作用。

"两手发力"的方针就是在治水中充分发挥"政府有形之手"和"看不见市场之手"的作用，共同发力。"两手发力"原则要求治水以政府和市场作为两个重要治理主体，积极承担起治水的主导和组织任务，与此同时，运用政府监管机制和市场调节机制，有效协调治水的各方利益群体，促进治水工作的顺利推进。

政府之手在治水中"发力"非常关键，一方面，政府要发挥治理各种水问题的领导与指挥的责任，无论保供水还是防洪水，各种治水工作离不开政府力量的引领、主导和组织。另一方面，政府发力还体现在水治理的规制方面，政府需要通过立法以及政策法规的制定，对涉水事项及社会用水行为进行规制，以达到保护和约束的目标。此外，政府还需通过严格的监管在水治理中发力。在水生态与水环境保护、水安全保障等方面，必须有政府严格的监管

---

① 参见包存宽、卢煜文：《坚持十六字治水方针，实现人水和谐》，光明网理论版，2021年5月22日。

和有效的执法，才能预防和解决相关的水污染等风险问题。

为落实新时代的治水方针，水利部确立了新时期中国水利改革发展的总基调，提出在今后一段时期内，要将工作重心转移到"水利工程补短板、水利行业强监管"。在水利工程补短板方面，主要针对防洪工程、供水工程、生态修复工程、信息化工程等方面的"短板"，加强基础设施建设，提升综合治理的能力。在水利行业强监管方面，主要是对江河湖泊的监管、对水资源的监管、对水利工程的监管、对水土保持的监管、对水利资金的监管、对行政事务工作的监管。①

从"十三五"规划主要目标实现程度来看，万元国内生产总值用水下降指标完成74%、新增高效节水灌溉面积完成53%、水利工程新增年供水能力完成70%、新增水土流失综合治理面积完成53%、重要江河湖泊功能区水质达标率完成66%。②这些指标既反映出当前及未来一段时期内，中国水治理面临的重点问题，也预示着水治理要进一步完成的重点任务。那就是，要进一步强化节水工作，加快资源节约型、节水型社会建设；加强水利工程补短板，进一步提升供水能力；加大水生态、水环境治理的力度，进一步改善水质和生态环境，保障水安全。

四、构建增促安全的水治理体系

水治理体系是国家治理体系的重要构成之一。当前，在推进

---

① 参见中华人民共和国水利部编：《2019中国水利发展报告》，2019年，第13—21页。

② 同上书，第57页。

国家治理体系和治理能力现代化进程中,构建高效能的水治理体系显得格外重要。

从结构来看,一个完整的水治理体系通常由三个部分组成:一是治理主体,二是治理手段,三是治理目标与任务(如图2-1所示)。治理主体就是确立"由谁治理"的问题,一般情况下,负责和参与水治理的主体包括政府、市场主体、社会组织、社区以及用水者。

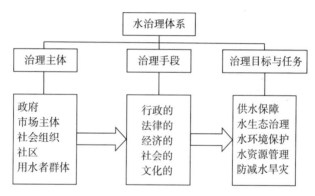

图2-1　水治理体系的基本构成

治理手段是要解决"如何治理"的问题。如果从治理维度来看,治理手段主要包括行政的、法律的、经济的、社会的以及文化的,等等。例如,治水立法就属于法律的手段,政府监管则属于行政的手段,水权交易市场则是经济的治理手段。

治理目标与任务涉及的就是"治理什么"的问题。有效的水治理必须首先明确一定时期或某个阶段治理需要达到的主要目标,把握治理的重点任务。为满足当前中国现代化发展形势的需要,水治理要以保障供水、治理水生态系统、保护水环境、管理水资源以及预防和减轻水旱灾害为主要目标与任务。

在国家治理体系和治理能力不断走向现代化的大背景下，水治理体系也要与时俱进地走向现代化。中国水治理体系的现代化建设与发展，关键及重点在如何保障并增强国家水安全。也就是说，构建现代化的水治理体系，首要目的是服务于国家发展战略安全。建立并不断完善水治理体系，不只是为了解决一些即时出现的水事问题，而是要着眼于国家长远发展战略，要为国家治理体系做贡献。

2011年，中共中央、国务院发布《关于加快水利改革发展的决定》，明确了水利发展面临的关键问题，提出了改革发展的指导思想、原则和目标，在此基础上确立了"三条红线"的治理目标与实施"最严格的水资源管理制度"相结合的水治理体系。"三条红线"是指：第一，在水资源开发利用方面，到2030年，将全国用水总量控制在7000亿立方米之内，亦即实施严格的用水总量控制；第二，在用水效率方面，到2030年，实现万元工业增加值耗水量降至40立方米之内，农业灌溉用水有效利用系数提高至0.6以上，亦即大力提升用水效率；第三，在水环境治理方面，到2030年，水功能区水质达标率提高到95%以上，农村和城市地区的饮用水源全部达到制定标准，所有水功能区水质全部达标。[①]要实现"三条红线"的目标，必须实施最严格的水资源管理制度。具体来说，这一制度体系主要由四项制度构成：用水总量控制制度、用水效率提升制度、污染物排放控制制度和水资源管理责任与考核制度。

"三条红线"反映的是水治理的重点，也是水治理的难点。建立和完善水治理体系，既是为了更好地应对和解决重点难点问

---

① 参见"中国水治理研究"项目组：《中国水治理研究》，2019年，第31页。

题，也是为了进一步推进综合治理，提升治理能力。在气候变化的大背景下，为更有效保障水安全，提高防洪抗旱的能力，水治理体系的建立还需适应新形势的变化，不断拓展水治理的领域范围，创新水治理体制机制，动员和吸纳更广泛的主体参与到水治理之中。

此外，中国水治理体系的建构与完善也需要有全球视野。应对全球气候变化和生态环境变化，人类已成为一个命运共同体，任何国家都难以独善其身。在生态环境治理、水治理方面，也需要有区域的、国际的合作与协调，这样才能有效地解决一些区域性、全球性的难题。如在节能减排、应对气候变暖、生态系统平衡等方面，全球的协调合作是非常重要的也是必要的。

在完善水治理体系的过程中，广泛吸纳多元治理主体的参与通常会壮大水治理的队伍，然而，要提升治理体系的效率和治理能力，仍需要把多元治理凝聚成更强的合力，这就需要在治理体系的设置中明确各方的角色和责任范围，以制度形式确立分工与协同的机制，如对政府机构而言，要划定中央、地方及基层之间，以及横向各个部门之间的职责范围和相互联动的机制。在地方政府与流域管理机构之间的协调和联动方面，需要明确划分事权和责任的边界与范围，避免相互推卸责任的盲区出现，同时也要避免彼此在管理上的相互冲突。总之，高效的水治理体系必须有明确的权责界定机制以及行动协调机制，这样才能保障系统治理得以顺利实施。

最后，在构建增促安全的水治理体系中，还需进一步发挥公众参与治理的作用。就当前中国的治水实践而言，政府的主导作用比较突出。政府在倡导与推动新发展理念、制定适应新发展需要的水治理法律法规、加强水生态环境治理、提高防减灾能力等诸多方面，皆已发挥引领、主导、组织和协调作用。然而，社会公众参与度方面，则显得较为薄弱。主要体现在两个方面：一是公众参与意识和参与积极性都相对较弱。虽然政府不断加强水治理的力度，推行最严格水资源管理制度，但社会和公众的积极性似乎并不高；二是公众参与机制较为缺乏，公共参与渠道较少，客观环境和条件在一定程度上影响着社会公众参与水治理。改善水治理的社会公众参与状况，既要加大治水意识的公共宣传教育力度，也要创新水治理体系，拓展公众参与的渠道，建立起有效社会动员机制，让全社会关心并参与水治理，共同维护水安全。

第三章 水环境问题及其治理路径

> 这是一个悲剧。每个人都被锁定进一个系统。……在一个信奉公地自由使用的社会里，每个人追求他自己的最佳利益，毁灭是所有的人趋之若鹜的目的地。
>
> ——哈丁（Haidin）:《公地悲剧》（The Tragedy of the Commons）

在中国经济快速增长与发展的进程中，华北地区、西北地区越来越多的河流出现断流和干涸现象，中华文明的源泉、我们的母亲河——黄河已经向我们发出了深刻的警示。[①]在新疆、甘肃以及内蒙古等省区，曾经世代养育着当地居民的内陆河流和湖泊有的彻底干涸了，有的出现了较长时间的季节性断流和干涸现象。例如，流经北京的永定河、甘肃的石羊河和黑河，都出现了不同程度的断流现象。面对这些无情的事实和现实问题，我们不得不反思：曾经流淌不息的河流为什么现在出现了断流？有着悠久历史的河流为什么会有今天断流的悲剧？究竟是自然条件的变化还是人为因素的作用导致了这一悲剧呢？

自然的蒸发和气候的变化虽然可能影响河流的流量，但绝对

[①] 参见伊慧民:《黄河的警示》，黄河水利出版社，1999年。

不会在一个较短的历史阶段内直接导致河流的干涸和断流，因为如果人类在生产和生活中能根据降雨量和河流流量的大小来限制自己从河流中的取水量，如果没有人类行为的介入和影响，那么河流总可以保持有最低限度的或安全线内的流水。然而事实表明，在华北和西北地区越来越多的河流已出现断流和干涸现象，正如民间流传的顺口溜那样：无河不干，无水不脏。

自然形成的、流水不断的河流，曾给人类生活带来过很多福利和便利，也是人类赖以生存的生态环境的有机构成。如今，这种持续性的水资源却出现了断流和枯竭现象，这无疑表明现有的生态系统已失去以往的平衡，水问题对生态环境的副作用是不言而喻的。

一、关注水环境问题

空气、水和土地构成生态环境的三个最基本的元素，这三个基本元素是人类赖以生存和发展的最为重要的资源和物质基础。

在甘肃省的实地考察中，笔者看到并了解到石羊河和黑河的现状，宽阔却干涸的河床，露出白花花的鹅卵石，犹如一片戈壁滩。只有在水库或枢纽工程区里，才蓄积了一点水。分水渠里的水像小溪流般流淌着，流向周围广阔的田野，以满足周边的农业灌溉需要。

黑河流域的中游是以传统农业为主的张掖地区，下辖五县一市。1949年前后人口约55万人，2002年区内人口约124万人，随着人口的增长，耕地和灌溉面积也在不断扩张。灌溉面积从1949年前后的103万亩，扩大到2002年的378万亩，增长了3.7倍[①]。

---

① 参见甘肃省张掖行署水电处：《黑河流域综合治理情况汇报》，2002年3月19日。

在这一干旱地区，为了增收，人们不断扩大耕地和种植面积，不可避免地导致对河流水资源的拦截和过度利用，不可避免地对河流水文循环系统造成了破坏，同时也不可避免地导致下游地区地下水位下降和生态系统破坏。水在三个环境要素中处于中心地位，水环境的变化和状况不仅对人类生存处境直接产生影响和作用，必要的洁净的淡水也直接关系到人们生存和生活状况，人们的日常生活离不开安全和足够的淡水供应。此外，水环境的变化又间接影响着环境中的其他各种因素。缺水、地下水的过渡抽采和地下水位的降低、水质污染等现象都在较大程度上影响着人类赖以生存的环境。水环境的状况关系到气候的变化，影响着土地资源的状况。

当前，在全面落实新发展理念，促进生态文明建设的新形势下，生态环境问题与环境保护是中国社会在发展过程中所面临的挑战。而在环境保护问题中，比较突出的和重要的问题可能是水资源危机以及水资源的可持续利用和保护问题。水是人类生存所必需的资源，水资源是否得以合理开发、利用和保护，直接关系到水对人类生存和生活的利与害，清洁的水有利于人类生活，而污染的水则给人类带来灾难；水量过多或过少，就会带来洪涝或干旱等灾害。因此，这就要求人类能科学合理地保护和利用水资源。

华北和西北的较大的一部分地区属于半干旱和干旱地区，水资源是这些地区社会经济发展中的关键性但同时又是稀缺的资源，水资源的状况直接关系到这些地区社会经济发展速度和水平，某种意义上，水资源成为这些地区社会经济发展过程中的一个瓶颈，制约着发展的诸多方面。因此，在这些地区乃至整个北方地区，水资源的合理利用和保护以及水资源的可持续性发展就显得尤为重要。如果人们长期以超过自然补给率的速度来开发和获取河水和地下水，就势必会导致水资源平衡系统的破坏，最终将导致水生态系统的失调，从而直接影响人类生存的生态环境和社会的可持续性发展。

在以往关于水资源问题或水利问题的认识中，人们把较多的注意力放在工程技术的层面上，这是受那种"人定胜天"或科学主义观念支配和影响的体现。在对待水利问题和水资源保护问题上，人们对中国传统的"天人合一"观念中所包含的人文主义精神没有给予足够的重视。其具体表现就是对水问题的人文社会科学研究的重视不够、投入不够，导致水资源的人文社会科学研究相对滞后以及对重大水利工程和水资源管理的制度供给存在严重不足现象，以及工程解决机制与社会解决机制出现不协调的现象。

例如，在西北和华北地区，尽管有些大型的水利工程如引水工程、水库、灌溉渠道等曾发挥了重要的调节功能，为社会经济增长和人民的生活做出了重要贡献，但同时也有一些水利工程虽然投入了较大资金和人力，但并没有从根本上改善和解决人们用水状况，有的甚至加剧了水资源的危机和水环境以及生态环境的恶化。由此表明，水环境问题不是一种简单的技术层面问题，而是与复杂的社会因素相关的问题。探讨水资源的合理开发、利用和保护，需要从技术、经济和社会等多方面因素中寻找合适的路径和策略。

"水常流、树常绿"，这是我们在日常生活的经验中所获得的比较直观的感性认识，它让我们形成一种定势，以为自然的原状是不会改变的。受这种感性观念的长期影响，我们似乎不会去想象树木不再绿起来，河流会干枯不再有流水。

然而，当今全球环境在不断恶化，全球气候有变暖的趋势、空气质量在下降，人们生活的生态环境受到多方面的污染。从所有这些环境退化的事实中，我们或许会明白一个道理：那就是人类赖以生存的环境和自然资源其实是脆弱的，河流及水资源可能更是如此。

目前，在华北和西北地区，大大小小的河流相继出现断流现象，而且断流时间又在不断延长。中华文明之源泉——黄河已经出现了断流达一百多天的现象，让人触目惊心。在沙尘暴的主要源头内蒙古自治区和甘肃省，土壤沙化、沙尘的形成，与众多河流的干涸断流、地下水位下降、森林植被的破坏密不可分。

据对黑河下游地区内蒙古自治区的额济纳旗科学考察显示，中游地区的农业灌溉超度用水使得下游河道干涸断流，下游地区的地下水不能得到补充，地下水位下降迅速，从而导致树木枯死、草场毁坏。目前，有大片的历史悠久的胡杨林出现枯死现象，土壤沙化和盐碱化不断加剧，给沙尘暴的产生提供了条件。

在甘肃省的另一条著名的内陆河石羊河流域，也出现了类似的景况。缺乏节制的生产扩张，尤其是农业灌溉面积的不断扩大，中上游对河流水资源的大量蓄积，以及用水者随意地取水，导致下游河道断流，河道缺水使得该地区的地下水不能得到补充，引起了土壤沙化和盐碱化。

在民勤县，由于河流水文循环遭到破坏引起的生态恶化现象尤为突出。目前，在民勤盆地，由于缺乏一定地表水的供给，而大量的农业灌溉又需要用水，因此只好超量开采地下水。据县水利局的材料显示，民勤县的机打地下水井有一万多口，取水量超两亿立方米。过度开发利用地下水，导致地下水位急剧下降，目前地下水位已经下降到25米，甚至更低。

在永昌县的永昌灌区，灌溉面积约二十万亩，灌溉用水基本上靠地下水，目前有机打井近一千口。该地区属于冲积盆地，因而地下水储藏条件较好。但是，由于每年超采地下水达到5000万立方米以上，地下水位下降的速度呈现出加快的现象（见图3-1）。

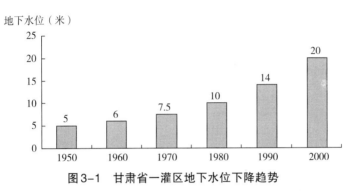

地下水位（米）

图3-1　甘肃省一灌区地下水位下降趋势

资料来源：甘肃省凉州区永昌灌区水协会材料

地下水位下降不仅直接造成了农业生产成本的提高和产量的下降，而且更为严重的是，地下水位的下降给生态系统造成的危害可能是难以估量的。在有些地方已经能看到苍老的古木渐渐地枯死，因为很多树木难以从很深的地下吸取水分。对与水相关的生态系统的脆弱性以及其遭破坏后加速崩溃的趋势，当地的用水者难以给予高度的重视。

对于农民来说，他们知道地下水位在不断下降，但是他们不认为，或者不愿意把水资源当作是脆弱的资源。因为他们依赖于这种资源，他们的生产依靠水，他们的生活也离不开水。如果没有水，那么生产和生活是不可能维持下去的。因此，从一般的社会心理角度来看，在那里生息繁衍的人们，可能更倾向于乐观地对待他们赖以生存的水资源，较少去思考、关注这种自然资源的脆弱性或最终会枯竭的可能性。因为农民即便意识到用水越来越困难，他们也会因生计所迫而想方设法取水灌溉。

对于传统的小农来说，他们的收入来源和风险保障除了传统的耕作之外，几乎没有其他收入流，或者其他收入流的成本相当昂贵，是他们望尘莫及的。在这样一种社会情景中，对水的依赖、对水的眷念、对水的开发并最终对水的破坏，构成了传统农业和农民的复杂的水情结。

永定河的命运也和其他断流的北方河流一样，人类对河流自身水文循环的漠视，人类自以为是的改造，人类肆无忌惮的掠夺和获取，最终把一条秀美的河流，变成了野草丛生的荒原。

目前，水生态的脆弱性已经得到了广泛的关注，全球水伙伴的技术咨询委员会曾明确提出，水是有限而又脆弱的资源系统①。如果河流水生态循环现状得不到有效保护和治理，整个水生态系统也将会受到巨大影响，水资源的可持续发展将面临重大危机。

据沿河的居民回忆说，在20世纪70—80年代，人们还能见到河里浅浅的流水，附近的居民还能打压水井抽到地下水，到了90年代之后，除了在雨季河道内能见到一点蓄积的雨水外，下游的河道几乎都是干涸的。

同样，生态系统也是脆弱的，人类肆意地介入和大量地开发来获取自然资源将难以维持系统的均衡。河流及水资源就是如此，它是一种循环的系统，当其循环的某个环节遭到破坏，就可能导致整个系统的破坏。

---

① 参见 Global Water Partner: *TAC Background Paper*. 2000, No.4。

二、水环境恶化及其影响因素

20世纪80年代，中国开始全面推行农村家庭联产承包责任制，在某种意义上使得农村的土地产权结构发生了重要变迁，农民的个体家庭获得了土地承包经营权，也就是耕地的使用权和独立经营权。在集体经济时代，农村土地归集体所有，集体由公社、生产大队和生产小队组成，即"三级所有，队为基础"的土地所有制度和生产经营制度。农村集体掌握和拥有土地的占有、使用和经营权，农民作为集体成员只享有劳动权，而且这种劳动权是和他们的劳动义务合而为一的。也就是说，农民有权利在集体的耕地上劳动，但是农民同时要履行在集体耕地上劳动的义务，不得擅自离开集体而独立经营。

产权结构的变迁在较大程度上促进了农业生产效率的提高。然而，土地承包责任制并没有对附着于土地或与土地紧密相连的水权问题进行明确界定和说明，随着农村集体生产经营制的瓦解，每个农户就成为了独立的用水户，这无形中又使参与用水的集团规模扩大，由此不可避免地增加了保护像水资源这样的流动性"公共池塘资源"（common pool resource）的难度。[1]

因为一方面，集体时代形成的水利系统和管理体制建立在土地集体产权的基础之上，水利工程和用水行为主要由集体组织来协调和管理，集体根据生产计划和实际需要统一组织和安排供水，公共水资源的分配一般是在集体与集体之间进行的。

---

[1]　参见奥斯特罗姆：《公共事物的治理之道》，余逊达、陈旭东译，上海译文出版社，2000年。

然而，家庭承包责任制既改变了农村土地权属结构，同时也改变了组织的功能结构。农业生产经营主体的改变，一方面改变了与耕地密切相关的水权结构，农户可按照自己的意愿在自家承包地打井取水；另一方面，也在一定程度上改变了人们的用水行为的结构。以往的集体用水最大化行为分散为个体家庭的用水最大化行为，因此，适应调节和控制集体用水最大化行为的机制对个体家庭可能就缺乏有效的约束功能，人们对流经本地的河流或责任田底下的地下水，几乎可以随意抽取。尽管地方政府也曾出台了一些关于用水的审批和缴费规定，但可能是由于缺乏相配套的监督和管理机制，仍不能有效抑制对河水以及地下水的堵截和过度抽取现象。

另一方面，从集体行动理论的角度来看，农村集体经营体制的取消，意味着以往的行动主体——集体，开始分化为多个行动主体——个体农户，这样，进入、占用和提取公共资源的集团规模也就大大地扩大了。在一个大集团里，理性的个人即便在采取行动后能从公共利益中获利，他们也不会自愿地采取行动来实现共同利益，也就是说，在一个大集团中，更容易出现理性人的"搭便车"的行为，个人只愿意从集体中获取更多的收益而不会自愿承担集体成本。①

此外，随着农村生产经营制度从集体经营体制向家庭联产承包责任制的过渡，与土地相关或相连的水资源的产权也相应地处于模糊和不确定的状态。因此，水资源成了任何家庭可以任意进入的共有资源，共有的产权状态也就难以避免落入"公地悲剧"

---

① 参见奥尔森：《集体行动的逻辑》，陈郁、郭宇峰、李崇新译，上海三联书店、上海人民出版社，1995年。

的境地。①

当然，河流断流、地下水位下降及水环境恶化问题的出现，并非仅仅是农业生产和农村社会活动导致的。某种意义上，快速的工业化、城市化也是导致用水量急剧增大、用水形势和水污染日益严峻的重要因素。

三、节水合作的形成机制

某种意义上说，节约用水以及对水资源的保护行为是一种公益性行动。保护公共资源和共同生存的生态环境，对所有共同体成员来说，都会得到一定的收益，尤其是长远利益。但是，正是由于资源保护行动的收益是一种集体的收益，而且是一种长远利益，因此通常情况下这些利益并不一定被所有成员认识到，这就需要某些有组织的公益行动来促进这种公共利益的实现。

所谓公益性行动，就是指个人让渡或放弃自己部分已有的或既成事实的收益权利，来实现某种公共的收益目标或他人的利益。公益性行动通常是经过组织和设计的集体性行动，公益性行动的目标和结果是促进和实现公共利益。

公益性行动根据参与者的动机和目的的不同，可以分为直接利他主义的行为和间接利他主义的行为。

直接利他主义行为是个人在主观上就具有为促进和实现他人或公共利益的行动动机，而且正是在这种利他主义动机的驱使下，个人才参与了公益性的社会性活动。从行动结构分析的角度

---

① 参见 Hardin, G. (1968). The Tragedy of the Commons. *Science.* 162 (3859): 1243-1248.

看，直接的利他主义行动的动机、目标以及行动结果，都是公共的利益和目标。例如，个人参与的募捐活动、公益性的义务劳动、社会服务、社会宣传和咨询活动等等，都属于那种旨在促进他人和公共事务和利益的行动。

间接的利他主义行动是个人在主观动机上，并非完全出于对他人或公共利益的考虑，而可能是既具有追逐个人收益的动机，也具有对他人和公共利益的考虑。但从行动的实际结果来看，这种行动能够促进公益事业和公共利益的实现。例如，个人响应社会号召，选择节约使用社会上的稀缺资源，参与这种行动就意味着对公共利益是有利的，但个人在选择这一行动时，可能还有对自己行动的成本和收益结构的考虑，个人节约使用资源同时也是为自己节省成本和开支。

再譬如，社会上发行诸如福利彩票以及体育彩票等公益性彩票事业，某种意义上说，就是通过科学地制度设计，来促进间接的利他主义的公益行为。在彩票的发行和购买过程中，无论是购买者个人还是组织发行机构，他们参与这一行动的动机，或者完全是出于自我利益的驱动，或者是出于公共利益的驱动，或者两者兼而有之，无论属于哪一种动机，都不会改变他们所参与行动的结果和主导性的意义。只要人们参与了彩票购买，结果都会对公共福利事业、体育事业等公共事业有重要的促进作用。

从行动的结果或功能的角度看，无论是直接还是间接的利他主义公益行动，都会对公共目标和公共利益有所促进。因此，如果把保护公共资源和促进资源的可持续发展看作是一种公共的目标，那么，要促进这一公共目标和利益的实现，关键在于如何让更多的公众参与到公益性行动之中。

从行动动机的角度看，直接利他主义行动和间接利他主义行动似乎有所不同，但是，个人之所以参与利他主义的公益行动，之所以转让、让渡或放弃自己的部分行动控制权或利益，是因为他们在一定程度上对自己所接受的信息充分相信，并在此基础上试图达到自己的某种目标或追求。因此，完全的信息不是两种公益行动的直接动因，但却是个人选择公益行动的必要条件。也就是说，个人只有在获得有关公益行动的组织者以及相关意义的充分信息的前提下，才会对这样的行动形成信任感，相信自己的行为选择对所要追求的目标是有意义的。只有在信任的情况下，个人才愿意加入到公益活动中来。

简单地说，个人是否参与公益行动，关键要看他们是否相信公益行动的实际意义，要让人们对公益行动本身产生信任感。为此，公开公共事业行动计划的信息，宣传公益行动的意义就是必要的。

在保护公共水资源或水环境的公益行动中，其基本关系结构实际上是一种委托－代理关系，其中委托人就是每个参加公益行动的人，而代理人或受托人就是公益行动的组织者或机构，也就是组织、负责管理和保护水资源、水环境的团体或机构。

委托－代理关系的一个重要条件就是委托人与受托人之间的信任机制，委托人自愿把自己的一部分权利自愿让渡或委托给受托人，实际上是给予受托人信任。委托人之所以愿意给予受托人信任，是因为委托人相信自己所委托的目标将会获得成功或者自己会从委托行为中获得收益。

在科尔曼的信任模型里，有三个因素决定着委托人是否给予受托人信任，这三个因素是：1）P=获得成功的概率（受托人确实可靠的概率）；2）L=可能的损失（如果受托人靠不住）；3）G=可能的收获（如果受托人可靠）。①

如果 P/（1-P）＞L/G，则表明受托人的可靠性程度较高，而且损失的可能性远比可能的收益要小，在这种情况下，委托人就可能做出给予信任的选择；如果 P/（1-P）＜L/G，则表明委托行为目标成功的概率较低，可能损失大于可能收益，这样委托人的决策可能是不给予信任；如果 P/（1-P）=L/G，则反映的是一种中间状态，委托人是否给予受托人信任没有较大差别。②

例如，在保护水资源的社会公益活动中，个人自愿选择节约用水或自愿减少污染，表明参加者对资源保护和生态环境保护的公益活动给予了信任，他们相信保护资源和环境将取得成功，相信自己的行为选择将有利于公共目标的实现，未来自己将获得的收益则可能超过自己当前的付出。

在其他利他主义的行为中，如科尔曼所列举的农夫间相互帮助现象的例子，表明作为委托人的施助者，之所以向其邻居提供帮助，是因为他相信自己的帮助是值得的，也就是说，委托人觉得受委托人——邻居是较为可靠的，自己付出的劳动会在以后得到邻居同样甚至更多的回报。

既然个人是否给予受托人或代理人以信任取决于受托人的可靠性，以及自己的损失和收益预期，那么，个人信任给予的选择（T）某种意义上就是受托人可靠性（P）、预期损失（L）和预期收益（G）的函数：

$$T=\{P,L,G\}$$

---

① 参见科尔曼：《社会理论的基础》（上），邓方译，社会科学文献出版社，1999年，第117页。

② 同上。

信任给予选择与受托人的可靠性、预期损失和预期收益之间的关系为：

$$T=PG/L$$

上式表明，个人给予信任的选择与受托人的可靠性和委托行为的预期收益成正向相关关系，与委托行为的可能损失程度成负向相关关系。

以上理论分析只是从公益行动的结构与信任给予的角度解释了个人参与公益或利他主义行动的可能性问题，其中所涉及的主要是信任给予、委托以及行动的选择与受托人可靠性、可能的损失和可能的获益之间的一般性关系。在具体实践中，个人的委托行动和信任给予的选择，实际可能取决于个人对三个变量信息的掌握程度，也就是对P、L、G值的了解和估算情况。因为，在现实社会中，人们对这三个变量的数值的了解程度是不同的，由此说明，对信息的获得、掌握和利用程度，对个人参与有利于公共利益的活动产生较大影响。

此外，个人信任给予的决定机制也是动态的、不断变化的，个人会随着自己所获得和利用的有关P、L、G这三个方面的信息情况的变化，不断调整自己的行动选择。

信息的充分与否对个人做出信任给予的决定尤为重要，信息量的大小，影响着个人对信任的成功可能性的估算，只有在个人所获得的信息量达到做出决定的临界值时，个人才会做出给予信任的决定。

例如，在社会福利彩票的发行中，彩票的运作，其中包括奖励方式、奖励额度、开奖方式、资金的使用，以及其他各种具体的规章等信息，必须在公开、透明的前提下，彩票发行机构才能得到彩民们的信任，这样彩民们才会选择继续购买彩票。

科尔曼曾援引韦克伯格（1966年）所运用的汉布罗银行挪威部的负责人向船主贷款二十万英镑的例子。这位银行负责人对自己的借款行为作了这样的说明：

> 接收他的请求意味着解一个含有未知数的方程式，船主偿还的概率就是那个未知数。这个方程解得出来吗？这便是银行家承担的风险。我必须尽快决定是否向他提供借款。
>
> 事实上，其中的风险并不像看起来那么严重。我了解那个公司，了解他们的船，甚至知道船上装了哪些货物。掌握这些信息是我的工作。当然我必须非常谨慎，银行业中间的竞争十分激烈，我必须在心里积下大量有用的信息。①

由此可见，信息是委托估量和计算信任给予风险的重要系数，也是委托人解信任给予决策方程的一个必要步骤。

参加保护公共资源的公益行动的人，他们作为委托人，自愿为公共利益做出贡献，将自己的一部分资源和权益委托给代理人，而且为了长远的公共利益他们还必须不断做贡献，继续将资源和权益委托给代理人。公共资源保护目标的实现需要有连续的行动，一次性的行动并不能解决资源的困境问题，参与资源保护的行动者也就必须是可持续的。因此，为公共资源保护做贡献的公益行动就不是那种一次性的博弈过程，而是一种不断重复的博弈过程。

---

① 参见科尔曼：《社会理论的基础》（上），1999年，第121页。

个人是否愿意加入和继续参加公共资源保护的公益行动，实际上也就是他们是否决定给予信任委托的问题。而在这种信任委托－代理关系中，委托人可以是个人，也可能是一个机构或组织；而受托人或代理人则包括两类：一是负责组织和协调公益行动的行动组织者；二是可能参与行动的其他人。

个人只有在对公益行动的组织者和实施者较为信任，同时相信其他人也会参加的情况下，才会加入公益性的行动。因此，行动者在做出是否参加的决定之前，也就存在一个博弈的过程，他们可能要对参加的风险和可能的收益或行动成功的概率加以估算，然后再作出参加或不参加的决定。

从图3-2来看，个人作出参加的决定通常是在知道和了解其他人也会有类似的选择的情况下做出的。如果他们不知道或者所掌握的信息与自己的决定相反，那么，个人选择参加的概率就趋近于零。此外，在这一选择过程中，个人的收益结构也在某种意义上受其他人行动选择的影响，所以，行动者之间的相互作用也就不断地影响着个人的选择。

		其他人	
		不参加	参加
自己	不参加	(0, 1)	(1, 0.5)
	参加	(0, 0)	(1, 1)

图3-2　个人参加公益行动的决策过程

由以上的博弈原理可见，要促进人们积极参与资源保护的公益行动，就要促进公益活动的参与者之间形成良性的互动和相互促进关系，组织者或计划者就需要向公众提供行动集体的充分信息。因为在这样的公共活动集体中，个人与个人之间的关系首先是一种陌生的关系，一个人对相互关联的其他人并不了解和熟悉。因此，个人的行动决策可能在较大程度上取决于公共信息或由中介机构提供的信息的充分程度。

在水资源保护方面，首先，公共部门需要公开自然资源开发利用和分配的状况及趋势方面的信息，让公众了解个人行动与公共资源状况之间的联系，以及参与保护行动的意义；其次，还需要公布和传播有效的管理资源的相关技术信息。最后，对公众包括保护和破坏资源的行为的相关信息加以汇总和传播。在相关信息公开和透明的情况下，公众之间的信任机制就可能建立起来，个人也就可能自愿参加公益性的活动。

四、节水制度与诱致性合作

社会管制和经济管制是政府解决社会不平等、贫困、水资源退化等公共问题，实现公共目标的重要政策工具之一。除了管制之外，征税、收费是政府的又一重要政策工具。对个人的收入、商品以及服务征收税费，是政府实现公共目标的重要物质基础和财源；此外，税收也是调节和改变社会行动结构的重要手段。例如，对某些活动和商品提高税率水平，就可能抑制这类活动和商品的扩展；相反，降低税收，就会鼓励、支持某种活动或行业的发展。

政府的公共政策一般能够在技术、行为、思想和规范四个方面影响社会行为结构。通常情况下，人们的节水行为被看作是市场或价格机制的作用，那么，在河流水资源的保护方面，制度是否能起到一种激励的作用呢？

　　政府征收税费，实际上是把私人物品转化为公共物品，也就是从公众手里获取资金以便实现公共利益。因此，税收是政府改变社会行为结构的重要方法，也是开展社会治理的行为之一。税收是公共物品和公共服务的主要源泉，没有税收收入，政府追求公共的目标也就没有物质基础，政府就无法保证为公共利益而进行选择。

　　在水资源管理和水环境治理中，政府何以能为公共目标而有所作为呢？很显然，政府首先必须具备干预和影响公共事务的物质基础；另外，在实行强制之外，政府在约束和控制人们行为的同时，还需要为人们的行为选择提供一个空间，而不仅仅是命令或禁令。一些经济的手段对于影响人们的行动选择具有重要作用，因此，在有些情况下，通过税费和价格的调整，让人们自己去进行理性的计算，然后再去选择，可能比命令性的强制更有利于实现公共的目标。

　　征收水资源税，一方面能够为水资源的管理和保护提供经济来源。在开发和利用资源方面，人们是在个人利益驱动下进行的。为了个人利益，人们会利用资源，但是，为了集体利益或公共利益，人们并不总是自觉自愿地去维护公共资源的可持续性发展和利用。因此，这就需要人们参与公共资源的保护行动中，为公共的利益而采取协调一致的行动。如何使人们的行动趋于一致，这就需要公共的力量来干预。资源税是提供这种公共力量的财源，无论是建立公共水资源的机构，还是实施管理行为，税收是一个基本保障。

　　再者，水资源税的征收也是影响和改变社会行动的一个机制，从图3-3中我们可以理解，在没有对水资源使用征收额外税费之前，用水的边际成本（MC）与用水的边际需求（MD）之间的均衡点在 B 点；如果政府界定一个最低限度的用水标准，超过这一标准，就对超额用水行为征收高倍的水资源费或水资源税，这样，用水的边际需求曲线就可能会移至 MD'，促使水资源的供求均衡点从 B 向前移动。因为，水资源税的征收，意味着用水的边际成本无形中得以提高，那么人们的用水的边际收益将随之而减少，从而会导致人们对水的需求量随之下降。

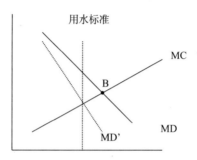

图3-3 水资源税对需求的影响

在河流水污染、水环境保护问题上，政府的作用也是关键的。政府不仅需要在污染标准上作出明确规定，也要根据标准对污染行为加以管制；管制措施的实施成本通常比较高，因为对那些违反或超过标准的外部行为实施监督较为困难。通常情况下，即便在查出超标行为的情况下，也难以确保他们今后的行为能符合权威的标准。因此，经济手段的运用在管理和控制水环境问题上也是非常重要的。

与水资源税的征收相类似，为了控制水污染，保护水资源的可持续发展，污染水或者是排污费的征收，将会调节人们的行为方式和行动选择。

征收排污税或排污费，一方面改变了排污行为的成本和收益结构，随着成本的上升，企业或个人会根据行为的收益状况来选择自己的行动方案。税费的增加意味着价格的上涨、成本的增加，这样，人们会减少排污量，以便获得更好的收益。另一方面，排污费的征收也为污染问题的处理或解决提供公共的支持。排污和污染问题的形成，与个人的最大化行为是不可分的。在公共领域里，如果没有制度和机制的约束，要让个人自己控制自己的最大化行为，几乎不太可能。即便利他主义行为在有些场合是存在的，但是人们的这种选择通常具有情景性、偶然性，而稳定性、经济理性较低。因此，控制个人最大化行为的外部性问题，还是需要有公共力量的介入。

在用水这一环节，或者是把用水行为看作是一种消费行为上看，如果通过公共政策干预不同流域段的人们的行为，那么，上下游居民在使用公共资源时可能会促成合作。例如，政策规定的上游和下游居民的消费标准，以及限制某些违反规则的行为，这样就可以达到降低消费，减少废物排放，降低用水压力的效果。

在一些看来是市场机制作用的方面，如通过价格以及水权交易、排污权买卖和转让等措施，来促进水资源的有效配置方面，从其效果来看，似乎理性的选择及市场机制的作用非常重要。然而，实际上，在这些措施中处处包含了政策所发挥的作用。例如，对水资源税、排污费、用水标准的确立，都是在对公共资源状况以及开发和利用问题的认识基础上，限制和控制可能产生外部性影响的行为，如技术和行为选择，或为资源保护提供一种制度框架。从而使人们在实际利用中遵循资源节约与保护的规则。

政策对节水行为的作用，可以是直接的，也可能是间接的。直接的激励是通过奖惩体系改变人们的行为动机结构，也就是对节约行为加以奖励，而对浪费行为进行惩罚。奖励会驱动人们做出并重复某种行为选择，因为奖励是该行为选择的超额收益，相反，惩罚也就是做出某选择所要付出的代价。

奖惩的体系和方法可以包括经济的手段，如价格、费用的调整等。如果对水价或水费实行级差价格或收费办法，那么这将会直接影响人们选择浪费还是节约。级差价格和收费办法就是对不同需求层次的用水行为收取不同费率的水费，用水需求层次大致可分为：1）基本需求层次，亦即满足日常生活、基本生产的最低需求量，这一层次的需求是人们生活和生产所必需的，因此其特征表现为刚性，也就是说这一部分的需求不会受价格调整的影响，所以水的价格调节作用不在于对这一层次的需求征收额外税费；2）调节性增加需求，指在生产或生活中，由于临时性因素变动的影响，额外的基本需求量增加，如工厂中临时性的生产任务的增加，家庭户人口的临时增加，都可能引起基本定额的超额；由于这一类需求是临时性的基本需求的增加，因此通过时间均衡方法可以实现既有利于节水又有利于用水者利益的结果；3）奢侈享受型需求。这一层次的需求是在满足基本生活或生产需求之外，为追求更好的享受、生活的便利，或更高的利润而扩大和随意使用的用水量。促进节约用水，在某种意义上就是要限制和控制这一层次需求的膨胀。尤其在水资源较为短缺的华北地区，有些地区甚至连基本生活用水都较难满足，因此，如果提倡享受型的用水方式，或任由奢侈的需求膨胀，那么，这不仅加剧了用水中的不公平，而且将会加剧水资源的短缺问题。

控制享受型用水需求量的增加，需要对超过基本需求量和调节性增加量范围的奢侈用水加倍征收水资源费或提高此类用水的水价。一般来说，由于奢侈用水户阶层的收入较高，其价格影响阈限也可能较高，因此，常规的累进费率和价格可能难以改变他们的用水模式和习惯，所以，特殊的费率和针对奢侈用水器具征收特殊税费可能有重要意义。

政策的间接激励作用主要表现在节水技术的开发和宣传推广方面。通常情况下，节水行为需要有节约知识和技术的支持；另一方面，节水知识通过对人们思想的影响而改变人们的行为习惯，从而促进自觉节水选择；节水技术的应用，以及对节水技术研究和开发的政策支持，为节水行为提供一种物质的基础。例如，节水的供水管道、节水龙头、节水冲洗器具等，一旦居民使用了这些器具，那么他们在用水的同时，其行为受节水技术设施的规制，自然也就遵循了节水规则。

五、节水意识与节水规范体系

节约用水对于西北和华北等干旱少雨地区来说，可能是水资源开发利用和管理保护的一个基本原则和走向。水资源的稀缺性和脆弱性在西北和华北地区表现得更为突出，因此，水资源供需的非均衡特征主要取决于需求方面，因为水资源的供给量在限定的时期是一个相对刚性的变量，因为受自然客观条件的制约，水资源的供给量不可能在很大程度上得以增长，因而在一定时期内，水资源的稀缺性也不会在较大程度上有所改观。即便工程技术发展可能为缓解水供给不足提供一些帮助，但是，供给的刚性特征是绝对的，供给量的增长则是相对的。所以，解决水资源供需不均衡的关键还在于节制需求，亦即节约用水。

节水涉及到人们在日常生活、农业生产、工业生产等方面的具体用水行为，要求人们尽可能减少用水范围和用水量，提高用水效率。此外，要实现节水目标，还需要人们为更长远的、公共的目标和利益而进行合作。水资源属于一种集体消费的资源，在其消费集体中，有大量的集体成员，他们的行为共同影响着资源的状况，因此，在节约用水方面，单靠个人或几个人的努力，并不能解决集体行动带来的问题。

节水的意义尽管重要，但是，由于在共享公共资源的利益共同体中，人们占用资源的地位有所不同，因此，节约用水的成本收益结构存在较大差别，决定着处在不同位置的资源使用者的节约意识会存在较大差异。例如，靠近河岸的人，或者处在地下水聚集的盆地，他们获取水资源比较方便，对节约用水的意识会比那些取水困难户的节水意识更淡薄。

目前，在农业生产方面，农民群众对节水的必要性和重要性的认识尚不深刻。在现行政策安排下，缺乏鼓励人们节约用水的激励机制。例如，农村地区的水价偏低，那些从地下取水的农民只需要支付0.2—0.5元/立方米的水价，农民的农业用水的费用主要是电费。因此，在这种水价机制的安排下，节水对农民的直接增收作用未能显现，节电比节水更加有利，节水难以成为人们的自觉行为。

在以传统农业为主的社会结构中，由于农业生产单位主要以家庭为主，生产的规模较小，因此，传统的灌溉方式和用水方式仍将占据主导位置。在很多地区，农业灌溉的方式仍以大水漫灌为主，一些节水的灌溉技术和方式，如喷灌和滴灌等方法，以及大棚种植技术等节水措施，较少被农民采用。从实地调查情况来看，在一些干旱半干旱地区的农业生产实践中，农民要么面临无水灌溉的尴尬境地，要么就用大水漫灌的方式大量用水，让他们自觉花钱搞节水灌溉，或节约用水，现实中可能存在较多的障碍和困难。这不仅因为农民的节水意识较为淡薄，更重要的是节水规范对成本收益结构的界定存在问题。

如果实施节水措施的成本和风险都很高，甚至高出农民的预期收入水平，或农民的一般承受能力，那么，即便节水意义很大，长远的收益也将很高，他们也不会自觉地去遵守节水规范、选择使用节水的技术和措施。由此看来，农业生产领域中节水措施和技术的推行，关键在于政府的投入，只有政策安排使得农民的收入流有所增加，承担节水成本的能力也随之增加，才能激励农民积极地采用节水的措施。在能够获取水源的情况下，收益率越高，农民投资节水措施的可能性也随之增大。另外，农民的节水意识也与他们的预期收入呈正相关。

工业化的快速发展带来用水量的大幅提高，而且工业用水的增长，又和污水排放量及水污染的程度有着高度相关关系。因此，工业化及工业生产的快速发展，对经济的增长有直接的贡献，但是为环境及水资源的可持续性发展带来了严峻的挑战。水资源的短缺和退化问题，与工业用水有着密切关系。节约用水在工业领域，意义更为重要。1999年，北京万元产值取水量为45立方米，水的重复利用率只有50%—60%，与发达国家的重复利用率70%—80%相比，差距较大。由此表明，用水效率低和浪费水的问题较严重，工业节水仍有较大潜力，工业节水的主要方向是提高工业用水重复利用率和降低单位耗水量，以及缩小耗水工业的规模。同时，在工业结构调整方面，需要限制和减少耗水量大和水污染严重的工业行业的增长和生产规模的扩大。

在生活用水方面，尤其在城市生活用水方面，推进节水对水资源开发利用和保护同样具有重要意义。虽然从统计上看，城市生活用水量大大低于农业和工业生产的用水量，但实际上，水资源面临的压力也来自于城市生活用水。

在促进生活节水方面，节水意识的强化和内化很重要，如果人们在用水时能意识到节水的意义和价值，那么，他们在用水过程中的行为习惯就可能更利于节水。

在较多的情况下，推进节水措施，通常需要人们转变某些浪费水的行为习惯，既然是习惯，说明这些行为已经受某种规范支配，因此，促进节水，就需要转变某些行为模式，需要推进节水规范体系的建立。节水规范体系的目标就是促进在节水上的多方面合作，其结构主要包括如下要素：

1）统一的节水规范。推行节约用水，需要从政策、制度和标准的角度，明确界定什么样的行为属于节水，什么样的行为是浪费；此外，在节水行为准则界定之后，还需要确立相应的、可操作的奖惩措施；最后，还需要考虑对不自觉的浪费水行为规定制约措施和惩罚手段。明确和统一节水行为的准则是促进节水工作常规化、制度化的基础，有效的奖惩规则和控制措施，是落实节水的保证。

2）节水成本的分摊结构。节水规范的结构必须与利益相关者的成本收益结构相适应。如果规范所带来的制约给目标行动者带来远远大于其收益的外部成本，那么，规范的有效性就会随之降低，因为行动者遵守规范的概率会大大降低。譬如，对一个普通居民来说，在现行水价基础上，如果规范要求其购买并置换新的家庭节水器具，那么器具的价格构成了个体家庭的节水成本，新器具预期节水量与现行价格的差额便是他们的预期收益。如果价格大于预期的收益，居民自愿选择更换节水装置的可能性就会下降。因此，节水规范和模式的推广、实施，一般都需要进行成本的垫付投入。如何落实成本的分摊垫付，就需要一种较为稳定的规范机制，明确各利益集团的责任，例如，可以通过建立国家、省、市、县等多级节水发展基金，增加财政对节水基础设施的投入、拓展，以及建立多元化、多层次融资渠道，将资金用于节水技术的研究，扶持节水设备、设施、器具的开发，推动节水科技创新，降低个人节水成本，推进节水事业发展，推广和应用节水型设备、设施和器具；此外，还可以引导社会各界参与节水资金投入和工程建设。

另外，政府还需要在组织设置和政策安排上为促进节水工作的开展提供充足的公共服务。促进节水技术中介、咨询、设计及信息服务体系的建设，鼓励和激励科技人员从事各类节水技术服务，允许科技人员参与技术服务、转让、承包中的效益分配。

3）促进节水的水价体系。从目前现状来看，北方缺水地区供水水价较低，水价与水资源稀缺的状况不相适应，不利于节约用水。价格机制对管理公共资源来说并不是最重要的，但价格体系能够起到自动调节人们行为选择的作用。因此，促进居民自觉节水，建立合理的水价体系具有重要的意义。

在农村地区，确立农业的水价体系存在着一个重要悖论，一方面水价必须在农民的承受范围之内，并且有利于农民收入的增长，但另一方面，水价的调整又直接影响农民的生产成本，可能减少其收入。因此，在农村水价、水费定价原则中，可以根据农民生产增收的规律，采取定额内用水实行低价水费，超额用水加价；实行低价补贴满足基本生产需要，同时采取节约补偿的措施。

城市水价的定价原则也要考虑中低收入者的承受能力，在提高水价，以及对用水定额外加价收费的同时，需要对中低收入阶层或贫困阶层有一个配套的补助机制，以避免水价上涨对底层社会生活造成影响。

4）合理的用水标准与节水监督。制定工业行业用水定额和节水标准，对企业用水实行总量控制，实行计划用水、定额管理，目标管理和考核。促进企业技术升级和节水技术改造，提倡清洁生产，逐步淘汰耗水量大，技术落后的工艺和设备。提高工业用水的重复利用率和单位水生产效率，减少单位产品取水、耗水量，加大污水处理力度。

另外，建立企业占用和经营资源的规范体系，加强对工业企业、自来水公司等用水大户的监督管理，提高用水效率，降低供水及配水管网的漏失率，有条件地逐步建立节水系统。对新增用水户，要求他们做到"三同时、四到位"，即建设项目的主体工程与节水措施要同时设计、同时施工、同时投入使用；取用水单位必须做到用水计划到位、节水目标到位、节水措施到位、管水制度到位。

5）节水意识和规范的宣传教育。节水意识的宣传和教育，是把节水规范内化的重要途径，是从行动者的公德规范和意识形态层次上对节水行为规范的强化过程。

节水行动需要公众的广泛参与，只有在越来越多的人参与到节水行动中时，节约用水的目标才能真正实现。因为节水行动只有达到一定的规模，才会产生社会效益和资源保护的效应。要让更多的人参与进来，就需要利用多种宣传方式，大力宣传节约用水的紧迫性和重要性。另外，普及节约用水的科学知识，增强全社会的节水意识，组织社区群众参与节水工作。在提倡节水的宣传活动中，还可以发挥大众传媒的优势，在社会中树立节水的社会风尚。可以通过诸如"世界水日""中国水周""城市节水宣传周"等集中宣传活动，增进全社会的节水意识，促进节水型社会的建设。

在图3-4中，我们可以看到，通常情况下处在河流上游，或者是河流的中游地段的居民，如果他们拥有较丰富的水源，并能够较容易获得这些水源，为自己创造价值，那么，他们就可能会尽量多地使用水，如果缺乏有效地控制，浪费水就成为自然，他们较少考虑到处于资源劣势地位的下游居民的缺水问题。

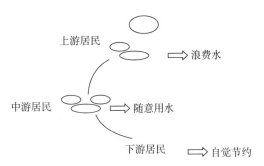

图3-4　资源禀赋地位不同与用水行为模式

中上游居民的用水行为模式与他们所处地位的行为动机结构相连，在他们的位置上，如果没有外在力量的进入和影响，他们的既有意识和动机不会自动发生转变。

尽管意识的转变，是主体认识的变化过程，在这一过程中行动者自身的思想活动起着决定性的作用。但是，环境以及外在力量的影响对行动者的思想活动过程产生一定作用。

由于在用水问题上实际存在着利益的分配，对于中、上游居民来说，随意用水无疑会给自己提供很多的便利和收益，因此如果下游的居民直接向他们呼吁要增强节水意识，促进节约用水，很显然他们并不会接受这样的要求，因为他们认为这可能是下游居民为了自己的利益而进行的鼓动。因此，公共力量，尤其是政府的作用就尤为重要，政府在促进公共意识方面的主导作用，并不仅仅是意识形态的宣传，在为公共的非政府组织提供支持等方面，同样会有所作为。如果越来越多的公益组织，以及其他社区组织或社会团体在价值、法律和经济上得到政府的支持和鼓励，那么这些非政府组织将会为公益事业发展发挥积极的作用。

例如，中国已有较多的环保组织、绿色行动组织、保护母亲河行动组织等各种形式的志愿者和非政府组织，在较多方面得到政府的支持。这些有大量公众参与和有较好群众基础的非政府组织，在节水意识宣传和教育方面，正发挥着积极作用。他们在全国范围内开展多种形式的咨询、宣传活动，增强了人们节水意识，对促进人们用水行为方式的转换发挥了一定作用。

六、节水型社会的建设

既然河流水资源的退化问题与共有产权、集体行动以及再分配体制的延伸和扩展密切相关，那么，要解决中国北方地区河流断流及水资源所面临的困境，需要从产权、集体行动和体制三个方面入手，通过信息、组织、规范、制度、政府以及产权界定和必要的市场手段，促进中国北方地区节水型社会的建设。

自然条件和社会现实已显示，华北地区的水资源短缺以及脆弱性是不可否认的事实。因此，思考水资源问题的成因以及解决途径时，从需求的角度来考量显然更容易切入问题的实质。也就是说，水资源问题的实质是需求问题。

首先，水资源信息传播和交流具有促进公众资源保护意识的功能，同时也是公众在节约资源方面达成一致的重要基础，因为在一个大集体中，如果个人不知道其他人是否节约，那么其节约行动的动机也就会减弱。因此，信息的沟通是促进公众进行节约合作的重要机制之一。

政府与市场机制的运行逻辑不同，因此，他们的适用范围会有差异。公共资源的退化问题，某种意义上是社会行动的外部性的结果，而外部性问题本身就是市场机制失灵的表现，因此解决外部性问题、保护公共资源，依靠市场化改革是行不通的。但这并不否定在政府主导下，运用一些市场手段，如价格和交换等方法的有效性。

政府在公共水资源保护中的主导作用，主要包括提供强制和提供激励两种方式。强制的手段是指政府可以通过法律、法规以及其他规范的制定和实施，来控制和改变社会行动选择的结构。强制的方法还包括税收或者强行征收资源费等措施，来控制或干预个人的某些行动选择。强制的手段在公共资源面临紧急危机时，合理地运用是必要的。但是，政府同样可以通过奖惩体系和意识宣传与动员等方式，对节约和保护公共资源的行为加以奖励，而对浪费及不合作行为予以严厉惩罚的方式，来调节个人的行动选择，转变那种影响资源保护的社会行动结构。

总之，水资源的可持续发展，水生态环境问题的治理，最为根本的途径就是在政府主导下，运用必要的政策管制和市场手段，促进公众的节水合作，推进节水型社会的建设。

第四章　水治理的制度建设

　　制度提供了人类相互影响的框架，它们建立了构成一个
社会，或更确切地说一种经济秩序的合作与竞争关系。

　　　　　　　　　　　　——诺思:《经济史中的结构与变迁》

　　把一个社会建设成节水型社会，必须有一套制度来支撑，这
套制度就是一种制度体系。一方面，一系列核心制度构成制度框
架的主干部分;另一方面，各种配套及协调机制把多种核心制度
连接起来，使其成为支撑起节水型社会的制度系统。

一、水资源与水环境的严峻形势

　　中国属于水资源短缺国家，据水资源公报数据显示，2019年
全国水资源总量29 041亿立方米，全年平均降水量651.3毫米，
降水量地区分布差异极大，地区降水量较小，且蒸发量较大，南
方地区降水相对较多。2019年末全国677座大型水库与3628座
中型水库蓄水总量4 118.4亿立方米。全国供水总量为6 021.2亿
立方米，占全年水资源总量的20.7%，其中，地表水源供水量
4 982.5亿立方米，占供水总量的82.8%;地下水源供水量934.2
亿立方米，占供水总量的15.5%;其他水源供水量104.5亿立方

米，占供水总量的1.7%。全年总用水量亦是6 021.2亿立方米，其中，生活用水871.7亿立方米，工业用水1 217.6亿立方米，农业用水3 682.3亿立方米，人工生态环境补水249.6亿立方米，万元国内生产总值（当年价）用水量60.8立方米。所以，从水资源的供需状况来看，随着我国工农业生产的快速发展，用水量会随之增长，这样水资源的短缺及可持续性发展问题将更加突出。如果不加以科学规划、预防和治理，未来我国社会经济发展所面临的一个重要制约因素将可能是水的问题。

构建节水型社会是我国水资源发展形势的必然要求，解决水短缺的根本途径并不在于无限地供水和跨区域的调水。如果不从需求控制的角度去探索缓解水资源矛盾的问题，那么，水的供求压力实际上得不到根本解决。

所谓节水型社会，是指在系统的节水法律和制度规则的引导和规制下，社会成员形成以节约使用为原则的用水行为，从而使水资源得以可持续和高效利用。

把节水型社会建设作为新时期解决水资源问题、促进可持续发展的根本之路，其意义在于治水和节水理念的转变，即从工程技术节水、治水迈向社会节水、治水。这是一种节水策略的创新，为节水效率的提高奠定社会基础。要实现节水方式的转变和节水策略的创新，从根本意义上说，是为了挖掘节水的潜能，提高节水效率。达到这一目标，就要依靠全社会的支持，依靠综合性力量来推进节水。其中，重要的问题是如何转变人们的用水观念和用水方式，使其朝着节约方向发展。

图4-1表示，当前乃至未来，中国水资源的总体状况是有限的，而不是无限供给的。在这一基本前提下，社会生活和经济发展首先必须遵循客观条件，通过社会与文化策略，来调节人与水

的关系，实现人类社会的可持续发展。

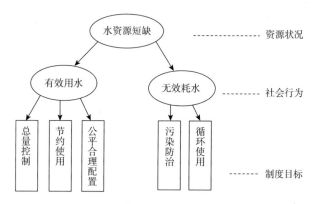

图4-1 节水型社会的节水过程

即便面临有限的水资源，人类与水资源的两种行为模式是不变的，一方面是有效地用水，另一方面是无效地耗水，这两种行为方式又存在密切的联系。无论水资源如何有限，人类社会的用水需求始终存在，生存、生活和生产都离不开水，社会发展需要使用水。因此，当水资源有限时，社会只能改变用水的方式，使其适应水资源状况，否则，社会便无法可持续发展。另一方面，社会的用水行为结果之一是满足了生产和生活需要，同时还会产生另一种结果，那就是排出的污水又可能污染水资源，从而导致有限水资源的无效耗损，即被污染的水在没有发挥使用价值的时候就变成了废水。无效耗水不仅没有发挥水的价值，反而减少可用水总量，且影响呈累积和放大效应。极小量的污染，会不断累积，达到一定程度之后，大量的可用水会迅速失去使用价值。所以，节水型社会的建构需要对两种社会行为方式都加以调节和控制，既要调节和控制有效用水，同时又要控制无效耗水。两种行为的共同之处是消耗有限的水资源，因而都要加以控制；两种行为的性质又有所不同，调节和控制的方式也应有所不同。部分有效用水行为是人类生存、生活所必要的，如生活饮用水、满足农业生产必需的灌溉用水和工业生产用水。无效耗水是人类行为对生态的影响结果，属于破坏生存条件的行为。因此，人类社会要维持生态环境可持续发展和自己的生存条件不受破坏，对无效耗水行为的控制应更加重视、更加严格。

从制度层面看，调节和控制人类影响有限水资源的两种行为方式的途径，就是要建立有效的制度体系，在各个领域和群界之内，规范和制约人们的用水及耗水行为。

在有效用水方面，节水型社会的制度目标大体可分为三类：一是总量控制，二是节约使用，三是公平合理配置。第一类目标是通过制度设计和建设，实现社会的用水总量有限控制，达到社会有节制地开发和使用水资源的目标，对水资源的需求加以总量控制，这样可以使人类用水行为与自然资源的状况保持一致，避免人与自然、人与资源之间的矛盾。

此外，节水制度的第二个目标是建立一套规范、一个选择集，使人们的用水行为遵循节约原则。通过规范或规则的设计，使人们以节约的方式使用水，例如，生产用水中的节水技术标准，对不符合节水标准的生产线、产业、行为实行制约和规制，从而使工厂企业按照制度所设定的节水目标去使用水，而不是在生产计划中，毫不考虑水资源的状况。在生活用水方面，节水制度可以根据科学测算，满足人均日基本用水量，设定过度奢侈用水和浪费标准，对这类行为实行制度性和技术性制约。人们在受到制度规则的约束、控制之后，节约使用原则才会逐渐深入人心，越来越多的人才会意识到水的稀缺性、珍贵性，只有这样人们才会形成节约用水的意识和习惯。节水制度设计还可通过安排一种选择集，在社会中引导一种节约用水偏好或选择倾向，那就是激励人们节约。这一选择集的基本原则就是：超过基本需要用水标准的用水行为的边际成本成倍增长，而节约行为则能得到较大的奖励。例如，在水价体制的安排中，需要根据物价水平，确立较为合理的基本水价，对各种用水包括生产用水、商业用水、单位用水和生活用水等，实行具有激励效应的累进水价制。所谓有效激励效应，就是累进的费率能够产生边际效益，即增加的价格部分让消费者感到或意识到成本的增加。要达到这一效果，累进费率必需考虑现实的物价价格水平和人均收入水平，如果累进水价较低，并不能产生引导人们节约使用的效应；如果过高，又可能影响到部分群体的正当需求。

要实现有效且节约使用的目标，制度安排还需要在各种用水需求之间均衡合理分配。因为，不合理的资源配置首先可能会加剧需求与有限资源之间的矛盾。例如，在水资源有限的前提下，如果分配给非必需用水的额度超过其理应分配份额，那么它将多占生活必需的用水份额，而生活必需用水事实上不能缺少，这就迫使人们为满足基本需要而不得不去超采水资源。其次，不合理的配置可能会影响水资源的使用效率。一方面保护有限的水资源固然重要，另一方面，如何提高有限水资源的使用效率也很重要。使用效率的提高，意味着有限水资源能够给人类社会带来更多的福利和收益。

然而，衡量水资源的使用效率并不仅仅是经济学意义上的效率，而是综合性的社会效用。提高水资源的使用效率，同样依靠制度规则来科学合理地配置资源。例如，通过水权制度和水市场制度安排，可以对有限水资源进行水权的明确界定，同时通过市场机制的设置，使水权得以流通、转让，从而让使用效率高的用水者能够通过水权市场获得用水权。水权转让和水市场机制的形成，让市场来自动调节水在高效部门的配置，从而解决了水资源的稀缺性与使用效率之间的均衡问题，同时也有助于预防水资源的过度使用或滥用问题。此外，公平合理配置还可以通过行政性的定额管理制度的设立，使必要的、合理的用水需求得到保障，同时又能限制次要的、不合理的滥用行为。例如，定额制度通过确立基本生活用水、必要农业灌溉用水、生态用水、基本生产经营用水、扩大生产用水、奢侈消费用水等不同需求重要性的先后次序，然后在科学测算基础上建立定额标准，由此确保水的社会效用达到最大化，即最必需的基本需求得到尽量广泛的满足，不重要用水需求和滥用行为则受到行政性的遏制。

对无效耗水的制度控制目标主要包括两个方面：一是防治水污染，二是促进水的循环使用。水污染是水资源可持续发展的最危险的因素，水污染有对地表水和对地下水的污染，污染源主要来自于向江河和地下直接排放污水，另外，工农业生产和生活废料或污染物也会对地表和地下水源造成污染。当前，水污染的现状仍较为严重，这在较大程度上加剧了我国水资源的供需压力，也给生态环境造成较大破坏。长期以来，人们虽已经意识到水污染的危害性，但是有限水资源遭受污染的形势并不乐观，那么，为何水污染防不胜防呢？究竟是制度问题还是人的问题呢？从理论上说，关键之处还是在制度方面。因为要管住人的污染行为，根本的途径是要靠法律制度。必须依靠一套有效的法律制度体系，来遏制人的随意排污和污染水源的行为，把社会行为规制在禁止污染的轨道之内。所谓有效的法律制度体系，是指能真正发挥制约或遏制效力的制度规范系统，而不仅仅是一些法律或制度、规章条文，制度系统内既应包含制约和引导人们行为的规则条文，也应包含将这些条文付诸实施的保障体系。

由于社会经济发展带来的环境污染包括水污染较为严重，因此，在水污染防治方面的制度建设中，既需要通过具有强制性的制度规范来规制排污行为，预防水污染；同时还需要相应制度框架来引导和促进水污染的治理，将防范的规则和治理的规则融为一体，构成一种相辅相成的制度体系。此外，既要根据水环境的形势不断完善防污治污的法规制度条款，也要加强制度执行、实施和监督体系的建设，使成文的法规制度能够在实际中真正发挥效力。

为了减轻水资源的压力，制度设计与建设还需要考虑如何减少耗水量。减少耗水量的途径可分为两种：一是直接减少用水量，二是减少用水过程的耗水量。前者属于节约使用的范畴，后者可以通过技术改造和制度安排，以循环使用的方式来实现。循环使用水资源在实际中通常面临两个难题：一是技术难题，二是制度困境。一般来说，技术困难较为容易克服。例如，目前已有较为成熟的污水处理和循环使用的设备装置，以及各种节能降耗的技术，但是，这些技术和设备在社会中的推广使用并不乐观，较多地方和单位通常把污水处理设备闲置着。出现这类问题，从根本上看还是制度及其执行中存在问题。所以，在制度建设中，必须考虑如何改进制度安排，既能管制企业和个人的随意排污量，又能激励人们选择循环使用水资源。如降低企业和个人的污水处理成本，要给污水处理设备和用电价格以较多优惠，对中水实行相对较低价，扩大他们使用循环水的收益。

总之，我国水资源是短缺的，要保障水资源的可持续发展和高效利用，需要从制度层面来规范和制约两种行为方式，即有效用水行为和无效耗水行为。制度设计和制度建设最终要实现对两种与水资源有关的行为方式加以制约和控制，使其遵循有限性原则，即有限需求和节约使用，以及减少乃至杜绝污染或无效的消耗。

二、节水型社会的制度体系及其设计

制度体系是指由规范社会行动、引导行动方向的关键性规则构成的相互联系和相互作用规则系统。节水型社会的核心制度体系就是对引导节水行为发挥核心作用的各种制度或规章构成的体系。因此，核心制度体系不是单项制度，而是由起到核心作用的多种制度构成的规则系统。

> 制度，也就是这些成套的规则，不仅自成体系，而且相互交叉。我们的活动经常同时受好几种制度的约束。将可持续性标准与其他更普通的经济、环境和社会的标准联系在一起考虑，可能会对我们提出让我们改变开发和使用资源的方式的要求。任何涉及到变化的过程，都要求我们改变制度——也就是我们活动所遵循的规则。[①]

如果从制度体系的结构来看，一套行之有效的制度体系应由文化层次的规则、法律层次的规则、行政执法层次的规则和操作层次上的规则构成（见图4-2）。

---

① 参见Loucks, D. & J. Gladwell 编：《水资源系统的可持续性标准》，王建龙译，清华大学出版社，2003年，第193页。

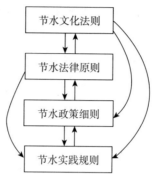

图4-2　节水型社会的制度体系

要建立节水型社会，必须在每个层次形成相互衔接、协同作用的规则体系，而且各个层次上的制度规则都对节水目标的实现起到关键性或核心的作用。

就文化层次而言，其核心规则的作用较为重要，也是影响社会行动选择的根本。但是，文化层次的规则往往又是难以改变的，新的规则又难以形成。如果能在文化层次上形成与节水型社会相一致的行动法则，那么就为构建节水型社会奠定了基础。文化概念虽然抽象，但其实际又是具体和现实的。我们的各种行动从根本上说都受文化法则的支配，文化动因是一切行动的原初驱动力，是"骨子里"的动力。因为在文化中养成的行为习惯决定着我们的行动方式，且当我们作出行动决策的那一刹那，不需要任何思考和权衡，而是按照惯常的方式去做，这就是文化的作用，其影响甚至先于理性选择。文化是指在一定环境中形成的道德、价值观念、意识以及习俗或行为习惯等因素构成的观念系统。文化观念一旦形成，就会产生深刻的、惯性的作用，而文化观念系统和行为习惯的改变，则是一个渐进过程，因为观念和习惯变迁通常要滞后于社会经济的变迁。

从节水文化制度建设角度来看，关键的或核心的任务是要实现用水文化的转型。目前，人们关于水资源的观念，以及用水习惯等都建立在以往的社会经济运行模式基础上。也就是说，是以农业为主的社会经济系统。农业文明在漫长的发展过程中，已经形成了一套相应的用水观念和用水习惯，例如，与生态和资源相适应的耕作制度和种植结构以及生活方式。但是，随着社会经济的转型，工业化和现代科学技术的发展，人与自然、人与资源的关系发生了巨大变迁，人类的活动随着生产能力的提高也对自然环境和生态产生了更大的影响，过去人对自然、人对资源的负面影响主要属于机械性增长所造成的危机，而如今则属于技术性扩张带来的不可持续发展问题。现代科学技术的发展给人类带来了先进的生产力，但同时也意味着人类破坏生态环境的能力提高了。如果人类不能与时俱进，在科学技术进步和生产力不断提高的时侯，培养一种保护自然资源和可持续发展的文化系统，来抑制人类活动对自然环境的不可逆转的破坏，那么，人类在收获高度发达的生产力带来的丰裕物质成果时，将断送未来发展的前途。

节水文化法则建立的实质是一个文化转型和文化重构的过程。在这一过程中，要让人们改变人与自然的对立观念、改变人定胜天的狂想。树立人类适应自然、保护自然、节约使用、循环利用和可持续发展的理念。

如何才能实现文化转型，建构起节水文化系统呢？首先，从文化的基本特征来看，习得性是文化的特征之一。任何文化观念和行为，都是在一定环境中习得的。因此，要培育一种新型文化，即支撑节水型社会的文化系统，就需要给社会成员提供一个可以习得节水价值、观念和行为的环境或氛围。根据文化习得机制，要使社会成员具有某种观念，养成某种行为习惯，就必须通过教育，使相应规则成为核心价值体系的构成要素。

文化教育的途径主要有两种：一是正规学校教育，二是大众宣传教育。学校教育是文化培育基本的、有效的途径。目前，我国基础教育的应试导向使得文化培育和核心价值的培养受到一定程度的削弱，较多学校过于注重应试知识和技巧的训练，而对传播新型文化观念和价值则没有给予足够的重视，学校更多注重现代科学知识的传授，而轻视现代文化的传播以及现代人的培育。在构建节水型社会的文化建设方面，需要加强学校对节约资源、保护自然环境的文化观念和价值的教育和传播。在大众宣传教育方面，要通过大众传播途径，向公众灌输节水意识、节约观念和可持续发展理念，倡导新型的价值、道德准则和行为方式，形成一种有利于节约用水、水资源可持续发展的氛围。

此外，文化是在日常生活中形成的，文化法则与人们日常生活中的相互交往、相互作用的行动有着密切的关联。因此，在平常生活中引导和组织节约活动和保护自然资源的活动，对构建节水文化观念系统将起到积极的作用。

在法律层次上，制度的意义在于确立具有普遍约束力的一般原则，这些原则是对权利与义务、特权与无权利、权力与责任、豁免权与无权力四种法律关系的明确界定。

现代社会，由于人与人之间的联系趋于多元化、复杂化，因此仅仅依靠道德规范已经不能调节更为广泛、更为复杂的社会关系和社会行为。在众多领域里，法律原则和规范对维护合理、有序的社会互动起着极为重要的作用，给人们的行为提供了一种基本框架或规范体系，从而使社会行动得以规范和制约。法律制度体系包括确立法律关系原则的规章条例，以及保证这些规章条例内容得以执行的实施细则，两者的相互结合才能发挥效力。一般情况下，法律效力取决于对违反规章条例的行为进行惩罚的可能性大小。如果对违法行为处罚概率越高，法律规章条文的效力就越高，相反，法律的效力将会降低。

构建节水型社会的法律制度建设，同样要围绕两种与水相关的社会行为，确立相应的法律关系，一是有效用水行为，二是无效耗水行为。目前，针对有效用水行为的立法，我国已经有《水法》及其实施细则，基本构成了相对完备的法律体系。《水法》和《水法实施细则》确立了个人或团体用水行为的基本原则和规范，对有效用水行为具有普遍性和权威性的约束。

针对无效耗水行为，我国也已经制订了《水污染防治法》及其《实施细则》。这一套法律制度规定了对污染水源导致无效消耗水资源的行为加以预防、制约和惩治的基本原则，同时也确立了对无效耗水行为加以控制、约束和处罚的具体方法、措施。

所以，在法律层次上，已经形成了一套有助于节水型社会建构的核心法律体系，节水法律的整体框架已经具备。不过也有学者认为，我国水法中只有"水质与水量"的分割，缺乏"水体特征与水体状况"的综合概念，立法导向反映我国水利实践"重工程、轻管理"的特点。[①]

在构建节水型社会的过程中，核心法律制度建设的重点已经不是增加或补充法律条文规章，也不是制订新的法律或条例，而是如何发挥和提高法律的效力，即要让已有的法律制度体系在现实中真正对人们的行为起到引导、惩戒和规制作用。总而言之，就是加大法律制度实施和执行的能力建设，提高法律规则对现实

---

① 参见沈满洪、谢慧明、李玉文等：《中国水制度研究》（下），人民出版社，2017年，第650—651页。

社会行为的约束力，亦即提升法律的效力。

法律是用来调节社会行为、具有一般性和普遍性的原则，对具体的、特殊情形中的关系和行为规则，可能不会更为细致地加以规定。通常情况下，针对法律规章和条例中的一般原则，立法或最高行政机关会进一步制订更加详细的实施细则，使一般法律原则落实到具体行动之上，由此构成一套法律体系。但是，法律体系所提供的只是社会行动的基本框架或基本准则，而在社会现实中会存在各种各样的具体问题，要处理或调节这些具体问题，法律原则只能作为一种指导性规则，更为具体解决问题的方法和策略仍尤为重要。所以，在法律制度层次之上，还需要建立政策性的制度体系。

在政策层面上，节水型社会的核心制度应包括三项基本的节水政策和节水管理制度：一是水资源总量控制和定额管理制度；二是取水许可和水资源费征收制度；三是水资源评估与论证制度。这三项制度或政策是水资源主管行政机关和专业管理机构发挥管理作用，规范和制约有效用水行为的制度依据，也是非常有效的管理工具。

之所以将总量控制和定额管理制度、取水许可和水资源费征收制度、水资源评估与论证制度作为构建节水型社会政策层面的核心制度，是因为这三项制度都从宏观层面对用水行为提供整体性控制的框架。通过整体性控制，可以实现用水行为的量入为出原则，即可根据水资源的承载量来开发和利用水资源，而不是盲目发展导致用水需求的无节制扩张。例如，总量控制如果能够得以有效执行，那么就不至于出现对水资源的超采超用问题，也能抑制用水需求的不断膨胀问题。此外，取水许可和水资源论证制度，能够从取水环节控制水资源的开采和使用行为，对预防水资源过度开发而导致的水资源枯竭问题，具有关键性的作用。

在操作层次上，具有核心作用的制度主要包括三种管理机制，一是流域综合管理机制；二是水权市场机制；三是节水技术推广机制。操作层次上的制度设计和建设内容，实际上包含组织机构的设置和机构运行模式的设计。把流域综合管理机制纳入节水核心制度体系，是考虑到在水资源管理实践中，传统的管理模式较为倾向于区域化的行政管理体制，而这种体制难以解决跨区域的水资源管理问题，也不能够很好协调区域之间的用水关系。而水资源的属性又具有跨区域的特征，同一个河流湖泊流域内的用水者之间的相互影响、相互作用更显重要，因此，确立流域管理机制对于提高水资源管理效率有着极其重要的意义。此外，流域综合管理机制通过专业化和跨区域化管理，可以弥补区域行政管理的地方利益保护主义的不足，为实现节水整体目标提供有效的协调机制。

按照制度经济学的产权理论观点，产权的明晰界定是确立资源专用性和排他性的关键之处，也是避免公共资源枯竭悲剧的有效途径。产权的明晰界定是市场交易的前提，市场机制又是使稀缺资源达到优化配置和高效使用的机制。所以，在构建节水型社会过程中，除了进一步完善水行政主管机构的主导性和管制性作用之外，明确界定水权、建立水权市场，对于调节水资源需求、缓解供需压力，以及实现有限水资源的高效配置，具有非常积极的意义。

节水技术推广机制既包括推广机构的设计和安排，也包括节水技术推广的激励措施的设计和安排。通过机构和激励措施的设计和安排，才能驱动更多的个人或团体去推广和应用各种先进的节水设施和技术，从技术层面上进一步提高节水效率。

三、《水法》及其执行体系建设

现代社会是法治社会，法律制度在维护秩序和调节社会行动中，具有权威性的作用。因此，建构节水型社会，充分发挥法律制度的作用尤为重要。2002年10月，我国开始实施修订过的《水法》，国家根据社会经济发展形势的变化，与时俱进，不断调整水资源管理和保护的法律规定，加强依法管水、依法治水。2009年和2016年又对部分内容做了修改。同时也意味着我国新的水资源管理和保护的法律制度体系有了重要基础。那么，如何在从立法到执法的各个环节中，将《水法》中的规则落实到具体实践呢，这可能是节水型社会法律制度建设的重中之重。

首先，从立法层面来看，新的水法已经在原水法基础上进行了有针对性的修订。但是，随着我国经济的快速发展、社会快速转型，尤其是水资源状况的新变化和建立节水型社会的迫切需要，水法的规则内容仍有不适应新形势发展需要的地方。首先，水资源产权界定仍处在较为抽象的所有权界定层面，而对占有权、使用权、收益权和处置权等，都没有进一步加以细致的划分。如水法规定水资源归国家所有，国务院代表国家行使所有权。然而，笼统的所有权界定往往只具有象征意义，一方面不能摆脱国有产权最终沦为共有乃至公共开放的资源，以至于资源处在无人管理、无人保护的境地，因为代表所有权人的机关毕竟难以对具体的破坏行为一一加以防范和制止。另一方面，抽象的所有权界定，也不利于水资源的价值体现，有碍水资源有效地利用和保护。如农民所承包土地的地下、河岸水权在国家所有权界定中，不够明晰，也不符合现实需要。如果能够进一步细化水权，一方面有利于水资源的公平配置，另一方面也有利于水资源的保护。因为，当部分水权界定给个人后，其他人在过度使用或污染水资源时，就需要承担更大的成本或风险。

此外，在水法的设计中，还需要加强涉水刑事责任的追究。目前，水法对污染水资源、破坏水利设施等行为，只简单规定追究相应的刑事责任，而在《刑法》中又没有直接针对涉水犯罪行为的定罪量刑条款，而只有在重大环境污染罪、破坏公共安全罪、盗窃和破坏公共财物罪等罪中去定罪量刑。对涉水犯罪罪名的明确界定，有利于增强人们保护水资源的意识，在预防和减轻水污染等方面将起到积极作用。

其次，在水法实施层面上，制度设计和建设的重点在于：第一，进一步细化水法规则，把一般法律原则落实到具体的行为规则上面去，使法律对现实中的行为真正起到引导、调节和规范的作用，因此，完善水法实施细则尤为重要。第二，明确水法中各种规则实施的机构、组织及权限与责任，确保法律的实施有组织的保障。第三，建立和完善水法实施的协调机制，加强部门、机构或组织间在执行法律过程中的协调和统一。

最后，在执法监督层面上，制度设计和建设需要从两个方面去完善执法监督机制：一是对权力的监督，即建立一种机制，能够监督法律所赋予实施机构或组织的执法权力是否被正确、得当地行使，无论是对滥用权力还是权力不作为等行为，监督机制都能够及时发现，并予以纠正，确保法律得以公平、正当地实施。二是对责任和义务的监督，即对法律所规定的责任和义务是否履行加以监督，以使法律所确立的权利与义务、权利与责任等关系得到落实。

水法及其实施体系的完善，是推进水资源管理和保护法治化的重要保障，也是节水型社会制度建设中的基础性工作。当然，一部水法不可能将所有制度都概括进去，水法只是提供一种基本制度框架。节水型社会建设还需要有更加系统、更为广泛的法律、法规和规章制度来支撑。

四、《水污染防治法》及其实施体系建设

我国已于1984年颁布和实施《水污染防治法》，并于1996年修订了该法。这部法律包括总则、水环境质量标准和污染物排放标准的制定、水污染防治的监督管理、防止地表水污染、防止地下水污染、法律责任和附则等七个部分。目前，这部法律及其相关实施细则成为环保部门负责监督和管理水污染的重要法律依据与行动指南。

在经济快速增长的过程中，水污染防治的形势依然严峻。重要江河湖泊的水资源遭受污染的风险依然存在，且水资源受到质的破坏的风险在提高，如2007年太湖流域蓝藻事件的爆发表明水污染由量变到质变的过程是突发性的，而一旦质变发生，则会立即导致严重缺水状态和社会恐慌。所以，在构建节水型社会以及和谐社会过程中，加强水污染防治的法治与制度建设就显得格外重要。我们必须清醒地意识到水是生命之源，也是社会的根本。水资源对于人类社会来说是最为重要的资源。污染和破坏水资源，无异于在我们自己的水杯里下毒，危及我们自身的生命。越来越多的水源被污染，实际上是在大量地浪费水。所以，防治水污染是节水的重要组成部分。

那么，如何才能真正有效地预防和治理水污染呢？如何通过制度建设使这项事业能够可持续地推行下去呢？

从制度理论角度来看，在法制建设中需要突出的重点有两个方面：一是通过法律及其实施来加以预防；二是通过法律规定来加强水污染治理。这两个方面是保护水资源不可缺少且相互关联的组成部分，其中预防更为重要，但现实状况也要求加强污染的治理。

在预防水污染方面，法律及相关制度的设计，首先需要确立这样几个基本规则：1）谁有权力防治水污染？即明确预防水污染的权力机关，并通过法律规定赋予这些机关合法的权力，以使他们在行使预防水污染职权时有法律的支持和保护。2）谁有预防水污染的责任？法律或规章制度需要明确预防水污染的机构或个人的具体责任。只有在明确责任机构或责任个人的情况下，相应的预防措施才有机构、组织或个人去负责组织、落实和实施。3）谁应承担预防水污染的义务？法律通过对义务的规定，将使污染排放者承担起预防水污染的法定义务，也可对未尽到预防义务的排污者追究法律责任。

在预防水污染的途径和方法上，法律和制度设计需要从以下几方面着手：

首先，对预防对象的分析和认识。在立法和制度设计中，必须充分了解和深入分析那些需加预防的对象的基本情况和特征。如在预防水体污染方面，向水功能区排污和污水排放的团体和个人就是可能要加以预防的对象。根据现实情况来分析，这些团体或个人可分为这样几种类型：一是城市生活污水排放者，这是一个大团体，其行为是由每个生活在城市中的人的日常行为构成的。二是农业生产和农村生活排污者，如农业生产中使用农药、化肥对地下水和地表水的污染，以及农村居民排放生活污水或垃圾造成的水污染。三是工业企业的排污者，这是水污染重要的源头，是企业在生产过程中排放废弃、废水和废物造成江河、湖泊水源的污染。四是其他突发性的污染者。这类预防对象主要属于非经常性排污者，而是那些在偶然情况下因突发事故造成的水污染，如运输危险化学品的交通工具、化工厂发生重大事故，这些都可能造成严重的暂时性水污染。

其次，对有效预防途径和措施的分析。在对预防对象分析的基础上，立法和法律的执行系统需要将一些有效的预防途径和措施纳入制度体系之内，使预防行为变成制度化的行为。对城市居民排污者，应根据其排污行为的特征，即集体排放特点，采取整体规划预防策略，也就是从市政建设规划、市政环境卫生管理规划以及城市污水处理等几个环节进行预防。法律设计要安排市政规划部门、建设部门、环境卫生部门相应的职责和义务，按照科学的规划，预防城市生活垃圾对江河及地下水资源的污染。通过法律制度安排，从源头上减少或杜绝城市化带来的水污染。

对农村及农业生产排污的预防，在法制建设方面需要着重加强地方立法和部门实施细则的制订和完善，各地需因地制宜，不断推进农村卫生规划和建设，减少生活垃圾的直接排放对环境和水资源的污染，对离重要水源地较近的农村，需要以法律的形式规定农业生产中化肥、农药的使用标准。在制度实施和执行体制中，需要环保、水利、卫生以及农业等相关职能部门协调联动，推进法律制度的顺利实施。

为了预防工业排污者对水资源的污染，法律或制度安排需要考虑从三个环节对其行为进行规范和制约，以便预防措施法制化。这三个环节主要包括：一是规划审批环节。即对拟开放建设的工业生产项目进行环境和水资源影响评估，并根据评估结果来决定是否批准建设，如存在较大环境和水资源污染的风险，则不予批准建设。二是排污监督环节。对工业企业生产过程中的污染排放的监督管理要加以法制化的约束，通过相关法律法规的设置，建立起排污监督管理体系。三是污染治理环节。针对有些工业企业已经构成污染水资源的现实，法律制度需要安排相应的治理机制，促进污染治理法制化。如规定企业应承担的污染治理的义务范围、承担的成本、治污措施等。对企业污染的治理，实际上属于一种预防，即防止污染程度进一步扩大，防止危害加剧。

《水污染防治法》也包括治理水污染方面的条例或规则。虽然预防水污染非常重要，但有限水资源已在一定程度遭到污染的现实使得水污染治理显得格外紧迫和必要。目前，随着我国经济的快速增长，水污染的形势变得越来越严峻，特别是一些重要江河湖泊流域如"三河三湖流域"的水污染较为严重，水质标准已经低于生活用水的标准。为了改善一些重要流域水资源污染情况，各级政府采取了一些措施，如规划和设立了一些水污染治理项目，但是，在现实中，有些规划的治理项目往往不能得以上马建设，这使得水污染形势难以改善甚至还有所恶化。因此，治理水污染的法制建设尤为必要，法律法规和实施细则的建立，使得依法确立的水污染治理项目得以运转起来，使其建设和运行过程受到法律的保护、监督和规制。这样，治理水污染的项目就不至于可上可不上、可建可不建了，而是必须依法建设。由此，水污染的治理项目将进入法制化的轨道，水污染将得到相对较为及时有效的治理和遏制，并可对水污染的进一步扩展起到有效的预防作用。

在法律制度的实施和执行方面，水污染防治的法制建设一方面需要根据实践经验，不断推进法律实施细则及体系的建设与完善，使水污染防治法的实施有规则和制度的指引与约束。另一方面，在法律实施和执行的组织或机构保障上，法律及其实施细则要根据现实特点，建立相互协调、相互合作又相互制衡的机制。不应把防治水污染的责任和任务全都放在环境保护部门肩上，而是要让环保部门、水利主管部门协调相关部门和机构，共同制订防治规则，共同实施和执行相关法律法规。

总之，加强水污染防治的法制建设的意义不仅在于环境保护，而且是构建节水型社会制度建设的重要内容。如果不能有效地预防和治理日益严峻的水污染形势，水资源恶化的境地就难以改善，水资源短缺将会更加严重。因此，节水型社会建设的关键不仅仅在于节约用水，而且还在于保护有限的水。防治水污染是防止浪费水行为、保护有限水资源、促进水资源可持续发展的重要手段。

五、《节约用水法》及其实施细则的订立

构建节水型社会对于解决水资源问题具有重要战略意义，在法制建设上，需要把节约用水提升到法制的高度，让节约用水行为有法可依、依法推进。

目前，我国与水资源保护和管理的法律已包括《水法》《水污染防治法》《防洪法》《水土保持法》等，这些法律主要从宏观层面、水污染、水灾、水源保护等方面确立了基本原则和规范。但是，对于在水资源紧缺情况下，社会成员或机构应遵循何种原则和规范，至今尚未在法律的高度上予以界定。在社会经济的快速发展进程中，未来中国将面临的一个重要制约因素就是水资源的紧缺，就像目前发展中面临的能源问题一样，水资源的紧缺带来的影响可能更加严重，因为水不仅仅是生产所必需的资源，更

重要的是人类社会生活和生存所必需的资源。把节约用水纳入法制化轨道，无疑对提高水资源紧缺意识和全社会的节水意识会起到作用。

当前，我国在节水立法以及相关政策法规的制订方面，处于相对滞后状态。影响这一状况的因素是多方面的，但重要的原因在于社会对水资源的紧缺性和脆弱性认识尚不够。我国幅员辽阔，有些地区水资源相对充裕，而有些地区则相当紧缺。水资源分配不均的现状在一定程度上弱化了人们关于水资源的紧缺性和脆弱性的认识，从整体上以及长远角度来看，我国水资源的稀缺性和脆弱性较为显著，例如，北方众多河流已经出现干涸及断流现象，甚至黄河的某些河段的断流期也在延长。如果不从法律的高度对节约水资源和水资源可持续发展加以规范和强化，任凭水资源过度开放利用，必将导致未来的不可持续发展问题，也将影响子孙后代的生存问题。目前，只有在少数地方，才真正能够推行和实施《节约用水条例》。因此，把《节约用水条例》提升到统一的法律高度，制订并推行《节约用水法》，无疑会加大节约用水政策的推行力度。

在《节约用水法》的立法和执行过程中，需要把握这一法律的基本目标、性质和规制范围。首先，就基本目标来说，《节约用水法》在以下几个方面能够发挥法律在节水以及水资源可持续发展中的规范、调节和制约作用：1）将节水及节水管理纳入到法制化的轨道；2）增强公民节水和保护水资源的意识；3）推广科学合理的节水途径和方法；4）规范个人或机构的节水责任和义务。

《节约用水法》属于针对节水的专门法律，这一法律的社会功能在于调节水资源稀缺情况下的人们的用水行为。以法律的形式来确立节水责任、义务、方式方法和管理模式，是为了使节水事业发展有法可依，从而使节水走向常态化和制度化。此外，用法律来推进节水，也是为了加大对用水行为的调控力度，因为法律具有更强的约束力。任何法律的出台，都是社会需求的结果，而且法律体系随社会需求的变化而不断变迁。我国属于水资源短缺国家，即便部分地区的水资源较为富余，从整体以及长远发展的角度来看，水资源的短缺是一种基本现实。因此，针对这一现实和未来趋势，制订相应的法律来缓解水资源短缺而导致的矛盾尤为必要。法律制度的确立对于调节水资源短缺情况下的社会关系和行为有着重要作用，同时对保护有限水资源的可持续利用有着积极意义。制订《节约用水法》将是节水型社会制度建设的核心内容之一，因为在目前涉及水资源的法律制度体系中，还没有针对水资源短缺和节约用水的法律法规，所以，在建设和完善节水型社会的法律制度体系过程中，迫切需要制订专门性的法律作为推进节水的制度基础。

在《节约用水法》的规制内容方面，需要根据我国水资源的实际状况，以及在开发、使用和管理中存在及潜在的问题，设计和制订相应有针对性的原则、规范、措施。具体来说，主要包括以下几个方面：1）关于水资源属性的基本界定；2）对我国当前及今后水资源供需状况及实践要求的基本判断；3）关于节水主体及其节水义务和责任的规定；4）对节水奖惩规则的规定；5）对节水管理组织及其职责的规定。

制订《节约用水法》面临的主要阻力就是人们对水资源的认识上的分歧以及利益格局的差别。节水虽然主要涉及水资源利用和管理方面的事务，但实际需要多部门的协调配合才能实现节水目标，如规划、建设、环保、农业、工业、节能等部门，因此，只有各个部门对节水意义的认识达到统一，并在统一认识的基础上协调配合，才能更好地推进节水立法工作。然而，现实状况可能并非如此，有些部门之间、地区之间在对节水重要性和必要性的认识上，由于多种原因而存在较大差异。例如，规划部门、建设部门、环保部门与水利部门在对节水的理解和认识上，可能存在侧重点的不同，甚至可能存在分歧。对于水利部门来说，节约使用水资源是首要的目标，而且对水资源总量控制和质量控制常常按照水资源发展要求来提出标准。这些标准要求对于其他部门来说，或尚未意识到，或不愿接受。譬如说，水资源主管部门要加强城市用水的定额管理，在城市建设和规划上就会提出较为严格的技术标准和要求，但是，城市建设部门往往不愿积极接受这些要求。再如，在饮用水的水源地保护方面，水资源主管部门希望能达到污染零排放，而环保部门可能只按照污染排放标准来管理企业的排污行为，不愿接受水务部门的标准和要求。因为，如果接受这些标准和要求，一来会增加其管理难度和成本，二来将无形中缩小自己的管辖权限。出于这两种考虑，其他部门在接纳水资源主管部门的标准建议和要求时，通常在主观上并不积极。

《节约用水法》及其实施细则的制订和推行，需要相关部门的协调和统一，在统一认识的基础上，建立必要的协商与合作机制，降低部门之间在立法、行政、执法方面的交易成本。

构建节水型社会，需要利用法律制度的规范力量，将节水意识及节水行为规则提升到法律的层面。因此，制订和出台《节约用水法》及相关实施细则有着重要意义。推进《节约用水法》的立法进程，首先，国务院要有统一的领导和协调机制，排除部门之间的阻力，将《节约用水法》草案纳入立法程序之中。其次，在立法程序中，吸纳和协调不同部门和多方面的意见和要求，逐步调整和修订草案的条款内容。最后，促使《节约用水法》通过审议。

六、《取水许可和水资源费征收管理条例》的制定

2006年，国务院第460号令颁布了《取水许可和水资源费征收管理条例》，这是一部根据新修订《水法》而制定的行政法规。在1993年，国务院曾颁布实施《取水许可实施办法》，那是依据以前的《水法》而制订的。某种意义上说，取水许可和水资源费征收管理的法律法规早已建立起来，而且在干旱半干旱地区已经发挥积极作用，至少在一定程度上遏制了水资源滥采及无节制使用状况。新的取水许可和水资源费征收管理制度将针对新形势下的水资源发展状况，对取水行为实行准入、监督、控制和管理，以达到节约、保护和可持续发展的目标。

从《取水许可和水资源费征收管理条例》的条款内容来看，条例从取水许可和水资源费管理制度的主体和对象、取水许可申请和审批程序、监督管理办法、取水行为及管理行为的相关法律责任等几个方面作了较为具体地规定。

首先，在管理主体和管理对象方面，条例明确提出县级以上水行政主管机关、水利部在重要江河湖泊设立的流域管理机构负责实施取水许可，县级以上水行政部门、财政和价格部门负责征收、管理和监督水资源费。管理对象是利用水利工程或设施直接从江河湖泊、地下取水的单位和个人，部分取水行为如少量生活饮用水提取、从农村集体水塘水库中取水以及一些应急用水等不需要申请取水许可。按照条例规定，主体和对象之间的关系原则表现为：1）流域管理机构和上级水行政管理机构规划和分配

的用水总量是取水者申请取水和取水受理机构审批取水许可的依据；2）统一的总量控制原则。不同行政等级和不同行政区域的审批和管理机构，在负责实施取水许可和水资源费管理过程中，都需要遵循水资源总体规划确立的总量标准；3）公开、公正、节约、保护的原则。取水许可和水资源费的征收管理制度的实施，实质的目标并不在于管与被管，而是要实现有限水资源公平合理开发利用，促进用水者节约水资源、保护水资源。所以，管理主体与管理对象之间，需要根据用水优先顺序原则，公平分配用水配额，并严格按照用水定额获取和使用水资源。

第二，在取水许可审批程序方面，条例明确规定了申请者按照所申请取水权限范围向相关具有审批权的机构申请。其中，主要包括市县水行政机关、省水利厅以及流域管理机构。此外，条例还具体规定了取水许可申请需要提交的材料及审批程序，规定申请材料要说明取水的理由、目的、时间、地点、取水量、计量方法，包括排污方式及处理方法。同时还规定了审批机构接受申请后进行审批的期限规定及行政要求。

第三，条例强调了在管理和监督方面的规范。例如，规定取水许可审批实行分级管理，明确在六种情况下取水许可审批由流域管理机构审批。此外，条例明确以水资源规划的总量控制和用水定额作为审批取水许可的重要依据，对八种情况下的取水申请，审批机构可以直接答复不予批准。经过审批获准的申请者，可以凭取水许可证依法取水。条例对取水许可证的具体内容作了明确规定，鼓励取水者采取新工艺力行节约。在水资源费征收、管理和使用方面，条例提出了一个基本规范框架。

最后，条例对取水者和管理者的相关行为所需要承担的法律责任予以界定。针对取水许可审批、水资源费征收和管理人员，条例明确规定了行政执法的规范，对违反规范的行政审批和管理行为，管理人员要承担相应法律责任。例如，对符合条件而不予受理和审批的、对不符合条件的申请予以批准，以及滥用行政审批权和水资源浪费的行为，都要承担一定法律责任。对取水申请和使用者，条例规定了对未经批准的取水、取水不计量，以及不服从监督管理等行为，可加以相应经济处罚，以及承担相应的刑事法律责任。

取水许可和水资源征收管理制度的建立、完善和实施，是节水型社会核心制度建设的重要构成。这一制度建设将提高公民及机构对水的资源价值的认识，并将其在管理实践中体现出来，促进人们对水资源稀缺性的认识，增强节水意识。就水资源管理和保护而言，这一制度建设提供了对取水行为的监督、管理和控制，从而使水资源开发利用总量得到一定的控制，这无疑有助于遏制水资源的过度开发利用势头，对促进水资源保护和可持续发展有着重要意义。

取水许可和水资源费征收管理制度建设，一方面需要不断完善制度本身的规范内容，使规范在实践中得以实施和执行；另一方面，这一制度的效力还取决于对非制度行为的遏制，也就是说，必须约束和打击未获得取水许可而取水的非法行为。如果较多的人在进行非法取水，那么，取水许可制度就行同虚设。所以，在实施和执行取水许可和水资源费征收管理制度过程中，加强对非法取水的监督、控制和惩罚就尤为重要。

七、用水定额管理制度的设计

用水定额管理制度是对主要用水者（团体和个体）按水资源

规划分配相应的用水额度，并根据用水定额范围，对其用水行为进行监督、控制和管理的规则系统。定额管理制度的基本目标是对水资源实行有计划的、可控性的管理，从而使得水资源的开发和利用总量维持在合理的、可持续发展的水平。定额管理是实现水资源总量控制的基础，同时与水权交易和水市场的建立与完善有着密切关系，一方面，没有明确的用水定额，就难以确立水权交易的范围；另一方面，用水定额的规划和分配，又必须建立在公平合理的水权原则基础上。因此，科学合理的定额管理制度的建立和完善，无论如何都会促进水权水市场机制的发育和完善。

定额管理制度的设计和建立，需要考虑这样几个方面的问题：

第一，由谁来确定和分配定额？这一问题涉及定额计划和分配的主体，即定额的决定权由哪一种机构或组织掌握。要使定额管理和总量控制具有权威性，用水定额得以执行，在制度设计和建设中，必须对用水定额的计划和分配机构的合法性加以阐述和论证，即必须保证定额权行使者具有较强的合法性基础。要实现这一点，就需要在相关的立法程序中，对用水定额的规划和执行者的资格加以界定和确立，以建立用水定额管理机构的合法性基础。

第二，如何进行定额计划和分配？对各种各样的用水者，定额计划与管理机构如何来确立他们的用水定额，这是定额管理和总量控制制度的关键，也是这一制度在设计和建设中的难点。一方面，整个社会中，用水者的性质、规模和利益诉求都存在着非常大的差别、分歧，而要在这样一种复杂的大群体中分配有限的水资源，要实现用水者之间的均衡、合理，则并非易事。譬如，在工业生产行业的用水者和生态用水者之间，什么样的定额原则是公正、合理的，这在实践中往往存在较大分歧。另一方面，面对规模庞大且性质各异的用水者，用什么样的方式来进行用水定额的计划和分配是切实可行的呢？究竟是根据用水者分类采取笼统的定额方式，还是在分类和专业管理基础上，采取分类定额和分级定额相结合的方式，即首先根据用水大类确定用水计划和定额，然后再由流域和区域水资源专业管理机构，确立区域和主要用水者的用水计划和定额。公正、合理的用水定额，必须设计出一套科学合理的定额指标依据，以及调节定额的协商机制。总之，用水定额的方式方法直接关系到定额的公正、合理性，只有公正合理的定额，才能保证定额管理和总量控制具有较高的可执行性。所以，用水定额的计划和分配机制应该是经过科学论证设计的、具有弹性的制度。

第三，何以执行和实施定额管理？在用水定额确定以后，怎样才能让用水者遵循定额管理原则，有计划地节约使用呢？这一问题涉及到如何建立定额管理制度的运行机制。没有有效的制度运行机制，就相当于制度不能充分发挥其社会功能。目前，有些地方已经在水资源总体规划和流域规划中，提出了一些用水定额标准，但是，这些定额标准在实践中仍不具有制度性的约束力，即对用水量和用水行为尚未发挥制约和调节作用，主要是因为定额制度目前仅仅停留在技术性的设计层面上，还没有运行和实施机制为其提供保障。所以，建立用水定额管理制度，面临的重要任务之一是确立执行和实施这一制度的组织及物质保障。也就是说，必须通过用水定额管理条例，界定由哪些组织或机构来负责执行和实施用水定额，以及如何来执行。

第四，谁来监督用水定额及其实施？这一问题关系到定额管理制度的监督机制，以及这一制度的公平正义性。只有不断提高制度的公平正义性，才能促进制度有效性的提高。用水定额管理制度虽然对水资源开发使用的总量进行有计划地控制，但是，用水定额的确立和执行过程中，不得不依赖于一种公共权力，他们就是水量分配和定额的制订者和用水定额的执行者。如果没有有效的监督机制，就不能保证权力是否被正确、合理地运用，权力是否造成不公或出现滥用现象，这些问题都直接关系到用水定额管理制度的公平正义性，而公平正义性又关系到制度的实际效力。所以，在用水定额管理制度设计中，必须设置相应的权力的制衡机制和监督机制，以便确保在定额确定和执行中，权力是中立、公正的，权力促进了公共利益的保护，而不是被滥用。

从制度设计的技术层面来看，用水定额管理制度的结构主要由这样几个部分构成：1）用水定额管理制度的目标和目的是通过定额管理，实现用水总量的控制，促进水资源的保护和可持续发展；2）用水定额管理制度的主体是流域管理机构和各级水行政主管机构，制度的标的对象为各种用水者；3）用水定额的确定原则和依据是各流域或各区域的水资源总体状况，水资源供需评估以及水法确立的各类用水顺序。即依据水资源综合规划中的供水量和水资源需求量，再按照各类用水的优先顺序，确立基本定额比例，最后根据定额比例确定用水定额。用水定额确定的基本原则就是量入为出、节约使用、促进保护；4）对用水定额的分配程序的规定。在规定程序方面，要建立公开、公正、科学、合理的定额机制，以使所确立的定额具有公正性和权威性。因此，定额分配程序至少包括这样几个步骤：自主申请、协商讨论、专业论证、依法审批、公开告示；5）规定用水定额管理方法。在制度内容中，需要明确管理机构或组织，以及他们的权限、职责范围、管理程序等，以便规范管理行为；6）对用水定额分配、管理和超定额取水、用水行为法律责任的规定。这一方面内容主要是对与制度规范相背离的行为所应承担的法律予以明确，以对违反制度行为加以惩处。一项制度如果没有对与其目标方向相反的行为进行处罚的规则，那么制度的效力将会大大降低。所以，在制度内容中，明确哪些行为是违反规范的，应该加以什么样的处罚，将有助于提高制度的效力。

用水定额管理制度的建设过程，如图4-3所示：

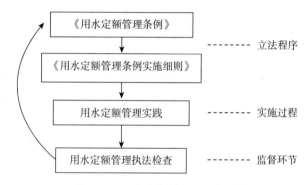

图4-3　用水定额管理制度框架

在图4-3中，用水定额管理制度在法律层面看由两个部分构成，即《用水定额管理条例》和《用水定额管理条例实施细则》，它们属于行政法规。其次，在行政管理层面上，各流域、各地区和各级水行政主管机关可依据法规条例，并结合具体情况，形成指导管理实践的操作指南。此外，在制度反馈方面，根据执法监督环节所发现的问题，再修订和完善用水定额管理条例及实施细则。

八、水资源论证制度的建立

水资源论证是指对于直接从江河、湖泊或地下取水并需申请取水许可证的新建、改建、扩建的建设项目，项目的业主单位需要进行建设项目水资源论证，编制建设项目水资源论证报告书。水资源论证对取水许可制度的运行和实施具有重要意义，水资源论证是依法行政、行政审批规范化的重要途径，根据《行政许可法》，取水许可属于特殊许可，水资源论证是保证取水许可审批科学、公正、合理的技术前提。并非所有申请取水许可证的人都能获得批准，发放取水许可证要满足合理充分的依据、标准和条件。水资源论证可以深化取水许可制度，限定行政机关自由裁量权，减少审批随意性，规范取水许可管理行为。此外，水资源论证制度是科学预防水资源破坏、加强水资源保护的制度保障。通过水资源论证和取水许可管理，可从源头预防一些建设项目对水资源造成重大危害。如果把水资源论证与规划项目的立项结合起来，将会更加有助于水资源的保护和可持续发展。

2002年我国开始建立建设项目水资源论证制度，水利部把该项制度实施作为推进水资源优化配置、强化政府科学决策、依法管理的重要措施。2002年5月，水利部颁布《建设项目水资源论证管理办法（15号令）》，继而又颁布了《水文水资源调查评价资质和建设项目水资源论证资质管理办法（17号令）》《建设项目水资源论证报告书审查工作管理规定》《建设项目水资源论证报告书评审专家工作章程》《建设项目水资源论证资质业务范围划分方案》等规章政策。目前，各流域和省区水行政主管部门已审查水资源论证报告书六百多份，建设项目水资源论证制度已在逐步推行。

水资源论证制度是一项复杂的制度系统，涉及资源配置、产业发展、生态环境、宏观调控和技术规范等多个方面，所以，建立、完善和推行水资源论证制度，需要重点抓以下几方面：

第一，在遵循水资源的优化配置、合理开发、节约使用、有效保护和可持续利用的原则基础上，积极保障产业发展和建设项目的合理用水要求，依据水量分配方案或协议，加强科学论证、依法审批、规范管理，以实现水资源合理配置、提高水资源利用效率和科学保护水资源为目标，以水资源的可持续利用支撑社会经济可持续发展。

第二，建立部门之间，尤其是水利、发展规划、环保、建设等部门之间的横向协商和联动机制，以保障对水资源产生影响的建设项目在立项或建设之前，都经过科学的水资源论证。

水资源论证制度的这一机制主要限定在水利部和发改委之间的协调和联动，且论证制度局限为需要取水的建设项目，而对其他可能影响水资源、水环境的重大项目，制度并未要求其在立项之前做水资源论证。要完善水资源论证制度，提高对水资源保护和可持续利用的效率，水资源论证制度还需要进一步要求重大发展规划、工程和建设项目的立项必须做水资源影响评估和论证。也就是说，水资源论证制度还需超越取水许可，不能仅成为取水许可制度的构成部分，而应该成为一套预防人类行为对水资源产生重大负面影响的系统制度。

第三，建立科学合理的水资源论证评估体系。该体系的建立和完善，主要包括以下几方面内容：

1）水资源论证单位和专家认证和评估体系。该体系是确保水资源论证的专业化，提高论证质量和可靠性的制度保障。水资源论证制度要建立对资质证书持有单位、技术评审单位和评审专家的评估机制，建立考核评估制度，以加强对资质证书持有单位、技术评审单位和评审专家的监管，确保水资源论证的质量。

对具有论证资质单位的评估，是在技术审查单位和专家参加报告书评审时，对报告书提出审查意见，同时对资质单位的技术成果和能力进行评估，以作为年度审核资质单位业绩的指标。对评审专家的评估是技术评审单位对选定评审专家的评审行为进行评估，作为今后挑选评审专家的指标依据。

2）水资源论证的监督体系。监督体系主要是对水资源影响评估和论证的程序进行监督管理的规范系统，它是确保评估和论证公正、独立进行的制度保障。通过对论证程序的监督规则的设置，可避免因内幕交易而产生的不科学、不正确的论证报告。

3）水资源论证技术规范体系。要使水资源论证专业化、科学化、规范化，必须设置和不断完善论证技术规范体系，使得评估和论证行为按照规范性标准来操作，促使评估论证达到更加客观、公正的效果。技术规范体系包括：评估和论证单位的挑选规范、论证专家的挑选规范、评估和论证的指标体系、论证报告的审查和评价规范、评估和论证的结论规范。

第四，水资源配套规章制度的建设。水资源评估与论证制度建设是一项系统工程，在现有建设项目水资源论证制度基础上，还需要加快配套规章制度的建立，其中包括：水文水资源影响评估管理办法、水资源论证资质证书管理办法、水文水资源工程师执业资格管理办法、水资源影响评估和论证报告书编制办法、水资源论证报告书审查程序及标准、水资源论证技术规范、水资源论证收费项目和标准等。只有建立起相应的规范性操作章程，才能保证水资源论证制度系统正常运转起来，使其能够对水资源影响评估和论证行为发挥指导和规范作用，让水资源评估与论证科学、客观和公正。

总体看来，水资源论证制度还在探索和尝试阶段，这一制度系统还有许多薄弱环节，尤其是水资源影响评估和论证机构在理论水平、专业知识结构、业务能力等方面，与有效推进水资源评估和论证制度的要求还存在较大差距。所以，在今后一个时期内，加强水资源影响评估和论证机构的组织能力建设，是这一制度建设所需要做的一项十分重要的工作。在机构能力建设方面，尤其要加强水资源论证管理人员、从业人员和咨询专家三支队伍的专业技术培训和管理能力培训，使专业队伍整体素质有较大的提高。

此外，注重水资源论证制度的推行和实施，切实推进各种重大发展规划项目和工程建设项目在立项和建设前的水资源影响评估与论证工作，使科学的论证结论在实践中发挥真正的作用，以促进水资源的有效保护和可持续发展。

九、流域水资源综合管理制度的建立

流域是一个从江河、湖泊的源头到出口岸的天然集水单元，流域水资源综合管理是将一个流域的上、中、下游，左岸与右岸，干流与支流，水量与水质，地表水与地下水，开发、利用、治理与保护等作为一个完整的系统，将兴利与除害结合起来，运用行政、法律、经济、社会、技术和文化等手段，按流域实行水资源统一的综合管理。

按流域来对水资源进行综合开发与统一管理，已为许多国际组织所接受和推荐，并形成潮流。例如，《欧洲水宪章》就提出水资源管理应以自然流域为基础，把流域综合管理机构作为主要的水资源管理机构。此外，联合国《21世纪议程》阐述了流域水资源管理的目标和任务，提出各国应当根据各国的社会、经济情况，水资源管理的目标和当前的主要矛盾，水资源管理的历史沿革，国家的体制等来确定水资源管理体制。同时指出流域水资源综合管理在一些国家取得了较大的成功,但各国还需要根据自己的情况来选择合适的管理模式。

我国现行的流域水资源管理机构是在计划经济体制下产生的,存在着较多的局限。经过不断的探索,已进行了不少的改革。自20世纪50年代以来,我国建立了长江水利委员会等七大流域管理机构,在流域水系管理方面积累了一些改革经验。但由于流域水问题本身的复杂性和管理体制与机制不协调等多方面的原因,流域资源退化、灾害频发、生态环境恶化、产业结构不合理、经济发展不平衡等问题依然严峻。

2002年新修订的《水法》把我国的水资源管理体制确立为国家对水资源实行流域管理与行政区域管理相结合的管理体制。但是由于流域管理的复杂性和体制改革的艰巨性,流域管理与行政区域管理相结合的管理体制尚未真正形成,实际上仍以行政区域管理为主。现实中,水资源管理体制最突出的问题是分割分治的格局,其中突出体现在流域管理上的条块分割、行政区域管理上的城乡分割和行政管理上的部门分割等三个方面。例如,在一个流域内,存在着以行政区划为主对水资源实行分块分行业管理局面,由此产生部门、地区之间利益矛盾和意见分歧,以及由此引起的相互扯皮和管理真空。在一个行政区域内,城乡水资源管理存在明显差别,导致城市和农村在防洪减灾、城乡供水、污染防治、生态环境保护等方面存在许多矛盾,尤其是在水资源的开发、利用和保护上存在着粗放式管理、用水效益低以及不重视水生态保护等问题。在与水资源相关的行政管理上,存在水利、市政、环保、规划、国土等多个管理部门,由于部门之间缺少协调机制,经常出现管水量的不管水质,管水源的不管供水,管供水的不管排水,管排水的不管治污,管治污的不管回用等现象。

随着经济发展、社会转型，以及市场经济体制的确立，传统水利向现代水利、可持续发展水利的转变，以及水资源开发利用投资体制和利益格局的多元化，这些给流域水资源综合管理既带来了机遇，也产生了一系列新问题、新矛盾。这就要求我们在流域水资源综合管理的法制建设、经济运行机制、权属管理以及流域水资源管理的技术手段等方面，不断进行改革和完善。

在我国，建设节水型社会，建立和完善流域水资源综合管理体制显得更加重要。在一些重要江河湖泊流域内，那些大型水利、水电工程，如具有调节性能的水库和跨流域调水工程，对江河流域水资源和水文条件、水环境、水生态会产生巨大影响，对流域内防洪、抗旱、环境生态用水等发挥巨大作用。如南水北调工程、三峡水库工程等，都属于社会公益性较强和跨地区跨流域的综合性项目，这些工程项目的建设，需要按照全国水资源战略规划和各流域水资源综合规划，依法进行防洪、抗旱和环境生态用水等流域水资源统一监督和调度。统一协调好上、下游及河口各部门间利益，协调好生活、生产和环境生态用水，才能充分发挥防洪、抗旱、改善生态环境、保障水量水质等社会公益性功能。

改革和完善流域水资源综合管理制度，需要从以下几个方面进一步深化改革：

首先，从立法和法律层面来看，有效的流域水资源综合管理必须有法可依，需要建立健全流域管理的相关法规，明确流域管理的利益相关方之间的权利义务关系，明确流域机构的职责与权力，明确各种流域管理制度和协商机制。立法确立了流域管理的目标、原则、体制和运行机制；法律法规要赋予流域管理机构独立性和自治权。法律需要规定流域内各地方政府和有关中央部门参加的流域协调组织即流域协调委员会的组建程序。这一组织的主要职责是对规划、政策和水量分配进行协调。

其次，建立有效的流域管理机构是实施流域水资源综合管理的体制保证。流域管理机构必须具有较强的管理综合性，对流域内供水、排水、防洪、污水处理，甚至水产和水上娱乐等河流管理的所有方面都进行管理。流域机构必须具有部分的行政权力及非营利的经济实体。流域机构还应具有较强的协商和协调职能。

此外，科学、合理、公正地编制流域规划。流域规划是流域综合管理必不可少的手段，也是流域综合管理的核心内容，可协调各方利益，避免矛盾与冲突激化。要对流域进行有效的管理，必须有一个科学、合理、公平，并具备一定法律效力的流域综合规划。从一般经验来看，流域管理机构要将编制流域综合规划作为最重要和最核心的工作，通过流域综合规划对支流和地方的水资源管理提供指导，规划的目标和指标具有法律效力。

最后，建立流域管理的参与和监督机制。在流域综合管理过程中，利益相关者的参与是流域综合管理的基本要求，也是确保管理公正性的途径之一。通过利益相关者的积极参与，实现信息互通、规划和决策过程透明，是流域综合管理能否实施的关键。增加决策的透明度、推动利益相关方的平等对话是解决水冲突的有效方法。例如，《欧盟水框架指令》提出了积极鼓励公众参与的总体要求，要求在流域规划过程中进行三轮书面咨询，并要求给公众提供获取基本信息的渠道。此外，利益相关者的参与也是流域管理的有效监督机制。传统管理体制依赖于上级对下级的监管，这种监管机制不能有效反映管理实践对利益相关者的实际影响。如果让利益相关者广泛参与，可从下面对管理进行监督，以促进管理的改进和效率的提高。

以流域为单元的水资源综合管理是将经济发展、社会福利和环境保护及可持续发展整合到决策和管理过程中的制度体系。流域水资源综合管理的实质是建立一套符合水资源自然特性要求的多功能综合性的管理制度，使有限的水资源实现优化配置和发挥最大的综合效益，保障和促进水资源及经济社会的可持续发展。目前及今后一段时期内，我们需在已有的重要流域机构基础上，进一步深化体制和机制改革，从立法、政策法规、机构设置、管理模式等方面，不断加强和完善流域水资源综合管理制度。

十、节水文化制度的建立

构建节水型社会要依靠社会成员的节水行为，当社会中形成了一种以节约使用和有效保护为原则的用水行为的社会风气，那么，节水型社会就基本建成，并有可靠的社会与文化基础。

从社会行动理论的角度来看，人们的行为选择分为三种类型：一是理性选择，二是习惯使然，三是情绪冲动（见图4-4）。理性选择是行动者计算各种行动方案的成本和收益关系，最后选择收益最大化的方案，是对自己利益最有利的行为。影响和引导人们理性选择和社会行动方向的便是制度安排。制度框架中确立了各种行为的成本和收益结构，从而使行动者选择与制度目标方向一致的行为。例如，各种法律制度的设置，其基本目标是保护公民的平等权益，因此，在制度内容设计中就要确立不能损害他人利益的规则，如果行动者违背这一规则，就要承担相应的法律责任，即行为成本。如果行动者认为这一成本大于行为的收益，就不会选择违反法律规则。所以，制度是建立社会成员行为选择框架的指南，是构成社会秩序的基础。

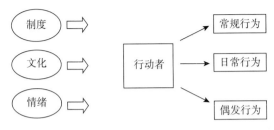

图4-4 社会行动的结构

在一定的社会时空领域，制度并非总是明确的，也不一定能影响到人们的行为选择。在较多的情况下，人们在行动时，可能受以往的行为习惯所支配。尤其是在日常生活中，行为常常是习惯使然。从心理学角度看，习惯是一种行为定势，而从社会学的角度看，习惯就是文化的构成。

在一般人看来，文化是一种极为抽象的范畴。其实，文化对社会行为的影响非常具体、非常实在。比如说，我们的用水习惯，就是我们在社会环境中长期养成的对待水的认识、观念和价值评判。如果我们从小生活在严重缺水，且受过经常性的节约用水观念教育，那么，就可能养成一种节水文化，节约用水会成为我们生活方式的组成部分，或者说一种习惯。这种习惯的作用，不仅仅驱使我们在生活中节约使用，而且还会影响我们在社会其他领域，如管理、技术设计等职业领域，把节水文化悄悄带进工作，从而带动更广泛的节水行为。

此外，许多成文的法律制度也源自日常生活，因而受日常生活建构起来的文化影响，如习惯、习俗、风俗、禁忌等。部门正式制度是由文化规则转换而来，较多的制度设置受文化因素的制约和影响，因为制度是由人来制订的，人又是文化的人，制度或多或少会受文化的影响。所以，节水文化的建设不仅关系到社会行动结构转向节约型社会，而且还会影响到节水型社会的制度建设。

节水文化制度建设是指将节水文化的培育和发展制度化、常态化，即为节水文化建设提供制度性的支持，使其具有制度基础。

节水文化是指以倡导节约使用和有效保护水资源为核心的观念系统、价值体系以及社会生活方式。节水文化的结构包括：1）节水价值观念；2）节水知识；3）节水意识；4）节水型生产和生活方式（见图4-5）。

从节水文化的结构来看，要建设节水文化制度，就必须把以下工作纳入到制度化的范围之中：

图4-5　节水文化的结构

第一，建立全民节水文化教育机制。宣传常常具有强化功能，能发挥短期提醒作用。要让人们形成节水文化价值观念，则离不开长效的文化教育机制。一个人的文化价值观一般受家庭、学校、同辈群体、居住共同体、工作环境、大众媒体以及各种组织的影响较深，尤其是居住共同体、同辈群体等对于人们的文化价值观会产生相当大的影响，这种影响甚至会持续贯穿他们的终身。所以，在幼儿教育、学校教育和社区活动中，引入节水教育内容，对培养社会成员的节水价值观念是非常必要的。这就要求在相应的政策安排中，设立节水教育的内容，为节水文化观念奠定社会基础。

第二，建立节水知识传播系统。公民在有了节水价值观念后，还需要懂得如何去节约用水，这对促进全社会节约用水将起到积极作用。因此，经常性地传播节水知识和信息，是节水文化建设的重要内容。在这方面，水资源主管部门按照规章定期发布有关水资源状况的信息和行为指南，对广大公民了解水知识和节水技术会有较大帮助。

第三，有组织地进行节水宣传。节水意识的形成，是可以通过宣传教育来实现的。要让更多的人形成节水意识，经常性的节水宣传尤为重要。要体现节水宣传是制度化的而不是形式，那就需要有组织和制度的支持。具体的制度内容包括：1）水行政主管部门和职能部门有责任定期组织各种形式的节约用水宣传教育活动，如每年都以世界水日为准，设"节水周""节水日"，有组织地进行节水宣传。2）主流媒体的节水宣传义务。以宣传政策的形式规定各地主流媒体进行长期节水宣传的义务，如规定媒体做节水宣传公益广告的时长或篇幅。3）规定各企事业用水单位的节水宣传责任。在各地节水条例中，要求各企事业单位充分利用报刊、海报、标语、警示等宣传手段，进行节水宣传活动。

最后，构建节水型生产和生活方式。文化有广泛性、显著性的作用就体现在生产和生活方式上，所以，要建设节水文化就必须建构起节水型生产和生活方式。要实现这一目标，首先要在制度安排和政策中，利用税收和价格机制，引导企业和个人遵循节约原则，形成节约使用的文化理念，并逐渐养成习惯。

第五章　节水型社会核心制度及其建设策略

　　要使我国富强起来，需要几十年艰苦奋斗的时间，其中包括执行厉行节约、反对浪费这样一个勤俭建国的方针。

　　　　　　　　——毛泽东:《关于正确处理人民内部矛盾的问题》

　　中国属于水资源短缺国家，2020 年水资源总量 31 605.2 亿立方米，全国总供水量和用水量均为 5 812.9 亿立方米，用水耗水量 3 141.7 亿立方米，人均综合用水量 412 立方米。[①]随着中国经济的快速增长，用水需求的扩张，水资源短缺对发展和社会生活的制约将会越来越凸显出来。因此，水利部在"十一五"规划中，明确提出建设节水型社会是中国解决水资源短缺问题最根本、最有效的战略举措，也是促进经济增长方式转变的重要手段和基本途径。[②]那么，究竟什么是节水型社会? 如何建设节水型社会? 节水型社会建设需要怎样的制度体系呢? 本章旨在从制度建设视角对这些问题作初步探讨。

---

　　① 参见中华人民共和国水利部:《2020 年中国水资源公报》，http://www.mwr. gov.cn/sj/tjgb/szygb/202107/P020210712355794160191.pdf.

　　② 参见汪恕诚:《转变用水观念，创新发展模式》，http://www.mwr.gov.cn/xw/ slyw/20170212_837256.html.

一、节水型社会与制度建设的内涵

节水型社会是指在系统的节水法律和制度规则引导和规制下，社会成员形成以节约使用为原则的用水行为，社会系统在使用水资源方面具有遵循节约和可持续原则，从而使有限水资源得以高效利用和可持续发展。节水型社会的基本特征主要表现为水资源开发和利用中的效率、效力、协调和可持续。[①]

建设节水型社会理念的提出，并将其作为中国解决水资源短缺问题和可持续发展的根本策略，蕴含了水资源和治水观念的重要转变，那就是从工程主导的水利观念迈向社会取向的水资源观念。这种新的水资源观念中，包含了人们对水与社会的关系以及水资源问题的新理解和认识。这些理解主要包括：第一，水是有限的、稀缺的资源；第二，水问题的产生不仅仅由自然因素决定，社会人为因素的影响也越来越突出；第三，解决水资源与发展的关系问题，工程技术路径只能治标，唯有从社会行动控制系统的角度处理人与水的关系，才能治本；第四，社会治水方略的根本是要让全社会遵循节约、保护、可持续的用水原则。

新的水利观念并不会自动转换为新型社会行动和社会现实，因为社会成员在已有的制度框架和旧的观念系统支配下，已经形成了某些较为定势的行为模式或习惯。如果要改变这些社会行动方式，让人们接受并按照新的观念去实践，仅靠观念和意识的力量显然是不够的。在没有新的约束条件下，人们按照习惯去行动

[①]　参见褚俊英、王建华等：《我国建设节水型社会的模式研究》，《中国水利》，2006年第23期。

会比按新的方式去行动更为节省个人成本。因此，如果要防止个人将自己的行动成本向外转移，即变为外部成本，那么就必须设置一套规则系统或制度来约束个人成本外部化的行为。由此看来，在一个社会形成自觉按照节约、保护和可持续原则来对待和使用水资源的风气和行为倾向，就离不开相应的、与节水密切相关的制度建设。

制度是一套设计出来的规则系统，旨在影响人们的行动选择集。制度建设是要根据所需达到的社会目标，建立起规范社会行为、引导行动方向的规则系统。

制度建设对于节水型社会来说之所以是必要的，是因为一个社会节水目标的实现，离不开对社会成员的过多用水和无效耗水行为加以调节和控制，以此达到节约和保护有限水资源的目标。

在调节和制约过多用水行为方面，节水型社会必须满足三个条件：一是总量控制，二是节约使用，三是公平合理配置。要达到这三个目标，通过制度规则来约束和引导用水行为就是必要的。首先，要实现社会的用水总量在一定控制范围之内，让人们有节制地开发和使用水资源，使人类用水行为与自然资源的状况保持和谐关系，避免人与自然、人与资源之间的矛盾，就需要有相应的法律、制度来控制无限量和超量开发、利用水资源的行为。例如，根据不同区域的水资源总体状况来制订水资源规划和总量控制指标，对各个用水行业和用水单位采取定额管理，通过这些制度设置才能保障社会用水行为是可控的。

要使人们在用水过程中自觉遵循节约原则，还需要通过规范或规则的设计，建立一套规范、一种选择集，引导或制约人们按照节约的方式使用水，例如，生产用水中的节水技术标准，对不符合节水标准的生产线、产业、行为实行制约和规制，从而使人们按照制度所设定的节水目标去使用水，而不是在生产计划中，毫不考虑水资源的状况。在生活用水方面，节水制度可根据科学测算，满足人均日基本用水量，设定过度奢侈用水和浪费标准，对这类行为实行制度性和技术性制约。人们在受到制度规则的约束、控制之后，节约使用原则才会逐渐深入人心，越来越多的人才会意识到水的稀缺性、珍贵性，只有这样人们才会形成节约用水的意识和习惯。此外，节水制度的设计，也能在社会中引导一种节约用水偏好或选择倾向，那就是激励人们节约。制度安排为人们的用水行为提供一种选择集，节约使用可得到奖励，超额使用、过多使用则要支付更高成本，这样制度就会引导人们的用水行为趋向节约。

节水型社会还包含水资源在区域、部门和用水者之间达到均衡、合理、有效的配置和使用。不合理的资源配置会加剧需求与有限资源之间的矛盾，分配给非必需用水的额度增大，那就会多占生活必需的用水份额，基本生活用水是刚性的，为满足基本用水需要就不得不去超采水资源。不合理的配置也会影响水资源的使用效率。保护有限的水资源固然重要，但发挥有限水资源的使用效率也很重要。提高水资源使用效率，能够给人类社会带来更多的福利和收益。提高水资源的使用效率，也要靠制度规则来科学合理地配置资源。如水权制度和水市场制度安排，通过水权的明确界定，以及市场机制的设置，水权得以流通、转让，让使用效率高的用水者能在水权市场获得用水权。水权转让和水市场机制的形成，运用市场机制来调节水的配置效率，在一定程度上解决了水资源的稀缺性与使用效率之间的均衡问题，也有助于预防水资源的过度使用和滥用问题。水资源公平合理配置还可通过行政性定额管理制度的设立，使得必要的、合理的用水需求得到保障，限制非必要的、不合理的滥用行为。

节水型社会建设不仅需要调节和引导人们的用水行为趋向节约，而且更要防止无效耗水行为。所谓无效耗水，是指在用水时并没有发挥水资源的使用价值或使用效率极低。无效耗水行为对水资源的浪费非常大，是构建节水型社会需要重点约束的社会行为。较为典型的无效耗水行为是水污染，水污染对水资源可持续发展威胁很大，水污染不仅对缺水地区，也是造成非缺水地区水资源的巨大浪费和缺水问题的原因。

水污染包括对地表水和地下水的污染，污染源主要来自于向江河和地下直接排放的污水，以及向水源排放的工农业生产废料和生活垃圾。随着中国工农业生产的快速增长，水污染问题越来越突出。水污染导致了水生态环境的恶化，进一步加剧了水资源的供需压力。有效解决水污染问题，较为可靠的途径是制度建设。通过一系列法律、法规、制度、政策等制度体系的建立，不仅可直接遏制人为随意排污和水污染行为，而且能引导和促进管理者实施有效监督，由此可大大减少无效耗水现象。

作为新的理念和新的水资源开发、使用和管理的方式，节水型社会建设既需要观念的转变，也需要行为方式的转换。这些转型在很大程度上取决于制度安排，即必须通过制度体系所提供的选择集和奖惩机制，来影响、引导和约束人们的用水行为，形成以节约、保护和可持续为主导的用水行为模式。

二、节水核心制度的结构与功能

事实上，我们的社会并不缺乏与节约用水的相关制度或规则。那么，这些制度为何不能成为节水型社会的基础呢？建设节水型社会究竟还需要建立哪些制度呢？对于这些问题，或许我们需要从新的视角去加以思考。

目前确实已经有了与节水相关的一些具体法律和单项制度，这些制度在社会节水中会发挥一定作用，但还不足以支撑起节水型社会，因为他们还没有形成一个核心的制度体系。节水型社会的核心制度体系是指能对节约、保护和可持续利用水资源的社会系统行为产生效力或发挥实际作用的核心制度和规则构成的相互联系和相互作用的体系。核心制度体系既不是单项制度，也不是有的学者提出的由政府调控、市场调节和公众参与的水资源社会管理体制。[①]因为这些制度规则我们现在都不缺，关键是缺乏能真正发挥核心作用的制度系统。那么，怎样建设起有效的节水核心制度体系呢？

如果从制度体系的结构来看，一套行之有效的制度体系应由文化层次的规则、法律层次的规则、行政执法层次的规则和操作层次上的规则构成（见图5-1）。

要建立节水型社会，必须在每个层次形成相互衔接、协同作用的规则或制度体系，而且各个层次上的制度、规则都对节水目标的实现起到关键性或核心的作用。

就文化层次而言，其核心规则的作用非常重要，也是根本。文化层次规则的变革与更新相对较难，新规则体系的形成并发挥作用的难度相对较大。如果能在文化层次上形成与节水型社会相一致的行动法则，将会为节水型社会建设奠定坚实文化基础。文化规则既是抽象的，又是具体的。文化法则支配着社会基

---

① 参见刘丹等：《长江流域节水型社会制度建设框架体系研究》，《节水灌溉》2008年第12期。

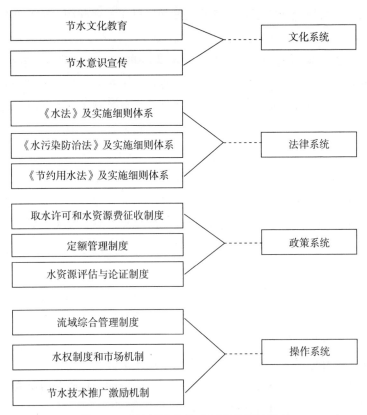

图5-1　节水型社会核心制度体系的构成

本行动，也从根本上影响着人们社会行动的模式。因为在文化中养成的行为习惯决定着我们的行动方式，且当我们作出行动决策的刹那间，不需要任何思考和权衡，而是按照惯常的方式去做，这就是文化的作用，其影响甚至先于理性选择。文化是指在一定环境中形成的道德、价值观念、意识以及习俗或行为习惯等因素构成的观念系统。文化观念一旦形成，就会产生深刻的、惯性的作用，而且文化观念系统和行为习惯的改变，则是一个渐进过程，因为观念和习惯变迁通常要滞后于社会经济的变迁。

从节水文化制度建设角度来看，核心的任务是要实现用水文化的转型。随着社会经济的转型，工业化和现代科学技术的发展，人与自然、人与资源的关系发生巨变，人类对自然环境和生态系统影响能力提高了，对自然生态环境改变幅度也在大增，这些改变为生态平衡与可持续发展带来了巨大挑战。现代科学技术的发展给人类带来了先进的生产力，同时也提高了人类破坏生态环境的能力。因此，工业化、现代化转型对农业社会的用水文化转型提出了要求。如果人类不能与时俱进，在科学技术进步和生产力不断提高的同时，培养一种保护自然资源和可持续发展的文化系统，来抑制人类活动对自然环境的不可逆转的破坏，那么，人类社会在实现工业化、现代化快速发展的进程中，会渐渐步入不可持续发展的陷阱。

制度建设在文化层面上是建立起节约用水的文化法则，实现水文化的转型和重构。在这一过程中，需要通过具体的行动计划，去改变人们关于人与自然的对立观念、改变人定胜天的人类自我中心主义与科学主义的发展理念。培育、树立和发展自然主义的新发展理念，倡导人类尊重自然、保护自然、节约使用、循环利用和可持续发展的观念。

在法律层次上，制度的意义在于确立具有普遍约束力的一般原则，这些原则主要是对权利与义务、特权与无权利、权力与责任、豁免权与无权力四种法律关系的明确界定。

现代社会，人与人之间的联系走向多元化、复杂化，仅靠道德规范已难以调节广泛而复杂的社会关系与社会行为。在多样、不同的社会领域里，法律原则和规则对维护合理、有序的社会互动起到重要的作用，给人们的行为提供了一种基本框架，从而使社会行动得以规范和控制。法律制度体系包括确立法律关系原则的规章条例，以及保证这些规章条例内容得以执行的实施细则，两者的相互结合才能发挥效力。

构建节水型社会的法律制度建设，需要抓住两种典型的用水行为来确立相应的法律关系，这两种用水行为是：有效用水行为和无效耗水行为。针对有效用水行为的立法，主要有经过修订的《水法》及其实施细则，基本构成相对完备的法律体系。《水法》和《水法实施细则》确立了个人或团体在生产生活中用水行为的基本原则和规范，对有效用水行为具有普遍性和权威性的约束。

针对无效耗水行为，主要有《水污染防治法》及其《实施细则》。这一套法律制度规定了对污染水源导致无效消耗水资源的行为加以预防、制约和惩治的基本原则，同时也确立了对无效耗水行为加以控制、约束和处罚的具体方法、措施。

表5-1　节水核心制度的结构与功能

制度层次	制度结构	制度功能
文化系统	节水文化教育行动计划	形成节水文化
	节水意识宣传行动计划	增强节水意识
法律系统	《水法》及实施细则	规范用水行为
	《水污染防治法》及实施细则	保护水资源
	《节水法》及实施细则	促进节约用水
政策系统	取水许可与水资源费征收条例	控制用水行为
	水资源规划与定额管理条例	控制用水总量
	水资源评估与论证条例	调控社会与水的关系
操作系统	流域管理体制	保障法律、制度实施
	水权及水市场体制	调节稀缺与效率的关系
	节水技术推广和应用条例	为节水提供技术和激励

在政策层面上，有三项节水政策和节水管理制度对节水核心制度体系来说是必要的，它们是水资源总量控制和定额管理制度、取水许可和水资源费征收制度、水资源评估与论证制度。这三项政策性制度主要由水资源主管部门制定出来，用来规范和制约社会用水行为。

之所以将水资源规划和定额管理制度、取水许可和水资源费征收制度、水资源评估与论证制度作为构建节水型社会政策层面的核心制度，是因为这三项制度都从宏观层面对用水行为提供整体性控制的框架。通过整体性控制，可以实现用水总量控制以及用水的规范化、合理化，也就是根据水资源的承载量来开发和利用水资源，而不是盲目发展导致用水需求的无节制扩张。例如，通过实施水资源规划和定额管理制度，将会有效控制超采超用水资源问题的发生，也会抑制用水需求的不断膨胀问题。此外，取水许可和水资源论证制度，能够从取水环节控制水资源的开采和使用行为，对预防水资源过度开发而导致的水资源枯竭问题，起到了关键性的作用。

在操作层次上，具有核心作用的制度主要包括三种管理机制，一是流域综合管理机制；二是水权与水市场机制；三是节水技术推广与应用机制。操作层次上的制度建设，主要是为节水制度规则的执行和实施提供制度保障与支持，即通过制度规定明确的制度执行者、实施者以及他们的明确职责。在节水核心制度中，流域综合管理机制的建立和完善，主要是为了解决跨区域的水资源管理问题，更好地协调区域之间的用水关系。流域综合管理机制通过专业化和跨区域化管理，可以弥补区域行政管理的地方利益保护主义的不足，为实现节水整体目标提供有效的协调机制。

在产权学派看来，产权的明晰界定是确立资源专用性和排他性的关键，也是避免公共资源枯竭悲剧的有效途径。产权的界定是市场交易的前提，市场机制又是使稀缺资源达到最优化配置和高效使用的机制。所以，在构建节水型社会过程中，除了进一步完善水行政主管机构的主导性和管制性作用之外，明确界定水权、建立水权市场，对于调节水资源需求、缓解供需压力，以及实现有限水资源的高效配置，具有非常积极的意义。

节水技术推广机制既包括推广机构的设计和安排，也包括节水技术推广的激励措施的设计和安排。只有机构和激励措施的设计和安排，才能驱动更多的个人或团体去推广和应用各种先进的节水设施和技术，从技术层面上进一步提高节水效率。

三、节水核心制度的建设策略

虽然制度建设对构建节水型社会的作用已经为人所知，但究竟如何才能建设起节水核心制度体系呢？如何才能让制度真正对社会节水行为产生核心的作用呢？这就涉及节水核心制度体系建设的策略和路径问题。

首先，从节水文化与制度建设层面来看，核心制度体系建设不光是制订几项制度或规则，而且要培育一种新型的节水文化，亦即支撑节水型社会的文化系统，给社会成员提供一个可以习得节水价值、观念和行为的环境或氛围。根据文化习得机制，要使社会成员具有某种观念，养成某种行为习惯，就必须通过教育，使相应规则成为核心价值体系的构成要素。文化教育的途径有两种：一是学校教育，二是大众宣传。现代社会，学校教育是文化培育的基本途径。中国基础教育的应试导向使得文化培育和核心价值观的培养受到一定程度的削弱，较多学校过于注重应试知识和技巧的训练，对传播新型文化观念和价值则没有给予足够的重视，学校更多注重现代科学知识的传授，轻视现代文化的传播以及现代人的培育。在构建节水型社会的文化建设方面，需要加强学校对节约资源、保护自然环境的文化观念和价值的教育和传播。在大众宣传教育方面，要通过大众传播途径，向公众灌输节水意识、节约观念和可持续发展理念，通过倡导新型的价值、道德准则和行为方式，形成一种有利于节约用水、水资源可持续发展的氛围。

节水文化是在日常生活中形成的，文化法则与人们日常生活中的相互交往、相互作用的行动有着密切的关联。因此，发挥包括舆论的、市场的和社区组织的综合力量，积极倡导和建立起有节水取向的生活方式。

其次，推进节水型社会的法制建设，一方面需要完善与节约、保护和可持续用水相关的法律制度；另一方面需要加强和提高法律的效力，让已有的法律制度体系在现实中真正对人们的行为起到引导、惩戒和规制作用。

法律是用来调节社会行为、具有一般性和普遍性的原则，对具体的、特殊情形中的关系和行为规则，可能不会更为细致地加以规定。为完善法律制度，需要针对法律规章和条例中的一般原则，进一步制订更加详细的实施细则，使一般法律原则落实到具体行动上，以此构成相互衔接和相互协调法律体系，形成一种合力。提高法律的执行力度、加强对法律实施的监督是节水法制建设的又一重点。通过加大法律制度实施和执行的能力建设，来增强法律规则对现实社会行为的约束力。

再次，由于法律体系所提供的只是社会行动的基本框架或基本准则，社会现实中会存在各种各样的具体问题，要处理或调节这些具体问题，法律原则只能作为一种指导性规则，更为具体解决问题的方法和策略仍尤为重要。因此，要使法律原则和制度得以落实或执行，必须有相应的行政力量去推动。也就是说，在节水核心制度体系中，针对法律执行、政策实施和具体管理的政策性制度建设，需要确立更为具体、更为详细和更具约束力的条例规则，对制度执行者和管理者的行为要产生较为明确的约束力和引导力，使水资源管理系统中的行为走向节约、保护和可持续发展的目标。

最后，就操作层面的节水制度建设策略来说，关键的问题在于两个方面：一是建立起具有效率的水资源管理机构或组织；二是发展能够满足节水条件的管理技术手段和工具技术。建立有效率的管理组织是落实有效水权、提高水资源利用效率、缓解因水资源稀缺而产生的用水矛盾、促进水资源可持续发展的组织保障。与此同时，管理技术和节水技术的创新，可以为节水制度建设提供物质的或技术性的保障。

总之，节水型社会核心制度体系的建设，并非简单的制度或规则的设置，而是要让不同层面的制度、规则能够相互协调，产生一致的、核心的作用，使各种节水原则、法律、制度、政策、体制和技术能够对社会行动产生实际的效果。

四、小结

中国水资源的客观条件和社会经济快速发展的现实需求，意味着水资源问题将具有重要战略意义，处理和解决发展中的水资源开发、利用和保护问题，直接关系到发展的可持续性。从战略高度将建设节水型社会作为疏解中国水资源问题的根本途径，正是基于水资源的稀缺性和利用率低下这一基本现实而形成的结论。

作为一种新的治水理念，节水型社会建设就是依靠文化的、法律的、制度的和社会的力量，推动整个社会的用水行为走向节约、保护和可持续，让社会中各种用水者能够按照自律的原则选择节约用水和保护水资源。

让节水型社会变为现实，即在中国建成节水型社会，是一项系统的、复杂的工程。完成此项工程，规划、设计和建设系统的制度是尤为必要的。目前，中国虽并不缺少节水相关的法律或制度，但满足节水型社会建设基本条件的核心制度体系则并不完善。核心制度体系建设是要建立和不断完善在社会中实际真正发挥核心作用的制度规则，这些规则包括文化、法律、政策和操作四个层次，每个层次的节水制度能够相互协调，形成引导和规制人们节水行为的合力。

在建设节水型社会核心制度体系过程中，不同层面的制度建设具有不同的特征和要求，因而需要采取不同的策略。在文化层面，建设的重点在于节水的大众教育行动和节水生活方式的建构；在法律层面，关键在于进一步完善节水法律体系，以及提高执法和法律实施的能力，使节水法律发挥实际效力；在节水政策方面，需要进一步使节水法律具体化、可操作化，将法律原则转化为管理细则；至于操作层面的制度建设，重点是要建设起有效率的水资源管理组织和促进能够提高节水效率的技术创新。

第六章　水权交易制度的设计与建立

> 产权是一种社会工具，其重要性就在于事实上它们能帮助一个人形成他与其他人进行交易时的合理预期。
>
> ——德姆塞兹：《关于产权的理论》

建设节水型社会作为中国水资源发展的重要战略，其目标是在总量控制的前提下，通过建立和完善水权水市场制度，实现全社会自觉遵循节约用水规则。建设节水型社会的战略是基于中国基本国情而提出的，中国人多水少、干旱缺水是社会经济发展与水资源之间的主要矛盾和突出问题。中国人均水资源拥有量为2 200m³，仅为世界平均水平的1/4。基于这一国情，中国的发展需要选择"C模式"，即中国（China）模式，这是一种自律式发展模式。①同样，解决中国水资源的可持续发展问题，也需要走自律式道路，即建设节水型社会，实现用水的自我约束和自觉节约。

制度建设是构建节水型社会的重要途径，在节水型社会制度建设中，水权交易制度作为一种创新方式将对优化水资源配置和促进水资源合理开发利用发挥积极的作用。

---

① 参见汪恕诚：《C模式：自律式发展》，《中国水利》，2005年第13期。

一、水权交易制度与节水型社会建设

　　节水型社会建设的根本目标是在全社会形成自我约束、自觉节约用水的秩序。自我约束和节约使用水资源要求社会中的用水者克制和牺牲以往随意的用水行为。那么，靠什么力量来促使人们去克制自我行为，选择自觉节约用水呢？是道德还是制度、法律？显然，道德规范虽然能够对人们行为起到引导作用，但道德的作用通常取决于个人的道德规范意识，具有较大的不确定性。制度、法律通过提供行为规则和行动选择集，引导和约束行动者按照制度框架选择自己的行为。因此，要使社会成员遵循节约原则来用水，制度的作用相对较为可靠、稳定。

　　在水资源短缺的情况下，建设节水型社会要解决两个核心问题：一是如何让用水者自觉减少用水量，以实现用水总量与资源供给量的均衡；二是如何在实现用水总量控制的同时，使有限的水资源能够发挥最优的效率。针对第一个问题，政府的强制性管制能够解决用水总量的控制，但难以让人们自觉节约用水。至于水资源的配置效率问题，政府主导的再分配模式虽能对用水矛盾的缓解起到一定作用，但难以实现资源配置效率的提高，且再分配的成本往往比较高。如果能通过制度、法律来清晰界定水权，并做水权市场的制度安排，那么政府管制的成本既可大大降低，也可使人们按照水权范围自觉节约用水，同时还可运用市场机制来调节用水，实现用水效率的提高。因为在用水权利明确的前提下，用水者只能在其自身的权利范围内用水，如果超出这个范围，就需要支付额外的费用，这样用水者就会自然而然遵循节约原则用水，以避免超额付费。当水权可以转让和交易时，效益较低用水户会尽量压缩自己的用水需求，将自己节约的水权转让给效率高的用水者以换取更高的收益。由此可见，水权与水市场制度相当于一种自律和自动调节机制，既促使用水者自觉节约，也能调节稀缺的水资源在用水效率高低不同部门之间的合理配置。因此，水权水市场"在资源和技术既定的情况下，既使个人利益最大化，也促进了公共利益的最优化。"①

水权界定和水权交易市场的形成，对促进自觉节水和提高水资源利用效率起到了积极作用，其功能机制主要体现在这一制度安排对用水者的理性选择行为能产生直接影响上（见图6-1）。一方面，当水权是明晰的情况下，水的资源就有了专用性和排他性，人们会根据成本-收益计算来进行用水行为选择。如图（6-1）中的左图所示，随着个人用水量的增加，边际成本总会随之增长。即便是基本水价范围内的用水亦如此，如果用水者节约使用，就可将节省下来的水权有偿转让，在这种情况下，用水者增加用水量就使机会成本增加。而那些超出定额范围的用水者，必须在市场上用高价去购买用水权，成本无疑增加。用水成本随

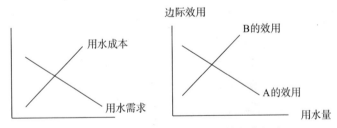

图6-1　水权水市场制度安排下的用水行为

---

① 参见陆益龙：《流动产权的界定：水资源保护的社会理论》，中国人民大学出版社，2004年，第190页。

使用量的增长而增加，无疑会促使用水者尽可能降低用水需求，为此他们会自愿选择节约使用。

另一方面，如图6-1中右图所示：如果水权是可交易的话，对部分用水者A来说，用水的边际效用是递减的，而对部分用水者B来说，边际效用是递增的。譬如生活用水，用水者在满足基本需求后，用水效率随用水量的增长而递减，而对工商业用水者来说，用水效率和效用则随使用量的增长而递增。如果A可以将节约下来的水权通过水权市场有偿转让给B，就会使双方的效用达到最优化，水资源的配置和使用效率随之提高。由此可见，水权市场通过水权交易机制，来实现水资源在效率不同的用水部门或用水者之间的优化配置，同时又不会使用水总量无限增长。水权交易制度对于解决水资源稀缺条件下的配置效率问题是有效的。

构建节水型社会并非简单地限制人们用水，也不是一味地让人们都减少用水量，问题的关键是要建立一种机制，让人们自觉选择效用最大化的用水行为，以尽可能少的用水量来获取尽量大的个人和社会效用或福利，从而实现在用水总量控制的前提下，达到有限水资源能在社会经济的可持续发展中得以高效率地开发和利用。

二、何为水权水市场制度

水权制度是指基于水的自然、社会和经济属性对其权属关系加以界定的规则体系，是由界定水资源所有权、占用权、交易权等法律法规及政策构成的规则系统，以明确界定与水资源相关主体之间的权、责、利关系。水权交易制度或水市场制度主要指关于水权交易的主体、交易程序和交易规则的法律规范体系。水权制度与水市场制度有着密切的关系，没有健全完善的水权制度，就难以形成有序的水权市场。因此，完整的水权水市场制度体系有四个组成部分：水资源所有权制度、水资源占用权制度、可交易水权制度以及水市场制度。

（一）水资源所有权制。水资源的所有权是广义水权制度的重要构成，但水权制度并不仅仅局限于笼统的水资源所有制。就所有制而言，一般不外乎国有制或公有制和私有制两种。在讨论水资源保护以及水污染防治问题时，人们常常会联想到哈丁的"公地悲剧"命题，即认为公共牧场的共有产权是导致牧场衰竭悲剧的根本原因，[①]因此在新制度主义看来，资源私有制要比公有制好，水资源所有权的私有化将有助于解决水资源保护问题。

然而事实上，水权问题并非抽象的、笼统的所有权问题，而是常常涉及具体的、可操作的权属关系问题。从现实经验来看，水资源所有权制基本上大同小异，较多国家的水法律都将水资源所有权界定为国家所有或共同所有。例如，英国、法国的水法都有"水属于国家所有"这样的规定，日本的《河川法》规定河流属于公共财产。1976年国际水法协会公开提倡：一切水都要公有，为全社会所有，为公共使用或直接归国家管理。[②]中国新修订的《水法》第三条规定："水资源属于国家所有。水资源的所有权由国务院代表国家行使。农村集体经济组织的水塘和由农村集体经济组织修建管理的水库中的水，归各该农村集体经济组织使用。"从国际水资源立法经验比较来看，对水资源所有权的界定具有较

---

① 参见 Hardin, G. (1968). The Tragedy of the Commons. *Science*. 162 (3859): 1243–1248.

② 参见裴丽萍：《水权制度初论》，《中国法学》，2001年第2期。

高的相似性，较多国家的水资源所有权制属于国有制或公有制。既然水资源所有权制是相似的，那么中国出现的水资源低效率使用、超采超用、水污染及水资源可持续发展面临的危机等问题，究竟与水权制度有没有关系呢？如果有，那么究竟是因为水资源所有权制存在的局限问题，还是因为水权制度的其他方面不完善呢？

从制度分析的角度看，这两个方面的原因都存在。就水资源的国家所有制而言，其存在的问题或者还需要完善的地方主要表现在这样几个方面：

首先，从委托－代理关系视角看，水资源国有制面临的一个明显困境是：如何使委托人和代理人的目标和行为一致？在制度结构中，国务院代表国家行使水资源所有权，并委托水行政主管机关即水利部负责行使和管理所有权，水利部又委托流域管理机构和地方水行政主管机关代管，其目标是实现水资源的公益性。而从现实情况看，水资源基本上是由地方政府作为流经本地区的流域水资源的所有权的利益代表，没有一个统一的、强力的流域水资源代表机构，由此形成了一种以地方利益主体为单位的共有产权结构，各个地方政府及其水行政机关在代理水资源所有权，且都以追求本地利益第一作为代理原则。在类似于共有产权的体制下，地方政府会尽可能的开发利用水资源，实现他们所能取得的水资源的最大化价值。然而，使用水资源产生的某些成本不会集中于当地政府身上，这些成本不会列入自己所承担成本的核算范围。这些问题在现实中表现为各地都在尽量地开采使用水资源、尽可能规避排污限制、尽量规避水土保持和泄洪义务等。所以，水资源国有制的有效性的关键在于建立和完善中央政府和地方政府之间的委托－代理机制，避免因地方保护主义而使这一代理机制蜕变成类似的共有产权，以及由此可能产生的"公地悲剧"。

其次，流域管理机构的权限和功能地位偏低。为更好行使和管理水资源的国家所有权，我国已经设立了大江大河的流域管理机构，来加强水资源统一管理，协调各区域之间的利益需求，推进流域水资源综合管理。但是，在机构设置与制度安排方面，流域管理机构更多的事务在于专业设计和管理，在协调利益关系和行使水资源国有权方面，缺乏相应的法律支持和行政支持。对以地方政府为主导的水资源权属管理，难以起到制衡和协调功能，不能从制度上有效预防水资源开发利用中的外部性问题。

此外，协商的交易成本较高。虽然《水法》规定了水资源管理体制为流域管理与行政区划管理相结合的模式，但是，由于行政分级管理体制实际形成多头管理，加之流域管理机构的法定权限不够明确，所以各级各地政府、组织和群体仍具有较大权力。由此出现了流域内利益主体的多元化，要在他们之间进行协商谈判，必须付出较大的交易成本，否则难以达成协调一致的程度。在这种情况下，各利益主体还是按照各自的利益需求来做出行为选择，对水资源的节约使用、可持续发展目标也就难以达成一致。

就水权制度结构而言，水权细分程度较低，即水资源所有权与占有使用权、流转交易权以及收益权的分离步伐较为缓慢，产权界定主要是笼统的国有权而无更明晰的、可操作的细分水权。从产权理论来看，产权的不明晰，不可避免地会导致交易成本的增加，以及外部行为的增多。因此，粗放的水权制度安排，不仅不利于水资源高效率地使用，也容易导致极大的浪费行为。在中国水资源开发利用实践中，对上下游的水权设置没有形成有效的激励。一方面上游由于水资源的易得性而超量采水，浪费严重；另一方面下游水严重短缺，对水资源又需求迫切。如果水权进一步细分和明晰化，界定明确的可交易水权，下游地区拿出一部分经济报酬和上游潜在的水供给相交换，水短缺和支付上游水权都会促使其提高节水水平，从而增加总收益；而上游收取下游的水权补偿，以此对节水灌溉进行投资，虽然水量减少而产出却可以继续增加，其总收益也增加。如果在合理分配水量的基础上，上游采取节水技术，将多余的水权转让给下游的缺水地区，既可以满足下游发展经济的需要，也可以帮助上游获得更高的收入。

因此，完善的水权制度需要进一步细化水资源的权属结构，对水资源的占有使用权，以及对占有使用权的转让、交易和处置权的清晰界定，是进行水权制度建设不可或缺的重要内容。

（二）水资源占用权制。水资源占用制是指关于水资源占有和使用权的界定以及分配原则的制度安排。水资源占有和使用权是所有权派生的权利，即所有权细分的结果。一种所有权制可以派生出不同内容的权利，其中包括占有、使用、经营、收益和处分等内容。水法规定要建立对各类水使用权分配的规范以及水量分配方案，对用水实行总量控制和定额管理，确定各类用水户的用水量，实质就是对水资源占有、使用权的进一步界定。从国际经验来看，水资源占用权可分为三种类型：一是批发水权（Bulk Entitlements），即授予具有灌溉和供水职能的管理机构、电力公司的水权。二是许可证，即授予个人从河道、地下或从管理机构的工程中直接取水以及河道内用水的权利。有效期限一般为15年，到期申请更换。三是用水权，即灌区内的农户用于生活、灌溉和畜牧用水的权利，主要与土地相关。

在水资源占有和使用权制度安排中，首先需要确立水资源占用的优先原则，即什么样人或用水者享有优先占有和使用水资源的权利。优先权的确定一般要根据社会、经济发展和水资源状况而有所变化，同时在不同地区要根据当地特殊需要，确定优先次序。优先权的界定分为两种顺序，一是自然顺序，二是法律拟制顺序。自然顺序即先占优先权原则，体现对水资源利用与分配历史的尊重，尊重河岸权，同时兼顾其他各方面的利益需要。中国的《水法》界定的水资源占用的优先顺序是：生活用水权第一位；农业、工业、航运用水第二位；耗水量大的工、农业用水第三位。①

在操作层面上，水资源占用制还需对占有和使用水资源量的分配作制度安排。水资源占用权的分配途径包括两个阶段：一是初始分配，二是流转配置。在理论上，水权初始分配模式一般包括："人口分配模式""面积分配模式""产值分配模式""混合分配模式""现状分配模式"等。但是，在实践中上述任何一种简单模式都难以满足要求。因为水权初始分配必须以公平原则为基础，同时又需优化配置资源，提高用水效率。因此，初始分配要综合各种分配模式的优点，采取混合分配模式。健全和完善水权制度，重要任务之一是建立起合理、有效的水资源占用权初始分配的制度规则。这一制度安排必须满足两个功能条件：一是使水资源需求总量得以控制；二是使水权分配方案在实践中得以执行。

有效的水资源占用权制，对用水总量控制和节约使用会起到一定促进作用。但要实现水资源占有和使用权的流转配置，提高用水效率，还需进一步细化水权，确立哪些水权是可以有偿转让和进行交易的，以及如何进行水权交易的制度规则。

（三）可交易水权制度。可交易水权（Tradable Water Permit）是指法律认可并允许有偿转让的水资源占用权。可交易水权制度

---

① 参见崔建远：《水权转让的法律分析》，《清华大学学报》（哲学社会科学版），2002年第5期。

的产生和发展的历史是在二战以后，最早出现在美国西部的部分地区，具体做法是允许优先占有水权者在市场上有偿转让或出售富余水量，由此产生了水权交易。在交易机构方面，成立了"水银行"，将每年来水量按照水权分成若干份，以股份制形式对水权进行管理。此外，还成立了以水权作为股份的灌溉公司，灌溉农户通过加入灌溉协会或灌溉公司，依法取得水权或在其流域上游取得蓄水权。在灌溉期，水库管理单位把自然流入的水量按照水权的股份向农户输放，并用输放水量计算库存各用水户的蓄水量，其运作类似银行计算户头存取款作业。

可交易水权观念在水资源管理领域逐渐得到认可，并在实践中开始探索应用。可交易水权制度主要包括对可交易水权的主体和范围、水权交易的规范、水权交易机构和模式等方面的法律规定及条例细则。可交易水权制度是水资源管理中的一种制度创新，在这一制度安排中，通过水权权属的物权化和市场交易机制实现了水资源利用的公平与效率兼顾的目标。建立健全可交易水权制度，是发展水市场的基础。作为一种制度创新，可交易水权制度建设在实际中还面临一些问题，如可交易水权的界定问题、水权计量以及交易操作技术等。不过，随着水资源保护和效率意识的增强，这一制度创新在实践中将不断完善。

（四）水市场制度。市场即商品交易关系的总和。所谓水权市场即水权交易关系的总和。在这里，交易关系总和的具体内涵包括三个方面：一是交易主体，即谁参加交易；二是交易客体，即交易的对象是什么；三是如何进行交易。水权市场类似于可交易的排污许可证制、土地市场，具有资源产权交易市场的性质，其结构为：1）交易主体包括国家和用水地区、部门、单位即用水户；2）交易客体或交易对象是国有水资源的占用、经营、处分等权限；3）交易方式为国家作为水资源的所有权人将部分水权分配或出让给用水户，用水户可根据收益最大化的原则进行用水决策，选择自留自用，或是选择将水权再次转让给其他用水户。在这一市场结构中，国家分配或出让的水权即为一级水权市场，用水户转让和交易的水权为二级水权市场。通过水权市场的运作方式，国家可以对水权出让总量加以控制，既能促进节水目标的实现，又能通过用水户间的水权转让和交易，促进水资源在各用水户（各地区、各部门、各单位）间优化配置，促进用水经济效率的提高。

目前，一些地方建立了一种新型水权交易市场——水银行交易市场。它是通过水权主体将节余的水权股份存入水银行，水银行再将这部分水权股份按照市场的需求，发放给水权需求者，实现水权的流转。在水权流转过程中，政府还可以进行宏观调控，当水的供给量减少时，政府可指导银行减少水权股份的发放，反之亦然。政府对水银行还可以利用利率杠杆来调控。因为拥有水权者将节余的水权存入银行以及银行贷出水权是有偿的，水银行作为经营企业需要经营利润。政府可通过设置"水权利率"，让节余的水权股份存入银行产生"存水利息"，让这部分水权股份贷出银行收取"贷水利息"，两者的差额产生水权利润。国家还可以通过税收将这部分经营利润纳入国库，作为水资源建设与保护资金，从而更好地保护水资源。此外，节余水权股份的持有者还可以通过水权银行委托发放水权股份，可以指定需求对象，也可以不指定需求对象，水权银行作为中间机构，只收取服务费用。至于水银行服务费率，政府可通过政策条例加以规范指导。

水市场制度作为水资源管理制度的重要补充，通过制度、组织的创新，促进用水行为的理性化、制度化，强化人们关于水的资源和物权意识，提高用水者的用水效率和节水意识。

三、如何推进水权水市场制度建设

建立健全水权水市场制度体系，需要重点关注这一体系的四个构成部分：1）水资源的所有权；2）水资源的占用权；3）水资源的可交易权（收益和处分权）；4）水市场（水权交易）机制。概括起来，水权水市场制度体系的构造与建设，主要包括以下内容（图6-2）：

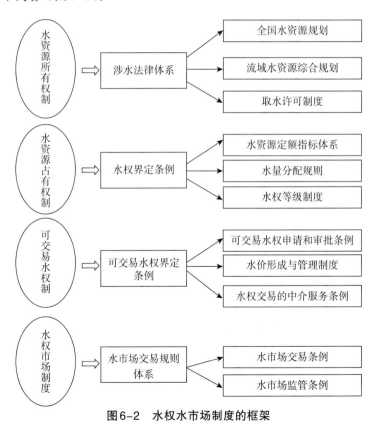

图6-2　水权水市场制度的框架

要加强国家对水资源的宏观管理，提高水资源利用效率和保护力度，发挥水资源的公共性和公益性，在水资源所有权制度建设方面，要在以下几个方面进一步充实和加强：第一，不断完善和加强主要涉水法律制度的执行和实施，其中主要包括《水法》《水污染防治法》《防洪法》《水土保持法》和《节水法》等，为国家在宏观上对国有水资源进行有效监管和保护奠定坚实的法律基础。

第二，建立和完善国家水资源综合规划制度。这一制度要使国家水资源规划内容具有法定的约束力和调控效力。国家可根据社会经济发展的五年规划，并结合水资源的发展状况和需求状况，编制全国水资源开发利用近期和中长期规划，以及综合开发利用和保护的规划，编制水资源配置、水功能区规划和河流水量分配方案等政策性规划。规划使国家能对一个时期内的水资源开发利用和长期发展进行宏观把握和监控，这在一定程度上可以规避地方保护主义带来的短期行为所造成的危害。

第三，建立健全流域水资源分配的协商机制。这一机制要能让流域内的各种利益主体平等参与，在分配的程序上实行民主协商机制，建立基于平等参与的全流域地方政治民主协商制度。让一定的组织来代表用户的利益，在流域上下游之间建立协商机制。而流域地方政府是最有效的水权代表者，可以在较大程度上代表地区和用户的利益，最可能通过政治协商的方式和其他地方政府之间建立起一种组织成本较低的协商机制。政治协商机制实际上是一种谈判和投票机制，地方利益主体通过广泛参与反映地方利益，实行地方投票、中央拍板、民主集中，在一定游戏规则下达成合约，其结果不一定是谈判各方的最优解，但却是较优解或妥协解，这将带来流域整体用水效益的提高。以黄河为例，可在黄河水利委员会设立沿黄河各省、自治区平等参与的全流域

"地方行政首长会议"，由中央代表（水利部）和各省区代表（地方行政首长）组成，下设办事机构，实行"一省一票、多数决定"的投票原则，当各方争持不下时，由中央决定。由此形成全流域范围内的地方政治民主协商机制，在防洪防凌和保障生态用水、兼顾发电用水的基础上协商黄河部分水量的再分配，就水权转让和水库调度、利益交换与利益补偿等重大问题进行磋商和谈判，在一定规则下达成用水合约以及违约惩罚办法，由黄河水利委员会定期公布供水、用水、分水信息，并监督检查与组织实施。[①]

　　现实中，要做到科学、合理分配水权，必须建立两套指标，即水资源的宏观控制指标和微观定额体系。根据全国、各流域和各行政区域的水资源量和可利用量确定控制指标，通过定额核定区域用水总量，在综合平衡的基础上，制定水资源宏观控制指标，对各省级区域进行水量分配。各行政区域再按管理权限向下一级行政区域分配水量。根据水权理论和经济发展制定分行业、分地区的万元国内生产总值用水定额指标体系，以逐步接近国际平均水平为总目标，加强管理，完善法制，建设节水防污型社会。通过建立微观定额体系，制定出各行政区域的行业生产用水和生活用水定额，并以各行各业的用水定额为主要依据核算用水总量，在充分考虑区域水资源量以及区域经济发展和生态环境情况的基础上，科学地进行水量分配。

　　建立水权水市场制度体系，在水资源占有、使用权界定方面所需要进行的制度建设主要包括：1）建立用水总量宏观控制

指标体系。由国务院水行政机关和流域管理机构组成的水量分配机构向各省级区域和主要用水行业进行总水量分配，进而再向下一级行政区域分配水量，区域负责向用水户配置水资源。区域配置的水资源总量不超过区域宏观控制指标，流域内各区域配置的水资源总量不超过流域可配置总量。2）建立用水定额指标体系。合理确定各类用水户的用水量，为向社会用水户分配水权奠定基础。制定各行政区域的行业生产用水和生活用水定额，并以各行各业的用水定额为主要依据核算用水总量，依据宏观控制指标，科学地进行水量分配。3）建立健全取水许可制度。让取水单位和个人按照法定程序获得许可水权，并对他们许可水权的使用进行监督管理，包括对使用目的、水质等方面的监督管理。4）建立水权的登记及管理信息系统。对用水户的初始水权和许可水权进行登记和确认，保证初始水权和许可水权的基本稳定，并对水权的调整、流转和终止进行规范管理。5）建立用水计量管理制度。实行用水定额和总量控制，以及用水权的登记、管理和行使必须以用水计量为基础，否则会在一定程度上模糊水资源的占用权，从而导致出现相应的浪费行为。

实现可交易水权的制度创新，要在以下几个主要方面作相应的制度安排：

第一，逐步形成和完善水权流转的制度安排。水权流转制度包括水权转让范围的界定、水权转让资格审定、水权转让的程序及审批、水权转让的公告制度、水权转让的收益机制以及水市场的监管制度等。所以，在制度建设方面，需要制定水权转让管理条例。对水权转让的条件、审批程序、权益和责任转移以及水权转让与其他市场行为的关系作出清晰的规定，包括不同类别水权的范围、转让条件和程序、内容、方式、期限、水权计量方法、水权交易规则和交易价格、审批部门等方面。

第二，建立规范的水权价格形成机制。从国际经验看，水价主要包括一次性支付的资源水价；工程水价，即供水设施的运行成本、费用和产权收益；环境水价，即水所具有的环境价值。我国的水价分为三种：水权出让价，水权转让价和水费。水权出让价是用水户取得取水许可证支付的价格，相当于资源水价和工程水价的内容。水权转让价是水市场交易价格，应由买卖双方自主订价，国家不直接干预。水费是用水户在使用水的过程中支付的价格，由地方政府根据本地区水资源情况自主确定。[①]

第三，培育水权交易的中介服务机制。水权交易需要有公正的水权咨询服务公司作中介，水权咨询服务公司在水权交易中发挥着非常重要的作用。水权咨询服务公司的服务内容主要包括：1）对有关水权的档案材料进行专业鉴定；2）提供水权调查报告；3）代编水权管理计划；4）提供地理信息服务；5）对水权的实际价值进行评估；6）申请新水权；7）代理诉讼；8）对灌区进行审查并对灌区公司资产进行评估。

第四，建立水权交易监督机制。水权交易主要参照权证交易原理而设计，要维持健康的水权交易，保护交易主体的利益以及公共利益，政府需要成立水权交易的监督机构，这一机构类似于证券监督委员会，负责对水权交易的技术规范、程序、交易主体和交易行为进行全面监督和管理，以确保水权交易健康发展。

水市场的建立可参照土地市场的结构和运作模式。目前，我国土地市场由一级和二级土地市场构成。一级土地市场，即土地

---

① 参见董文虎：《三论水权、水价、水市场——水价形成机制探析》，《水利发展研究》，2002年第2期。

使用权出让市场，主要从事国有土地使用权的出让交易。国家作为土地的所有者，在一级市场将一定年限内的国有土地使用权拍卖或出售给用地业户，如国内外开发商及其他用地工商业户。二级土地市场可分为土地使用权转让市场和土地金融市场即土地使用权抵押市场。二级土地市场主要从事国有土地使用权的转让交易，按照开发协议对出让土地作相应开发的土地使用权人，将一定期限内的土地使用权再次转让给其他土地使用者。在土地金融市场上，拥有土地使用权的工商业户将土地使用权作为担保物，从金融机构获取抵押贷款。我国水权市场也可参照国有土地市场分为一级市场和二级市场。其中，一级水权市场主要由水权出让市场构成，所进行的交易是水资源所有者和用水户之间的初次水权交易；二级水权市场主要由水权转让市场构成，所进行的是用水户之间的二次水权交易。

此外，在水市场机制发展到一定程度时，可参照金融市场交易机制建立水银行机制。水银行的运作原理类似金融市场的构造，属水权的二级市场，在这一市场上，水权转让或交易价格由市场决定，政府不干预但可以进行宏观调控。转让可采取拍卖、招标或其他合适的方式进行。但必须遵守一定规则，如转让人必须事先向有关部门提出申请，并缴纳规定的费用；必须符合国家对整个流域的规划要求；水权交易必须以对河流的生态可持续性和对其他用户的影响最小化为原则，生态和环境用水必须得到绝对保证；水权交易必须有信息透明的水权交易市场，为买卖双方或潜在的买卖双方提供可能的水权交易的价格参考和买卖机会；水权交易由买卖双方在谈判基础上签订合同，水权交易既可以在个体之间进行，也可以在企业之间或企业与个体之间进行，水权交易还可以在不同行业之间和不同地区之间进行。

　　建立水权市场，需要完成的制度建设主要有：首先，建立和完善国家出让水权的相关法律制度。只有在规范一级水权市场的前提下，才能确保水权市场的运行对水资源的保护和可持续发展是有利的，以及公共利益不会产生危害，这样才能真正发挥市场调节在配置水资源中的积极作用。否则，水权市场的发展可能提高了用水经济效率，但危害了水资源的可持续发展。完善水权出让的法律体系，要在《水法》以及其他涉水法律的基础上，结合取水许可制度、全国水资源规划和流域综合规划，对出让水权的依据、范围、程序、方法、用途和法律责任予以明确界定和澄清，使国有水权出让有清晰的法律条例可以参照和遵循。

　　其次，建立和完善水权转让审批和评估的相关法律制度。对可交易或可转让水权的权属性质、范围和规模，在上市交易之前进行依法审批。为了规范审批程序，推进二级市场发展，必须有完善的法律规章制约权限审批行为。一方面，规范申请者的水权获得以及水权交易申报；另一方面，规范审批和评估者的审批和评估行为，使审批和评估内容具有较高的权威性和可信度。

　　再者，建立和完善水权交易市场交易规则的相关法律制度。水权市场虽可参照资源市场和金融市场的运作方式，但水权市场又与一般商品市场和金融市场有着较大区别。因此，在交易程序和交易规则上，不可能完全照搬其他市场的交易规则，而必须建立水市场规则体系。这些规则的施行，必须有相关法律法规作为依据。在建立水市场的过程中，必须依靠具有法律效力的水权水市场交易规则来规范市场行为和维持市场秩序。

　　此外，建立和完善水权市场交易监督和管理机制。市场的正常有序运行以及健康发展，离不开对市场的有效监督和管理。对水权市场也是如此，必须有对水权市场运作过程的有效监督和管理，才能保证水权市场的运行对水资源优化配置和有效保护起到积极作用。水权市场的监督和管理机制的建立取决于政府，政府需要成立相应的监督和管理机构，确保水权市场的交易主体能够公开、公正、依法进行交易。尤其是要监督和管理交易主体的资质、信息披露、交易过程，维护公正、合理的市场秩序，促进市场的健康发展。

在实践中，我国已试行水权交易，如浙江省东阳－义乌的水权交易。双方的交易协议规定，义乌市一次性出资2亿元，购买东阳横锦水库每年4 999.9万立方米水的使用权，水权转让后，水库原有所有权不变，水库的运行和工程维护仍由东阳负责，义乌按当年实际供水量以每立方米0.1元支付综合管理费（包括水资源费），输水管道的建设费用由义乌承担。在这种交易协议下，东阳与义乌间的水权交易实属一种长期的水权转让交易，可以理解为东阳将国家授予的每年4 999.9万立方米水的使用权再次转让给了义乌。此后，义乌向各用水单位供水。这一实践经验表明，在我国水权市场的培育建设过程中，首先可以培育短期水权转让市场，短期水权转让相对简单和容易组织。在积累经验和制度建设成熟的条件下，可在一些缺水的典型地区试点进行长期水权交易市场的培育和建设。

水市场是通过市场交换取得水权的机制，在我国，水市场还是新生事物，需要进一步发展和培育。市场社会属于一种法制社会，水市场的发展离不开相应的法律、法规的支持、约束和规范。政府作为公共管理机关，为了确保水资源的高效利用和水权转让市场的有序运行，还需成立相应管理机构对用水户的用水决策和水权转让行为进行必要的管理和监督。

在建立水权水市场制度体系过程中，需要依据水资源理论和制度原理，把握几个基本原则，有步骤地展开建设工作。这些基本原则包括：1）可持续发展原则。在水权法律和制度规范中，要考虑代际水权公正和生态发展要求。水权制度要以水资源承载力和水环境承载力作为水权配置的约束条件，利用市场机制促进水资源的优化配置和高效利用，促进对水资源开发利用和保护的法制化。2）综合管理原则。建立水权水市场制度，是要通过对水资源的综合管理，将流域管理与行政区域管理、水量控制与水质管理、水资源开发利用与有效保护结合起来。3）市场调节原则。建立健全水权水市场制度，在总量控制和定额管理的基础上，通过明确水权界定、水权细分和水权交易市场，对有限水资源进行优化配置，提高水资源的利用效率，促进对水资源的有效保护。4）公平与效率相结合原则。水权水市场制度是一种自由交换的竞争机制，能使效率更高的部门获得相对更多的用水量。但是，市场机制并不排斥公平分配机制，而是要以公平分配和获取水权为前提基础。在水权配置过程中，充分考虑不同地区、不同人群生存和发展的平等用水权，并充分考虑经济社会和生态环境的用水需求。合理确定行业用水定额、确定用水优先次序、确定紧急状态下的用水保障措施和保障次序。与水资源有偿使用制度相衔接，水权必须有偿获得，并通过流转，优化水资源配置，提高水资源的效用。5）权利和责任的细分原则。水权水市场制度的意义在于通过明确水权，促进水权流转或交易，提高水资源利用和保护的效率。明确水权可以通过对水权及相关责任进行细分，使得各项权利和责任都更加具体、清晰，从而使水权更加明确。

第七章　河长制与江河湖泊的水治理

制度最基本的功能是节约，即让一个或更多的经济人增进自身的福利而不使其他人的福利减少，或让经济人在他们的预算约束下达到更高的目标水平。

——林毅夫：《再论制度、技术与中国农业发展》

江河、湖泊是水的重要载体，类似于自然生态的血脉系统。水问题尤其是水生态、水环境问题会集中体现在江河、湖泊所出现的问题之上，治理好江河、湖泊是水治理的重点。河长制正是在江河、湖泊水治理实践中逐步产生和施行的，主要是为了更加有效应对河流湖泊水质以及水生态环境日益恶化的问题，在水治理领域通过河（湖）长的设置并明确河长职责，以解决复杂的河湖水污染及水生态环境问题。

一、江河湖泊的水问题及其治理困境

在中国经济以及工业化、城市化快速发展的进程中，出现了江河湖泊水污染、水环境恶化等种种水问题，其中水质降低问题尤为突出。生产生活用水量的大幅增长、废水及污染物排放量的快速增加，河流湖泊的水污染从单一污染转变为复合污染，复杂的环境形势加剧了江河湖泊水问题的严重程度，也给河湖水域治理带来了诸多困难。

至于当前河流湖泊水环境的状况，据环境保护部门的监测，2020年，长江、黄河、珠江、松花江、淮河、海河、辽河七大流域和浙闽片河、西北诸河、西南诸河主要监测的1 614个水质断面中，I-III类水质断面占87.4%，劣V类占0.2%，比2019年下降2.8%。辽河流域、海河流域为轻度污染。松花江流域干流水质为优，主要支流、图们江水系、乌苏里江水系和绥芬河水质良好，黑龙江水系为轻度污染。淮河流域水质良好，其中山东半岛独流入海河流为轻度污染。开展水质监测的112个重要湖泊（水库）中，I-III类湖泊占76.8%，劣V类占5.4%。太湖、巢湖、滇池、白洋淀为轻度污染。在水利部门10 242个地下水水质监测点中，I-III类水质占22.7%，IV类占33.7%，V类占43.6%，主要超标指标为锰、总硬度和溶解性总固体。①

从政府公报的数据中，可以解读出的信息主要包括：首先，国家高度重视河流湖泊的水环境治理，并在不断强化河流湖泊的治理，改善江河湖泊水质与水环境。其次，江河湖泊的水问题依然存在，特别是在一些重点河湖流域，如海河流域、辽河流域、太湖、巢湖以及滇池等地，水污染、湖泊营养化问题仍然存在，河流湖泊水治理任重道远。此外，水形势依然严峻，治水面临复杂而艰巨的挑战。一方面，经济社会发展使得用水总量居高不下，给水资源供给带来巨大压力，北方地区地下水位的下降以及水质恶化问题凸显出来；另一方面，排放量增大又给水环境造成巨大压力，水污染与水质问题突出。

---

① 参见《2020中国生态环境状况公报》，www.mee.gov.cn 2021-5-26.

为应对和破解江河湖泊严峻的水问题，水治理面临着一些困境，其中主要包括：第一，经济发展与环境治理的两难困境。对于每个地方政府来说，经济发展通常都会被置于重要地位，甚至是作为其工作的首要目标，毕竟经济是基础、是第一性的。而在现代化、工业化、城市化的大背景下，推动经济发展不可避免地给水及生态环境带来了一定的压力，因为工业生产及城市快速发展总要促使用水总量和废水及污染物的增加，从而给所在区域带来这样那样的水问题，对水及环境治理提出了挑战。应对发展与治理之间的张力，需要现代社会相应地作出均衡和协调行动，以使经济发展与环境治理二者的效益得到兼顾。

第二，污染主体与治理主体的确认困境。河流、湖泊的水污染、水环境恶化问题是由复杂的因素造成的，既有工厂企业在生产经营过程中排放行为的影响，也有来自居民和社会生活污水排放、废物丢弃行为的影响；有来自城市社会的污染和影响，也有来自农村的；污染和恶化过程有组织团体的参与，也有个体的行动。因此，河流流域或湖泊水系的水质降低和环境恶化常常面临着寻找污染主体的难题，例如，太湖、巢湖、滇池等湖泊的水污染问题，有着非常广泛的污染主体，也有长时间的污染。治理好这些河湖水系，首先必须确认污染主体，既要找到重大的，也要认清广泛而分散的，这样才能真正实施源头治理。

在江河湖泊水治理中，不仅确认污染主体面临着挑战，而且确认治理主体通常也面临困境。河流流经的区域广阔，湖泊的来水区域一般也较大，通常涉及较多的行政辖区。河流、湖泊出现水问题时，究竟由谁来治理、谁来负责常常也成问题。从公共池塘理论的视角看，河流、湖泊犹如公共池塘，周边的人们都靠水吃水，从河流、湖泊中获得收益，但河流、湖泊在被开发利用后出现污染问题时，如果没有制度性的约束，无组织的公众并不会自愿开展保护和修复活动，因为分散的公众并不认为自己就是治理主体。任何一种治理都必须有明确的治理主体，在治理主体模糊与不确定的情境下，不会有实质性的、有效的治理行动。河流、湖泊水治理由于面临着确认治理主体的困境，而使得一些水问题特别是新问题的治理陷入一种真空地带，甚至可能出现哈丁式的"公地悲剧"。

第三，区域和部门间的协调困境。由于江河湖泊水质、水环境问题涉及多个区域、多个辖区，问题性质与内容又会牵涉多个部门，因此在应对和解决问题的具体实践中，就要面对区域和部门之间的协调与合作困境。河流、湖泊流域中的不同区域处于不同位置，有着不同的利益需求，在治理水问题的过程中，会从自身角度去选择相应的治理方式，而这些治理方式和治理措施主要针对本地的问题，而对整个流域的整体问题或许是低效的甚至是冲突的。要达到有效的治理，就需要各个区域的治理方向、治理方式是一致的，能够形成合力，共同作用于流域水问题的改善和解决。所以，河流、湖泊水治理必须走出区域间协调与协作的困境，选择共同一致的治理行动。

河流、湖泊流域内的水问题是复杂多样的，问题的属性不同、成因不同、内容不同、形式不同，治理水问题一般会涉及到多部门。例如，太湖、巢湖等湖泊水质恶化、富营养化问题，就不仅仅是水利部门流域管理机构的治理范围，因为这些问题既有环境保护的属性，也属于城乡建设发展的范畴。为更加高效地治理河流、湖泊水问题，部门之间必须有高效的协同联动机制。

第四，治标与治本的兼顾困境。河流、湖泊流域的水问题通常表现出长期性，其中一个重要原因就是流域水治理面临着治标与治本的困境。也就是说，针对某个阶段凸显出来的水问题，相关区域和部门可能采取一些针对性的应急处理或治理措施，缓解一些较为突出的问题，如针对水污染、水质富营养化问题，可能会通过一些污染治理项目，依靠技术手段对水体改善起到一定作用，但这些治理实际上是治标，要从根本上消除问题，就必须从污染源开始着手治本工作。

治标工作一般较为容易开展，增加投入、运用技术手段、实施行政制裁措施等治理方法都能达到一定的治标效果；然而，治本工作通常难以推进。之所以如此，是因为河流湖泊流域面临的水问题涉及面非常广，利益相关者群体规模巨大，从根本上治理水问题不可避免要波及庞大的利益相关者群体的既得利益和行动习惯。治本工作本质上是一种综合治理，即工程的、技术的、经济的、法律的、社会的、文化的治理方法需要有机综合起来，形成巨大的治理合力，而要把诸多治理方法、手段综合起来，需要一定的时间，也有较大的难度。此外，治本工作的关键在于把握河流湖泊水问题的根本原因，要找到水问题的根源并非易事，而是需要一个认识过程，此后找到关键的、有效的解决方法也需要一个过程。

总之，在现代化转型过程中，江河、湖泊水问题虽日益显现出来，而在应对和解决这些问题方面，既有成就，也依然在一定程度上存在问题。河流湖泊水治理仍面临诸多挑战和困境，治水依然任重道远。

二、河长制的特点与功能

解决河湖水治理面临的困难和问题，一条有效的路径就是制度创新。制度创新既是改变既有惯习的有效方法，同时也是提供新思路、新方法、新进路的有效途径。

为解决影响生态环境的河湖水关键问题，加强河湖水管理，2016年11月，中共中央、国务院联合印发《关于全面推行河长制的意见》，明确提出了要在2018年底前全面建立河长制。[①]此后，水利部、环境保护部联合印发了河长制的实施方案，并会同多部委动员部署全面推进河长制的工作。在各级党委、政府的高度重视和领导之下，全面推行河长制工作得以顺利落实。到2018年6月底前，全国31个省全部建立起河长制，比计划提前了半年。[②]这一制度建设成效标志着中国江河湖泊管理与保护进入一个新的阶段。

推行河长制的具体实践虽然在各级各地有所差异，但概括起来主要有这样几个共同特点：

首先，分等级全覆盖。在省、市、县、乡四级行政辖区，全面设置河长，也就是四级河长全部推行，部分村也设置了村级河长。由此可见，河长基本全部覆盖所有行政辖区，而且，所有河湖都有了河（湖）长。

其次，河长制的核心是首长负责制。在河流、湖泊的治理实践中，一个较为突出的问题就是治理主体模糊、不确定。自设立河（湖）长之后，河长就是负责所管理河湖的首长，即第一责任人。而且，各级各地河长通常是由党政主要领导担任的，因而河长制实际上确立了各级各地党委、政府领导需要负责辖区内的水治理的职责。

---

① 参见水利部新闻宣传中心编：《中国治水这五年：2012—2017》，2017年，第206页。

② 参见中华人民共和国水利部编：《2019中国水利发展报告》，2019年，第149页。

此外，河长制确立的管理内容主要是巡查监督和协调整治。全面推行河长制实现了河长全覆盖，各级各地都设立了河长，每条河流、每个湖泊都有了河（湖）长。河长的设立不是虚名，而是有河长办公机构和实质性的管理内容。河长的管理职责可概括为两个方面：一项是巡查监督，即每个河长都要负责巡河，需要对所负责管理的河流水域进行不定期的巡河督查。巡河的目的就在于及时发现河流湖泊的水问题，督查辖区内是否有违法排污、水污染等现象。有了河长的巡河督查，一定程度上可以有效防范污染行为和污染问题的发生。河长在巡河督查中如果发现所负责河流湖泊水域存在问题隐患，还可以协调相关部门采取整顿与治理措施，这样就避免了以往有问题但无人负责管理的尴尬局面。因为河长多是由各级党政主要领导担任，随着河长负责制的确立，河长会发挥自身优势，有效协调相关部门和利益相关者，及时地对问题加以整治。

最后，河长制的治理优势在于协调联动机制。现实社会中，河流、湖泊水质、水环境、水生态等问题由于涉及面非常广，且这些问题又具有公共性，治理公共问题的难度之一就在于协调和联动，因为仅靠单一机构、单个区域来解决问题，通常是低效的甚至是无效的，只有问题所关联的部门和区域共同行动、一致发力，才能进行高效的治理。全面推行河长制，优势之一就是其协调联动机制。所谓协调联动机制，是指河长在河流湖泊水治理中能够协调相关联的部门、区域和群体，让各个部门、区域和群体采取联合一致的行动，或采取方向一致的治理措施，形成治理的合力。河长既是河流湖泊水治理的负责人，又是各级党政机关的主要领导，河长可以发挥角色双重性的优势，在不同部门、不同层级之间做好统筹、协调和指导工作，从而可以组织起有效的一致行动或联合行动。

全面推行河长制，可以说是新时代中国河流湖泊水治理的一项重大制度创新，这一新制度在应对水资源、水生态环境挑战方面，发挥着重要的功能。具体而言，河长制的功能主要体现在以下几个方面：

第一，权责明晰功能。河长制的推行在一定程度上解决了"公共池塘悲剧"问题，以往河流湖泊水问题治理的模糊地带，随着河长制的全覆盖，将河流湖泊的权限与责任赋予了各级各地河长，从而使得河湖水问题的防范与治理的权责得以明晰，某种意义上使流域水治理的权责划分进一步细化，完善了流域管理制度，提升了流域管理的效率和效力。

尽管一条河流流域内可能设立多个河长，且有四个基本级别，但每个河长对应着明确的治理权限，也有确定的治理责任，避免了治理中的相互推责和管理真空现象。明确河长的权限，实际上赋予了河长的事权，让河长有权去管理相关水问题；设立河长并确立河长负责制，也使得相关河湖水问题有专人负责。

第二，监测防控功能。全面推行河长制后，各级各地河长承担起巡河与监管职责，每个河长每年都要开展巡河工作。在河长制的具体实践中，河长们承担起了对河流湖泊水资源、水生态环境状况的监测职能，由此可及时掌握河流湖泊水质、水环境状态与形势，了解各种水问题及其产生的原因。河长在把握所负责河湖水情况信息的基础上，需要作出相应的应对措施。尽管每个河长的职权范围不同且有限，但根据每个河长所提供的河湖水问题状态的信息，能够及时发现问题和潜在污染风险，这对防范河湖水问题的恶化会起到积极的作用。同时，河长通过巡河也能及时采取措施，控制局面，解决突出的问题。

第三，协同治理功能。河流、湖泊水治理的一大困境就是协调问题，亦即部门、区域、组织、社群等之间的协调。河流湖泊的水质问题既涉及水利部门的管理，也涉及生态环境部门、自然资源部门、城乡建设部门等；河湖水治理既关涉上游区域的利益，又关系到中下游及不同岸边区域的利益；既关系到工农业生产活动，也涉及居民的社会生活。顺利实施各项水治理措施，建立起有效的协调机制显得格外重要。河长制的推行在较大程度上解决了河湖水治理中的协调问题，对推进协调治理发挥了重要作用。

河长制的协调功能主要是通过设置河长一职并使这一职位实质化来实现的。在省、市、县、乡四级河长中，每个级别的河长都有实质性的管理机构、实质性的管理任务和实质性的管理程序。各级河长与对应的行政辖区和行政管理有交叉结合之处，河长可结合行政管理的角色在不同部门及区域之间开展协调、指导和组织职能，并针对所负责河湖出现的问题采取联合行动，由此达到协调一致的治理效能。

河长制是新时代河流湖泊水治理的一项制度创新，制度设置有着时代特征，也具有中国特色。为应对和解决新时期河流湖泊出现的水问题，恢复和保护青山绿水，推进生态文明建设，全面设立河长有利于进一步强化和改善河湖水的治理。随着河长制的全面推行，一些影响河流湖泊水质、水生态环境以及水资源保护的复杂问题得到有效遏制与治理，河流湖泊水治理迎来新的局面。

三、河长制的实践及效果

河长制已在全国全面推行，但在制度实施的具体实践中，各地根据实际情况探索出丰富多彩的措施和方法，形成了各具特色的实践经验。

自2018年6月河长制全部建立起来后，各地在落实河长制的实践中，探索并尝试了一些新举措、新办法来应对复杂多样的河湖水问题。从河长制的主要维度来看，各地的创新实践可概括如下：

首先，在河长的设置方面，有些地方采取"一把手"负责制，即由地方"一把手"担任河长。有些地方则由党政主要负责人担任河长，负责巡河督查，部署整治等河湖管理事务。

其次，在河长制的组织设置方面，普遍实行省、市、县、乡四级河长，有些地方在具体实施过程中，将河长延伸至村、组、街道。有些地方建立了专门的河长办机构，有些地方则建立起"河长＋警长＋督察长"的"三长治河"机制，有些地方采取县级河长＋联络员、乡级河长＋巡查员／村级河长＋保洁员的组织架构，有些地方则设立了河湖综合行政执法支队。①

此外，在具体治理方法上，一些地方采取了"三查""三清""三治""三管"的做法，"三查"就是查污水直接排河、查垃圾乱堆乱倒、查涉河违法建设；"三清"指清河岸、清河面、清河底；"三治"是指治理水污染、治理水环境和治理水生态；"三管"指管理水资源、管理河湖岸线、管理执法监督。在有些地方，主要采取的治理措施包括河渠划界、垃圾清运、污水处理、阻水疏浚和违章拆除等。

经过各地的实践探索，河长制已顺利在各地得以落实，并在河流湖泊水治理的过程中取得了明显的成效。河长制的实施效果

---

① 参见水利部新闻宣传中心编：《中国治水这五年：2012—2017》，2017年，第211页。

在具体的案例经验中也有所显现：

案例一：江苏省河长制实践经验[①]

江苏省率先推行河长制，构建起政府主导、水利部门牵头、相关部门协同的河道管理保护联动机制。河长全面建立起来，13个市区、119个县（市、区）、1334个乡镇（街道）全部制定了河长制工作方案，设立了省、市、县、乡、村五级河长，设立河长六万多名，覆盖15.86万个河湖水库。在全国率先推行河长制的无锡市，由各级党政一把手分别担任64条河道的河长，形成了"党委领导、河长主导、上下联动、部门共治、长效管护"的管理机制和"全覆盖、共参与、真落实、严监管、重奖惩"的工作机制。河长制实施效果显著，2016年全市重点水功能区水质达标率提升到67%，七个饮用水水源地水质全部达标。

在案例一的实践中，河流湖泊水治理所面临的挑战相对较为突出，因为江苏省作为工业化、现代化水平较高的省份，水污染、水生态环境恶化的问题也相对较为明显，太湖的水质处于轻度污染和富营养状态之中，河流湖泊流域水治理的形势严峻。破解河湖水治理难题，必须有制度创新。江苏省率先推行河长制，就是为满足新治水形势需要而推进的一项制度创新。在制度创新实践中，主要亮点可概括为两个方面：一是河湖治理责任的明晰化；二是河湖治理的行动落实。

---

① 参见水利部新闻宣传中心编：《中国治水这五年：2012—2017》，2017年，第213页。

从新制度主义理论视角来看，制度能否发挥提升效率的功能，关键在于对权责的界定是否明晰。河长制实行的首长负责制，明晰了各个河长对河流湖泊水问题的应对和处理所要承担的管理职责，不仅仅是降低了河湖治理中的"交易成本"，而且排除了治理的"真空地带"，从而大大提高了河湖水治理效率，改善了河湖水质状况。

制度主要由影响和制约人们行动选择的规则系统构成，因而制度的作用机理是通过制定的规则来规制和影响行动者的行动的，现实社会中，有很多制度规则并未达到预期效果，这种现象可概括为"制度失灵"。出现"制度失灵"现象，亦即制度只停留在行动规则系统层面，而未能转化为行动，或没有真正落实和执行。案例一的实践之所以取得了良好的治理效果，重要的一点就是各级河长落实并实施了切实有效的河湖水治理行动。使得河长制不只是一个"虚名"，而是真正的实际行动。

案例二：海南省河长制实践经验[①]

海南省在推行和实施河长制方面，注重运用科技手段，建立以"智"治河的管理系统。2018年，海口市建立并运行"河湖长信息化管理平台"，对373个水体实行动态化管理。平台采取"3+1模式"，"3"代表海南省河湖长管理信息系统APP、12345热线+河湖长制、海口市三防管理平台三大板块，实时显示水体状况、问题及河长工作情况；"1"是指水体微信工作群，河湖长及相关负责人及时协调联动处理和解

---

① 参见中华人民共和国水利部编：《2019中国水利发展报告》，2019年，第158页。

决问题。此外，平台还可广泛收集群众反映的问题、意见和建议，强化了群众监督，拓展了公众参与河湖治理的渠道。

在案例二的实践经验中，海南省的制度创新充分运用了先进的科学技术手段，大大提升了对河流湖泊水状况及水污染风险的动态监测能力，由此也大大提升了水治理的应急处置能力。从生态现代化理论视角来看，应对和解决现代化进程中的生态环境问题，需要发挥现代社会的科学技术优势，将先进的科学成果和技术手段应用到生态文明建设与生态环境保护之中。海南省推行河长制实践的一个鲜明特点就是建立并运行河湖长管理信息系统，该系统既为河流湖泊水治理提供了一个公共信息与管理平台，也为河湖水治理的精准施策提供了信息与技术支撑，既让河湖长能及时掌握河湖水质和水环境状况，也让公众能更好地了解河湖水治理的基本情况和动态。

如果从制度创新的角度看，案例二的实践创新意义主要体现在这样几个方面：一、河湖水治理引入技术治理。所谓技术治理，是指在治理过程中通过规范程序的设置、技术手段的应用以及器物设备的使用，促使治理主体和治理对象按照规划和设定的方式行动，从而达到预期的治理目标。例如，海口市运用的河湖长管理信息系统，实际上就是用一些技术手段来改变以往的管理模式，即通过引入技术治理来实现治理的变革。二、将风险防范与问题治理有机结合起来。河湖长管理信息系统实际上有两方面的功能，一方面是通过对河流湖泊水体和水环境状况的动态监测，及时把握重要河湖水体和水环境的基本情况与问题，从而可以起到提前预防、提前应对的预警功能，对防范水污染以及水生态环境恶化的风险起到积极作用；另一方面是信息系统平台也能发挥协调联动功能，可以针对动态监测的河湖水问题，协调并组织相关部门及群体采取相应治理措施，从而达到解决或治理问题的效果。三、为河湖水治理拓展了一条公共参与或社会参与的新路径。依托信息平台，既扩大了河湖长制度的知识传播面，也从一个侧面增强了公众的水生态环境保护意识。尤为重要的是，公众还可以通过信息平台就河湖水治理建言献策、提出批评监督以及反映新问题，这无形中让更广泛的公众参与到河湖水治理之中，使社会参与的程度得以明显提升。

案例经验反映出一个基本事实，那就是河长制作为新时期河流湖泊水治理的统一制度，在全国已经全面推行。在统一的制度框架下，各级各地又根据具体情况和实际需要探索着实践创新，即以多种多样的措施和方法来落实河长制。从诸多省份落实并实施河长制的具体经验来看，河长制的建立与运行较为顺利，而且多样的实施方案得以制定并执行，河流湖泊的水治理实践已见成效。①

四、河长制前瞻

作为水治理的一项制度创新，河长制的全面推行虽已在实践中取得了初步成效，对改善河流湖泊水质和水生态环境发挥了一定的促进作用，但制度创新是一个动态过程，而非静态的结果。河长制亦是如此，仍需要在动态实践中不断创新和完善，才能更加有效地满足不断变化的河湖水治理的实际需要。

面对河流湖泊不断变化且日益严峻的水形势，河长制也需与时俱进地向前发展。展望河长制的前景，未来的制度创新和制度

---

① 参见张军红、侯新：《河长制的实践与探索》，黄河水利出版社，2017年。

变革需紧紧围绕这样几个重点与中心问题而展开：

首先，持续地将河长制的综合治理功能落到实处。虽然河流湖泊治理问题集中体现在"盆"和"水"两个方面，即盛水的盆，河流湖泊的岸线，以及盆里的水。但问题产生的原因是多方面的、复杂的，因而必须通过综合治理才能有效预防和解决相关问题。

河长制要发挥实效，关键在河长。如果每个河长切实承担起河湖治理的实际责任和具体工作，那么就能达到防范和解决问题的治理目标，促进标本兼治。

其次，开展重点河流湖泊的保护与治理，进一步强化河长制的治理效能。大江大河大湖的水治理与保护是治水的重点和关键，全面推行河长制的过程中，要抓重大问题和主要矛盾，要从全国一盘棋的战略角度把重点河流湖泊治理好，以此带动整个水问题的解决。目前，正在推进的长江大保护的专项整治行动、黄河高质量发展战略等，就是要抓治水的重点和关键。

河长制的推进和完善，要结合这些专项整治行动的大背景，进一步细化、进一步压实每个河长的职责，为专项治理行动和战略目标的实现提供制度保障。

此外，通过立法途径，建立和巩固河长制的长效机制。既然河长制在推行实践中已显现出治理成效，那么就需要建立起相应的长效机制，以确保制度的可持续性，保障制度运行的长期效能。

在现代法治社会，保持制度持续运行并长期发挥效能的重要机制就是法治机制，亦即通过立法的途径来保障制度的权威性、合法性和可持续性。目前，在河长制推行实践中，有些地方已经尝试通过地方立法来建立河长制的长效机制。在宏观层面，也需要国家以立法形式来进一步推动河长制的持续发展，用法律来保障河长制在河流湖泊水治理中持续地发挥作用。

第八章 水环境问题、环保态度与居民的行动策略

一个较好的理论态度不是把规则变更的决策视为机械的计算过程，而是把制度选择视为对不确定的收益和成本进行有根据的评估过程。

——奥斯特罗姆：《公共事物的治理之道》

现代化和现代社会面临的一个重要挑战就是生态环境问题，伴随着生产技术的发展和物质生活水平的不断提高，人类受到诸如空气污染、水污染、噪声、沙尘、雾霾以及气候变暖等生态环境问题的困扰和威胁。在诸多生态环境问题中，水环境问题对居民的日常生活的影响和威胁较为直接，因而也更受到关注。现实社会中，当人们遭遇水环境问题时，究竟会选择什么样的行动策略来应对呢？本章旨在运用中国综合社会调查（2010CGSS）环境模版的数据，对居民遭遇环境问题、环境知识和环保态度与行动策略之间的关系进行实证考察。

一、问题、理论和假设

社会学究竟能为环境问题研究贡献什么以及如何贡献呢？

这个问题直接关系到环境社会学研究的价值和方向选择。"新环境范式（NEP）"自诩为新的环境与社会研究范式，其创新之处主要体现在两个方面：一是选择从公众环境关心（environmental concern）的视角探讨环境问题；二是致力于对公众环境关心的标准化测量。[①]公众的环境关心实际上属于环境意识范畴，对公众环境意识问题的考察，是探讨环境与社会关系问题的重要路径，而且蕴含了一种看待和思考环境问题的价值取向，因为环境问题之所以成为社会问题，必须是大众都关注和关心的问题，且解决环境问题的根本出路还在于公众的力量。然而，"新环境范式"的环境关心研究对量表与测量方法论的偏重，弱化了对环境问题本身的关心。

环境关心量表在中国也已应用，洪大用将修订过的NEP量表用于2003年中国综合社会调查之中，经评估发现该量表具有可接受的信度和效度，可以作为测量中国公众环境关心状况的一个重要工具。[②]依托于对中国公众环境关心状况的调查，社会学的研究较多地探讨环境关心的差异分析，这些差异既包括个体层次上的差异，如性别差异，也有对城市层次上的差异的分析。实证分析的结果揭示了环境关心与个体社会经济特征如收入有显著正相关，而个体的人口特征如性别对环境关心的影响则是以环境知识为中介的，环境关心也与个体所在城市的产业结构和环境污染程

---

① 参见 Dunlap, R. E., & Van Liere, K. D. (1978). The "New Environmental Paradigm". *The Journal of Environmental Education*, 9(4): 10-19.

② 参见洪大用：《环境关心的测量：NEP量表在中国的应用评估》，《社会》，2006年第5期。

度相关。[①]

　　环境关心研究的意义更重要的是体现在从总体层面对一个社会环境保护意识状况的把握及国际间比较，由此可以了解一个社会究竟有哪些人以及什么样的群体会更关心环境，有多少人不关心环境等问题。一些比较研究提出了诸如"经济收入决定论""后物质主义价值观"以及"发展主义论"等命题，认为越富裕国家的公众越关心环境问题；一个社会越是超越物质主义追求的价值就会越关心环境；越是贫穷落后国家的公众环境关心度越低。[②]作为一种主观意识与观念形态，公众的环境关心既是多变的也很难确定变化的原因，因此，追求准确的测量，探究差异产生的原因，其实难以达到理论共识。社会价值观本来就是多元的，公众的环境观念也是多元的。

　　客观的环境问题归根到底是由人类社会的某些行为方式造成的，因此，对于环境社会学来说，关注和研究社会成员的环境相关行为更具理论与现实意义。从对公众环境行为的考察中，实际也能认识到与行动相关的环境观念和态度。[③]

　　对环境负责行为（responsible environmental behavior）的研究所关注的行为不仅包括个人参与环保的情况，而且包括个体的

---

　　①　参见洪大用、肖晨阳：《环境关心的性别差异分析》，《社会学研究》，2007年第2期；洪大用、卢春天：《公众环境关心的多层分析：基于中国CGSS2003的数据应用》，《社会学研究》，2011年第6期。

　　②　参见Inglehart,R. (1995). Public Support for Environmental Protection: Objective Problems and Subjective Values in 43 Societies. *PS: Political Science and Politics*, 28 (1): 57–72.

　　③　参见武春友、孙岩：《环境态度与环境行为及其关系研究的进展》，《预测》，2006年第4期。

具体环保行为事实，即与环境保护相一致的生活方式及其中的主要行为。在环境负责行为分析模型中，态度因素、个体因素、认知因素、情境因素等通常会作为主要解释变量。[①]对个体环境相关行为的经验考察，虽主要揭示个体间的行为差异及影响因素，但如能从这些经验事实中作进一步理论探究，实际也有助于我们更深刻理解环境问题与现代社会人的行为和生活方式之间的内在联系。

现实经验中，环境负责行为与环境关心和客观问题的背离现象会时常出现，也就是说，人们或许在主观上非常关心环境问题和环境保护，而且生活中也许客观上也存在环境问题的威胁，然而并非人人都会采取实际行动。那么，这种行动的背离为何出现呢？本章所要探究的问题正是：当遭遇环境问题时，人们究竟会作出怎样的行动选择呢？究竟是公众环境观念还是环境知识抑或环保态度对其行为起主要作用呢？

为了考察和检验上述问题，这里提出三个研究假设：

假设一：环境问题决定论假设。一些环境关心研究提出，人们的环境关心程度是与他们遇到的客观环境问题相关。受到具体环境问题影响的人，环境关心度往往会更高。[②]那么，遭遇影响其日常生活的水环境问题的人，也就会选择行动起来而非保持沉默。即遇到问题比没有遇到问题的人，更倾向于选择采取应对行动。

---

① 参见 Hines, J. M., Hungerford, H. R., & Tomera, A. N. (1987). Analysis and Synthesis of Research on Responsible Environmental Behavior: A Meta-Analysis. *The Journal of Environmental Education*, 18(2): 1-8.

② 参见洪大用、卢春天：《公众环境关心的多层分析：基于中国CGSS2003的数据应用》，《社会学研究》，2011年第6期。

假设二：环保态度作用论假设。某种社会行动背后总包含着行动者的行动动机，而动机与行动者的态度有一定的联系。人们在遇到水环境问题时，越是具有环境保护态度的人，越倾向于选择采取行动，而对环境保护持有消极态度的人，更倾向于选择不采取行动。

假设三：环境意识影响论假设。价值－信念－规范论提出，公众有意识的环境行为与他们关于生态环境保护的价值、信念和相关行为规范是密切相关的。[①]由此我们引申出环境意识而非环境关心的假设，即人们的环境关心、环境知识、环境问题认知等环境意识越强，就越倾向于选择采取行动应对问题。

二、数据、变量及分析策略

本章运用的数据为2010年中国综合社会调查（2010CGSS）环境模块的数据，该调查采用标准PPS抽样方法，环境模块的有效样本为3 491个。

公众在遭遇环境问题时的行动选择是本章所要重点考察的，调查中询问被访者的问题是："为了解决您和您家庭遭遇的环境问题，您和家人采取任何行动了吗？"，该问题包括4个选项：1）采取了行动；2）没有采取行动；3）试图采取行动，但不知道怎么办；4）没有遭遇什么环境问题。选项1和选项2不是二分的，故由此生成两个虚拟变量：采取了行动和未采取行动（是=1，否

---

① 参见 Oreg, S. & Katz-Gerro, T. (2006). Predicting Proenvironmental Behavior Cross-Nationally: Values, the Theory of Planned Behavior, and Value-Belief-Norm Theory. *Environment and Behavior*, 38 (4): 462−83.

=0），这两个变量也就是要解释的因变量。此外，居民在生活中的节约用水行为的频率也是考察居民在应对水环境问题方面的行动策略的因变量。

分析所选择的自变量主要包括性别、水环境问题危害感知、水污染危害认知、环保态度、环境知识、弱环境观念和环境关心度等。

水环境问题危害感知变量是根据调查问卷中"您认为哪个问题对您和您家庭影响最大？"这一问题而生成的虚拟变量，如果选择"水资源短缺"或"水污染"两项，则视为"感知水环境问题危害"，赋值1。水污染危害认知则是由问题"您认为中国的江、河、湖泊的污染对环境的危害程度是？"从"完全没有危害"到"对环境极其有害"（1—5）来测量的。环保态度是由"像我这样的人很难为环境保护做什么"等7个问题构成的5等级态度量表来测量的，环境知识是用10个有关环境保护方面的问题来测量的，每一题被访者回答正确则赋值2，错误赋值1。弱环境观念这一变量是从"环境关心量表"（NEP）分离出"人类中心主义"维度而测量的，[①]也就是NEP量表中的第2、4、6、8、10、12、14题5等级得分总和，得分越高，则反映个人的人类中心主义观念越强，环境观念越弱。环境关心度是以问题"总体上说，您对环境问题有多关注？"来测量的，从"完全不关心"到"非常关心"5个选项赋值1—5。

---

① 参见肖晨阳、洪大用：《环境关心量表（NEP）在中国应用的再分析》，《社会科学辑刊》，2007年第1期。

表8-1 主要变量的描述（2010 CGSS）

Variable	Obs	Mean	Std. Dev.	Min	Max
因变量：					
采取了行动	3 491	.1864795	.3895489	0	1
未采取行动	3 491	.437124	.4961019	0	1
节水行动	3 479	2.478586	.9646057	1	4
自变量：					
性别（女=2）	3 483	1.528854	.4992384	1	2
水环境问题感知	3 491	.2177027	.4127433	0	1
水污染危害认知	3 096	3.665698	.8858969	1	5
环保态度	3 460	20.95549	3.995558	7	35
环境知识	3 468	15.09198	2.740674	10	20
弱环境观念	3 465	20.6381	4.4185	7	35
环境关心度	3 488	3.65367	.986812	1	5

由于人们在遭遇环境问题时采取行动和不采取行动的原因是复杂的，因此在分析策略上选择固定效应模型（fixed effects），这种方法虽主要用于处理面板数据，但也有助于我们对相同分析单元中不随个体变化变量的效应进行估计。针对二分变量的固定效应模型，有如下方程：[1]

$$\ln\left(\frac{p_{it}}{1-p_{it}}\right)=\mu_i+\beta x_{it}+\gamma z_i+a_i \qquad i=1\cdots,\ n\ t=1,\ 2 \qquad （式1）$$

式1中的p_{it}为$y_{it}=1$（$\neq0$）的概率，y_{it}为第i个人在时点t的取值，μ_i是可随时间变化的截距，x_{it}为一组既有个体间变化又随时

---

[1] 参见唐启明（D.J.Treiman）：《量化数据分析：通过社会研究检验想法》，任强译，社会科学文献出版社，2012年，第254—258页。

间变化的变量，z_i 是一组在个体间变化但不随时间变化的变量，a_i 代表个体间未被观测的差异。

假设 y_{i1} 和 y_{i2} 相互独立，我们只用个体内变化来估计参数 μ_i 和 β，对这些概率比率取对数，便可得到一个把 z_i 和 a_i 差分掉的方程：

$$\ln\left(\frac{P_r\ (\ y_{i1}=0,\ \ y_{i2}=1\ )}{P_r\ (\ y_{i1}=1,\ \ y_{i2}=0\ )}\right) = \ln\left(\frac{p_{i2}}{1-p_{i2}}\right) - \ln\left(\frac{p_{i1}}{1-p_{i1}}\right) \qquad （式2）$$

代入式1后，我们可得到一个预测变量为各 x 差分值的二元 logistic 回归方程：

$$\ln\left(\frac{P_r\ (\ y_{i1}=0,\ \ y_{i2}=1\ )}{P_r\ (\ y_{i1}=1,\ \ y_{i2}=0\ )}\right) = （\mu_2-\mu_1）+\beta\ （x_{i2}-x_{i1}） \qquad （式3）$$

这里运用固定效应模型分析，主要是为了控制未被观测到的多层次变量，对个体遭遇的环境问题、环境观念、环境知识和环境态度对行动选择产生的效应加以估计。

三、水环境问题与居民的行动选择

水是生命和社会生活的根基，水环境问题是一系列生态环境问题的主要体现之一。在2010年综合社会调查中，有关水环境问题的考察主要包括水资源短缺和水污染问题。调查结果显示（见图8-1），有22.5%的居民认为水环境问题是中国当前最重要的环境问题；而且也有21.8%的居民感受到水环境问题对其家庭生活产生的影响最大；有超过90%的居民意识到了江河、湖泊水污染问题对环境的危害性。

尽管有较多居民意识并关注水环境问题，然而在行动上似乎显得相对较为消极，仅有18.7%的人在遭遇环境问题时选择了行动起来。在对居民感知到水环境问题的危害与是否采取行动所做的列联表分析（见表8-2）中可见，人们对水环境问题危害的感知与选择采取行动之间的相关较弱。即便感知到水环境问题对自己生活影响最大，也仅有20.9%的人选择采取行动来应对环境问题。

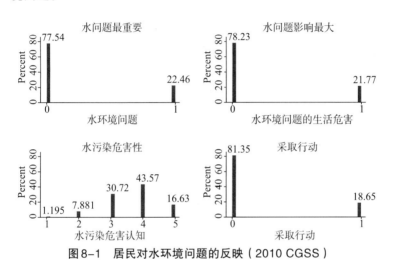

图8-1　居民对水环境问题的反映（2010 CGSS）

表8-2　居民对水环境问题感知与采取行动的列联表分析（2010CGSS）

采取行动	水环境问题的生活危害		
	0	1	Total
0	2 239	601	2 840
	（2 221.7）	（618.3）	（2 840.0）
1	492	159	651
	（509.3）	（141.7）	（651.0）
Total	2 731	760	3 491
	（2 731.0）	（760.0）	（3 491.0）
Pearson chi^2（1）=3.3089　　Pr=0.069			

（注：括号内为期望值）

从分析结果来看，即便人们感知到水环境问题对其家庭生活产生危害，真正选择采取行动来应对的人也并不多，由此表明，无论水环境问题仅是客观存在还是已经被人们感受到，其对人们采取应对行动的决定作用都是不明显的。也就是说，人们选择采取行动与否，并不由环境问题的客观存在和主观感知所决定，环境问题决定论的解释有着较大局限。

那么，人们遭遇环境问题时采取行动的原因究竟是什么呢？既然原因不在于客观存在的环境问题，那么主观意识因素是否会对其行动选择产生影响呢？为进一步分析居民在遭遇环境问题时行动策略选择的原因，我们分别以"是否采取了行动"和"是否未采取行动"两个二分变量作为因变量，将性别、环境问题感知和环境意识等方面的因素作为自变量进行了回归分析，结果如表8-3所示：

表8-3　居民遭遇环境问题时行动选择的回归分析（2010CGSS）

自变量	（1） 采取行动	（2） 未采取行动
性别	−0.018	0.029
	(0.014)	(0.018)
水环境问题意识	0.026	−0.023
	(0.018)	(0.022)
水问题危害感知	0.008	0.055*
	(0.018)	(0.023)
水污染危害认知	−0.008	−0.019
	(0.008)	(0.010)
环境保护知识	0.006*	−0.006

自变量	（1） 采取行动	（2） 未采取行动
	(0.003)	(0.004)
环境保护态度	0.021***	−0.020***
	(0.002)	(0.002)
弱环境观念	0.005**	−0.003
	(0.002)	(0.002)
常数	−0.403***	1.046***
	(0.083)	(0.102)
Observations	3,000	3,000
R−squared	0.047	0.033

注：括号内为标准差，***p<0.001，**p<0.01，*p<0.05

从回归分析情况来看，无论个人选择采取行动还是不采取行动来应付所遇环境问题，其行动选择的动因用模型所选择的变量来解释似乎都不够充分，因为模型的 R^2 较小，且变量的系数也很小。在采取行动模型中，性别和对水污染危害认知与采取行动有弱负相关关系，但两变量影响不显著。其他变量都显示弱正相关关系，其中关于水环境问题的感知方面的因素都未显示出显著影响，而环境保护知识、环境保护态度和弱环境观念三个变量的影响具有统计显著性。这表明环保知识水平越高、环保态度越明显、人类中心主义观念越强的人更倾向于选择行动起来应对所遇环境问题。

在选择未采取行动的模型中，只有水环境问题危害性的感知和环境保护态度两个变量有显著影响，且个人对水环境问题的危害感知在不采取行动的选择中有正向影响，环保态度有负向的作用，即感知水环境问题影响其生活的人更会选择不采取行动，环保态度越明显的人越不倾向于选择不采取行动。个人遭遇环境问题时"采取行动"与"没有采取行动"其意义是相对的，理论上看影响这两项选择的变量也应是相对的。然而水环境问题感知变量的影响则呈现同一方向，而且弱环境观念对采取应对行动有着正向的影响，这些统计结果让人费解。但是，统计分析结果从另一个角度反映出居民应对环境问题的行动动因的复杂性，或者说，人们选择行动或不行动的原因是复杂多样的，受个体与社会结构因素的制约或许并不大。[①] 相反，作为应对具体问题的行动实践，可能与具体的实践情境联系更为密切，也就是说，情境中的偶然因素的建构作用或许更重要。

节水行为可以说是个人在平常生活中与水问题相关的环保行为倾向的重要体现，表8-4是对个人节水行为频率产生影响的个体特征、水环境问题和环境意识与态度方面因素的回归分析结果。

表8-4　居民节约用水行为的回归分析（2010CGSS）

自变量	（1） 个体特征 模型	（2） 水环境问题 模型	（3） 态度意识 模型
性别（女＝2）	0.089*		
	(0.038)		
年龄	0.009***		
	(0.001)		
学历	0.052***		
	(0.008)		

---

① 参见彭远春：《城市居民环境行为的结构制约》，《社会学评论》，2013年第4期。

续表

自变量	（1） 个体特征 模型	（2） 水环境问题 模型	（3） 态度意识 模型
收入（ln）	0.106***		
	(0.020)		
水环境问题意识		0.056	
		(0.042)	
水问题危害感知		0.068	
		(0.043)	
水污染危害认知		0.157***	
		(0.019)	
环保知识			0.068***
			(0.006)
环境关心度			0.163***
			(0.017)
环保态度			0.044***
			(0.004)
弱环境观念			0.014***
			(0.004)
常数	0.699***	1.915***	−0.355*
	(0.205)	(0.072)	(0.156)
观测值	2,592	3,087	3,404
R^2	0.058	0.024	0.143

注：***p<0.001，** p<0.01，*p<0.05

调查显示，"从不"为环保而节水的占17.3%，"有时"会节水的有34.3%，"经常"节约用水的有31.7%，"总是"节水的占16.7%。从回归分析结果来看，个人的性别、年龄、学历和收入水平四个因素都对节水行为倾向具有正向显著影响，即女性、年龄越长者、学历越高和收入水平越高，为环保而节水的倾向更明显。在模型2即水环境问题模型中，仅个人对江河、湖泊水污染危害程度认知这一变量与节水行为倾向有显著正相关关系，表明如个人认识水污染对环境危害的程度越高，就越倾向于节水。而环境态度意识模型分析结果显示，个人的环保知识、环境关心度、环保态度和弱环境观念（人类中心主义）4个变量也都有显著正向影响，其中环境关心度的影响最大，表明个人关心环境程度越高，越可能采取节水行为。此外，弱环境观念越强，节水倾向也越明显。由此看来，居民的环境观念与环境行为的关系是微妙的，这也从一个角度说明NEP量表所测量的结果并不一定代表居民关心环境的程度或环保态度，而主要反映的是一种环境观念或价值，观念与价值对行为的影响方向则是复杂的，具有人类中心主义与弱环境的观念，同样会对行动者的环保行为产生正向作用。尽管个人的环保知识、环保态度和环境关心度与弱环境观念是相对的，但对个人环境行为的影响方向仍是一致的。

四、水环境问题与环境行为的性质及动因

就性质而言，水环境问题属于公共生活领域中的社会问题，无论是水资源短缺问题，还是水污染问题，其产生原因都是非常复杂的，而且其解决之路面临着"公共池塘悲剧"的困境。[①]由于"公共池塘"的开放性和公共性，公众都参与了资源的获取，却不承担着保护公共资源的责任，当这些公共资源面临短缺和污染问题时，真正能站出来保护它们的公众很少。

实证分析结果在一定意义上验证了公共池塘悲剧理论，公众虽然对水环境问题有所意识，甚至感知到水环境问题危害，但这

---

① 参见陆益龙：《流动产权的保护——水资源保护的社会理论》，2004年。

些意识和认知并没有对他们的行动起到显著影响。这反映出公众在面临属于公共领域的水环境问题时，主要遵循着"搭便车"的行动原则，更倾向于选择消极放任，而较少作出追责行为。

把握水环境问题的基本性质，是我们认识其产生原因以及寻求出路的基础。摆脱人们虽然认识到水环境问题严重性和威胁同时却不积极采取行动的困境，需要我们针对水环境问题的基本性质，在更为宏观的层面从制度设计和安排上，来激励环境负责和追责行为，制约"搭便车"行为，惩罚环境加害行为。既然水环境问题属于公共领域里的社会问题，其产生的根源就在于多种"去个体化"社会力量的作用。所谓"去个体化"社会力量，是指社会行动者的行动对社会问题的产生起一定作用，但问题的公共性则隐去或免去了具体行动者个体的责任。从而形成行动者"免责"的社会心理。因此，要针对水环境问题采取积极应对措施，比较有效的途径可能还是首先要加强水资源的公共管理，把水环境问题的应对希望寄托在公众自动和自觉地采取行动上，不太符合环境问题的演化规律。

那么，如何理解公众的环境行为选择呢？对于普通民众来说，环境行为或环保行为通常是抽象和笼统的范畴，因为他们不会总是考虑自己的行动是否在环境行为范畴之内。例如，城市居民的用水行为和汽车使用行为，站在客位的角度我们可以区分环保与不环保行为。但是对于个体行动者而言，其行动选择则是遵循主体性第一、生活性第一的原则，而不是环保原则。不过个体行动者的主体性、生活性行动选择与环保原则并不必然是相背离的，在有些时候可能是统一的、一体的，如居民节约用水行为，既是个体的一种行动方式，又是具体的环保行为。所以，普通民众的环保行为与专业环保人士的环保行为存在着性质上的差异，民众的环境行为实际上嵌入于主体性、生活性行动之中，环保行为总是寓于某些具体行为之中，因此，对于普通个体来说，具体的环保行为才更容易理解。

专业环保行为是指有组织、有计划推动的环境保护行动，如环境保护组织发起的环保宣传、环保运动，推动环保产品的使用等。在专业的环保行动中，既包括了环境保护精英的组织和动员行为，也包括公众的参与行为。公众是否参与到专业性的环境保护活动之中，原因并不完全在于公众的参与选择，而环保专业组织的活动及动员策略在其中也会发挥重要影响。

居民节约用水行为的性质属于个体具体环保行为，由于这种行为嵌入于个体社会生活之中，所以个体的社会经济因素对此类行为会产生一定作用，即社会行动的结构原因。实证分析结果显示出个体的性别（女性）、年龄、学历和收入等方面因素对节水行为的正向作用，在一定意义上验证了个体具体环保行为的结构原因论或结构制约论。与此同时，个体的具体环保行为也具有一些相对独立或具体的特征，这些行动特征是与个体行动者相应的认知、知识和态度密切相关的，如我们所看到的个人对水污染危害性的认知、环保知识、环境关心程度和环保态度的正相关关系，反映出个体的具体环境行为受到个体相对应的主观认知和主观态度的影响，即在一定程度上验证了个体具体环境行为的认知-态度驱动模型。

作为个体行动的组成部分，具体环境行为是个体在社会生活情境中的一种选择。个体之所以作出此类选择，说到底就是什么是行动动因的问题。很显然，现实中尽管我们可能难以确定究竟是什么原因会让行动者作出环保行为的选择，但是我们可以理解环保相关的认知状态和主观态度必然会影响到行动动因。

个人具体环境行为的认知－态度模型揭示了个体环保行为选择的影响机制：在涉及具体环境保护的行为选择上，行动者对环境保护的认知与知识获得、环境保护态度的形成，都会起到促进作用。因此，推进公众参与环境保护，需要结合社会生活中的具体行动，加大环境保护的宣传和知识传播力度，并通过多种宣传和教育渠道，促进公众环境保护态度的养成和环保意识的不断提高。

五、小结

选择从水环境问题的角度来考察环境问题、环境意识和环境行为之间的关系，一是因为要重点了解水环境问题在公众意识中的基本状态，以及公众相关的行为取向，以此来展望水环境这一问题的未来走势、探寻有效的解决之路。二是因为想以具体的环境问题作为切入点，来探讨和理解环境与社会的关系问题，避免笼统和宽泛的环境问题、环境关心、环境行为概念对环境社会学视野的局限。

水环境问题是非常值得关注的生态环境问题，经验调查显示，22%左右的居民已经意识和感知到水环境问题及其对平常生活的危害，90%以上的居民认识到水污染的危害性，然而在真正遭遇到水环境危害时，只有18%左右的人能够行动起来。而且这些行动起来的人们，采取行动的原因似乎与他们所遭遇的环境问题关系不大，他们主观的环境保护意识尤其是环保态度对其行动有一定的作用。不过个体在遭遇环境问题时选择采取行动或不采取行动的原因可能是多方面的，不同社会情境的建构性和社会互动实践的偶然性因素，都可能成为不同个体面对不同环境问题时选择行动策略的重要原因。

水环境问题的性质是公共领域里的环境问题，这一问题性质意味着问题的根源在于水资源的公共性与开放性特征，因此，公共水环境问题实际上类似于"公共池塘悲剧"，水资源的共有性和公众的"搭便车"行为不可避免造成这样的结局。所以面对公共性环境问题，较少比例的居民作出环境负责行为是可以理解的，因为公众都以为自己的行动不会造成环境危害，而且认为自己的负责行为不一定能起到保护效果。针对水环境问题的性质和原因，在水资源生态环境保护策略方面，需要在宏观制度安排和公共管理上寻求有效途径，如对水资源产权属性的制度约束、对水资源管理体制和模式的创新，将会制约和影响公众的用水行为选择集合，影响形成水环境友好型社会的行动。

对公众的主观环境意识与环境行为之间关系的探讨，或许需要落实到个体具体环保行为之上。从实证分析的结果来看，作为个体具体环保行为的节约用水行为，既受个体社会经济方面因素的影响，即有结构性原因的作用，也与个体主观环境意识有着密切关系，其中个体的环境认知、环保知识、环境关心程度和环保态度都对个体选择具体环保行为有促进作用。由此反映出，公众具体的环保行为主要受个体的环境保护认知与态度的影响，而NEP环境关心量表中的弱环境价值对具体环保行为也显示出正向作用，反映出那种抽象的环境观念或价值与个体具体行为之间的关系并不是确定的。基于这一经验发现，在环境保护政策的设计和推行中，为了推动广大公众参与环境保护事业，可以把工作重点放在环境认知与环境保护知识的广泛传播和宣传教育之上，通过各种有效渠道帮助公众形成环境保护的态度。

第九章　环境问题及居民解决策略的选择

> 一定程度的不一致、内部分歧和外部争论，恰恰是与最终将群体联结在一起的因素有着有机的联系。
>
> ——科塞:《社会冲突的功能》

在快速工业化、城市化的过程中，中国社会正经历着生态环境问题的巨大挑战。改革开放后，廉价劳动力吸引着世界制造业向中国的转移，这既带动了经济快速增长，同时也不可避免地导致了环境污染问题的增多，由此引起的环境纠纷自然而然地增多。

环境纠纷是指因环境污染而引发受害人提出各种权益主张并由此形成的矛盾关系乃至冲突行为。环境纠纷虽是纠纷的一种形式，但事实上与一般的民间纠纷有着很大的差别，这主要体现在三个方面：一是纠纷主体的不确定性。普通的民间或民事纠纷，主体或双方当事人都是确定的，而在环境纠纷中，由于往往并不容易确认是谁实施了污染行为或侵害行为，因而就出现了侵害主体的不确定现象。二是纠纷双方的不对称性。在环境纠纷中，双方的力量通常是不对称的，因为环境污染的实施者一般为企业组织，属于组织起来的力量，而污染的受害者一般为群体，属于没有组织或部分组织起来的力量，双方力量具有明显的不对称性。三是纠纷参与的群体性。由于环境污染的影响范围通常不是个体，而是群体，因而参与纠纷的往往是群体，这也是环境纠纷为何容易引发群体性事件的重要原因之一。

现实社会生活中，对于个体而言，他们是如何感知环境纠纷的呢？又是如何处理环境纠纷的呢？哪些因素与人们所选择的解决环境纠纷的行动策略相关呢？为此我们通过对调查数据的分析，从实证角度来揭示当下人们所遭遇或感知的环境污染问题的基本情形及他们所采取的行动策略，认识环境纠纷经历者的个人、家庭及所在区域三个不同层面的因素与其选择纠纷解决策略之间的关系。

一、环境问题及社会学的理论解释

关于环境问题，已有的社会学研究更多地集中在两个领域：一是环境关心；二是环境行为。

环境关心研究实际是环境意识研究，主要关注的问题涉及人们对环境问题的社会认知或主观观念、对环境问题的态度、对环境保护的意识倾向等。当代"新环境范式"创立了一种将这一抽象意识问题加以标准化测量的方法，即环境关心量表或 NEP 量表。[①]学界关于"环境关心"定义的共识正逐步达成，即认为环境关心主要指人们对环境问题的认知程度、对解决环境问题的支持程度以及参与环境保护的意愿。[②]由此出现了一些更新的或改

---

① 参见 Dunlap, R. E., & Van Liere, K. D. (1978). The "New Environmental Paradigm". *The Journal of Environmental Education*, 9(4): 10−19.

② 参见 Dunlap, R.E., & R.E. Jones. (2002). "Environmental Concern: Conceptual and Measurement Issues", *Handbook of Environmental Sociology*, 3(6): 482−524.

进的综合性量表，用来对环境关心加以测量。①

　　环境关心量表已经在中国得以运用，洪大用在2003年中国综合社会调查中，运用了NEP量表测量了中国居民的环境关心状况，并对这一量表在中国的适应性进行了评估。②环境关心量表的运用在一定意义上解决了环境意识研究的操作化问题，而目前关于环境关心的研究仍主要停留在影响因素的分析之上，尽管有些研究分析了多层次的因素，即个人的、社区的和城市的因素，③这些研究对理解公众环境关心的现状也有一定的推进意义，但仍未探讨环境关心究竟有何社会意义。所以，我们需要探讨公众环境关心的程度对其环境保护行动以及整体社会的环境保护状况是否有影响？有什么样的影响？是如何影响的？关于环境观念或意识的问题虽然很重要，但探讨观念问题的目的是为了解决行为上的问题，因为环境问题是由人类的行动引起的。

　　关于环境行为的研究是环境社会学的一个重要领域。目前这一领域的研究实际上探讨两个方面的问题：一是个人参与环境保护行为的状况如何，以及哪些因素会影响公众参与环保行为？二是个人的环境保护行为究竟呈现出何种特征？为什么？

　　在对环境保护行为的公众参与研究中，公众的环保参与行为被分为"从未""讨论""参与宣传""参与活动"和"投诉上访"五个层次，由此考察不同层次的环保参与行为受哪些因素的影

　　①　参见Cordano, M., Welcomer, S.A., & Scherer, R.F. (2003). An Analysis of the Predictive Validity of the New Ecological Paradigm Scale, *The Journal of Environmental Education*, 34 (3): 22‒8.

　　②　参见洪大用、肖晨阳：《环境关心的性别差异分析》，《社会学研究》，2007年第2期。

　　③　参见洪大用、卢春天：《公众环境关心的多层分析——基于中国CGSS2003的数据应用》，《社会学研究》，2011年第6期。

响。对环保参与行为的考察，由于受西方公民社会公众参与理论框架的制约，用这些问题来测量中国社会的环保参与行为，其效度存在较大的局限。

环境负责行为理论将对环境行为考察的视野进一步拓展，他们所关注的行为不仅仅包括个人参与环保的情况，而且还包括个体的具体环保行为事实，即与环境保护相一致的生活方式及其中主要行为。[①]此外，环保行为或环境友好行为（pro-environmental behavior）的研究主要从个体行为选择及影响因素的视角来探讨环境行为问题。[②]在对环保行为的分析方面，有多种行为分类法，按照空间可将环保行为分为"私人领域的环保行为"和"公共领域的环保行为"。

对环境行为的研究，主要探讨的是哪些因素影响着个人环保行为选择。一些经验实证研究运用各种环保行为模型来分析个体环保行为选择的决定因素。[③]在环保行为分析模型中，态度因素、个体因素、认知因素、情境因素通常会作为主要的自变量，用来解释个体环保行为差异的原因。[④]在对个体因素分析方面，有较多研究关注环保行为的性别差异，尤其是女性在环保行为方面的

①　参见 Hines, J. M., Hungerford, H. R., & Tomera, A. N. (1987). Analysis and Synthesis of Research on Responsible Environmental Behavior: A Meta-Analysis. *The Journal of Environmental Education*, 18(2): 1-8.

②　参见龚文娟：《当代城市居民环境友好行为之性别差异分析》，《中国地质大学学报》（社会科学版），2008年第6期。

③　参见 Ester, P., & Van der Meer, F. (1982). Determinants of Individual Environmental Behaviour. An Outline of a Behavioal Model and Some Research Findings. *Netherlands (The) Journal of Sociology anc Sociologia Neerlandica Amsterdam*, 18(1): 57-94.

④　参见武春友、孙岩：《环境态度与环境行为及其关系研究的进展》，《预测》，2006年第4期。

差异性特征。①此外，关于态度变量和认知变量与环保行为之间关系的实证研究较多，因为这些研究隐含着一些基本理论假设，那就是环境保护价值观或环境素养的养成，以及环境保护知识教育，对促进个人选择环保行为是有利的。实证研究的目的就是要从经验调查中去验证这些基本理论假设。

从某种意义上说，环境纠纷研究既涉及环境意识也涉及环境行为。环境纠纷的出现虽与环境污染和侵害行为这一客观状况是密切相连的，但对于环境污染受害者来说，只有当他们意识到自己的权益，并具有了维权意识，才会与环境污染侵害者发生争执和纠纷。当环境污染的受害者采取行动来反抗污染，并要求维护自己的权益的时候，他们的行动实际上也属于环境保护行为。

有关环境纠纷的研究较多集中在法学领域。环境纠纷及其解决机制研究通常把纠纷解决方式分为自力解决、民间调解、行政调处、仲裁、当事人协商、民事诉讼等机制。至于环境纠纷解决机制的选择问题，一些研究倾向于认为要根据环境纠纷的复杂程度和不同纠纷解决方式的特点和优势，灵活地选择和运用不同的纠纷解决机制。②此外，一些研究从法学的角度重点探讨了环境纠纷救济的诉讼救济和非诉讼救济两种途径，强调要针对环境纠纷建立整体式的新型诉讼制度，即专门环境诉讼制度，同时还需要建立环境公益诉讼制度，以更好地协调对"环境"和对"人"的损害的确认。③还有较多关于环境纠纷的法学研究专门探讨了

---

① 参见洪大用、肖晨阳：《环境关心的性别差异分析》，《社会学研究》，2007年第2期。

② 参见杨朝霞：《环境纠纷解决机制的选择与运用》，《环境经济》，2011年第1期。

③ 参见"环境友好型社会中的环境侵权救济机制研究"课题组：《建立和完善环境纠纷解决机制》，《求是》，2008年第12期。

诸如仲裁、行政调处、民事诉讼以及非诉讼（ADR）途径解决环境纠纷的功能、运用及策略。[①]

环境纠纷的法学研究所关注的主要是立法、司法层面的技术问题，某种意义上说，这些研究对于完善环境纠纷解决的制度或规则具有重要价值，但是环境纠纷问题不仅是法律问题，也是社会问题，涉及个人、群体、企业和政府等相互之间的关系问题。既然环境纠纷也属社会问题范畴，就需要从社会学的角度去加以考察，而专门针对环境纠纷的社会学研究相对较少。从诸多民间纠纷中将环境纠纷抽离出来进行专门的考察，目的在于了解居民在现实社会生活中究竟遭遇了哪些环境问题，采取了什么样的行动去应对那些问题？遭遇环境纠纷者在选择其行动策略时，个人、家庭和区域层面的相关因素起到了怎样的作用？基于此，根据法社会学关于民间纠纷及其解决机制研究的范式，[②]将居民解决环境纠纷的行动策略分为三大类：忍忍算了、双方自行解决和诉诸第三方，并由此提出三个研究假设：

假设1：个人遭遇环境纠纷后，是否选择忍忍算了的策略，取决于他们是否能和是否愿意容忍污染问题，这将因人和因家庭而异，而无区域差异。

假设2：个人遭遇环境纠纷后，是否选择自行解决的策略，关键在于他们是否能解决好纠纷，因而其选择受个人及家庭因素影响较大，不会因地区而不同。

假设3：个人遭遇环境纠纷后，是否选择诉诸第三方，一是

① 参见王灿发：《环境纠纷处理的理论与实践》，中国政法大学出版社，2002年。
② 参见陆益龙：《纠纷解决的法社会学研究：问题及范式》，《湖南社会科学》，2009年第1期。

要看他们认为纠纷是否能容忍或自行解决，二是要看他们是否认为第三方介入有必要且有效。因而这一选择既因人和因家庭而异，而且也因地区而异。五个不同的地区，由于其工业化开发程度不同，居民遭遇污染的情况有所不同，遇到的环境纠纷不同，因而也会采取不同的行动策略。

这里所运用的数据主要来自两个调查：一是2010年农村纠纷调查，该调查是在河南、湖南、江苏、陕西和重庆市各抽选一个县而进行的入户问卷调查，共获得2 987个有效样本。二是2010年中国综合社会调查（2010CGSS）的环境问题模块，CGSS采用分层随机抽样法，在全国选取了3 491个有效样本回答环境问题模块。

二、生活中的环境问题与纠纷

对环境问题的探讨，如果停留在宏观的、抽象的理念层面，那么研究只能给人们提供某些理想主义的幻象。如果要想对改善我们的环境有所助益，关于环境问题的研究就需要回归到生活之中。从居民现实生活的视角，去考察如今人们究竟遭遇了哪些环境问题。因此，对居民环境纠纷的调查和了解，是我们认识当今社会环境问题的一个重要视角。因为环境纠纷的产生，不仅意味着人们实实在在感受到、意识到环境问题给自己生活和利益带来了具体的侵害，而且标志着环境问题已转变为实实在在的社会问题，因为它们确已造成社会关系的不一致、矛盾、纷争和冲突。

从对农村的环境污染纠纷的调查情况来看（见表9-1），有15%的被访者报告他们家在过去五年中经历了环境污染纠纷。这一比例虽不算高，但从数据结果来看，农村环境纠纷的发生率存在显著的地区差异。江苏省太仓市和陕西省横山县的农民所反映的环境纠纷数共占90%以上，而在重庆市忠县、河南省汝南县，环境纠纷发生相对较少。江苏省太仓市有65.4%农民反映了他们家遭遇环境问题，在陕西省横山县，有25.9%的农户遭遇环境纠纷。

在江苏省太仓市所调查的地区是沙溪镇，该镇距离上海市非常近，这里曾经是鱼米之乡。随着工业化、城市化的迅速发展，环境问题成为一个突出的社会问题。陕西省横山县以前是陕北的一个贫困县，如今在中国经济快速增长的大背景下，能源需求和能源开发的飞速增长，推动了该县煤矿和天然气的大量开采，造成矿山周边农村的土地、水和空气的污染，从而引发较多环境纠纷。

调查结果似乎显示出了一种"发展悖论"现象，农村发展与环境保护好像是"鱼"与"熊掌"的关系，两者不可兼得。只要农村发展起来了，就要遭遇环境污染问题。在这个意义上，农村居民所遭遇的环境纠纷实际是现代性问题的一种体现。农村社会在追求现代化发展的过程中，这样的问题和纠纷或许不可避免，人们的能动性只能在有限的范围内尽可能地去控制或去弥补这些问题所造成的社会代价。

农村发展或开发中出现的环境纠纷问题，一部分原因来自于现代工业发展给环境和人造成的客观损害，还有一部分原因则是社会性的，这部分原因就是不平等的发展。纠纷源自利益或权益主张的不一致，农村开发和发展之所以引发环境纠纷，是因为一部分农民在开发与发展中并没有得到相应的收益，而环境的破坏却使他们受到一定的损失，这种不均等发展自然会引发纠纷。

表9-1　五年中遇到环境污染方面的问题（2010农村纠纷）

		有	没有	总计
河南省	频数	11	526	537
	%	2.4%	20.8%	18.0%
湖南省	频数	27	545	572
	%	5.9%	21.6%	19.1%
江苏省	频数	227	347	574
	%	49.2%	13.7%	19.2%
陕西省	频数	190	544	734
	%	41.2%	21.6%	24.6%
重庆市	频数	6	564	570
	%	1.3%	22.3%	19.1%
总计	频数	461	2 526	2 987
	%	15.4%	84.6%	100.0%

　　为进一步了解农民是因何环境问题而产生纠纷，我们在问卷中设计了开放问题。通过对开放问题的归类，我们发现排在前几位的环境问题主要是水（河道）污染、空气污染、噪声（高速公路）污染、工厂排放物污染等（见表9-2）。其中因水污染而引发的环境纠纷最为突出，在有过环境纠纷经历的农民中，35.6%的人声称其遭遇了水污染问题。当然，由于农民在五年中所经历的环境纠纷可能不仅一次，他们的回答可能报告了多种环境问题，这里所统计的是他们所提到的首个问题。

表9-2　农民报告遭遇环境污染问题的类型（2010农村纠纷）

		人数	%
1	水（河道）污染	159	35.6
2	空气污染	134	30.0
3	噪声（高速公路）污染	53	11.9
4	工厂排放物污染	49	10.9
5	垃圾污染	28	6.3
6	土地污染	17	3.8
7	其他污染	7	1.5
	总计	447	100.0

　　调查结果在很大程度上反映了农民与环境、农民与现代化之间的微妙关系。首先，对于广大农民来说，水、河道犹如农村的血和血脉，水及河道的污染对其生活和生产的损害是直接的，也是致命的。而且对于农民和农村来说，水和河道可能易于受到污染。由此表明，农民的生活对生态环境的依赖程度更高，他们是环境脆弱群体。也就是说，当他们所赖以生存和生活的环境受到破坏时，他们更易于受到伤害而且受损更为严重。此外，农村的环境也更容易受到侵害，因为农村和农民还没有组织起来对抗污染侵害者的力量。

　　尽管农民自身的行为也可能造成一些环境问题，但从他们所反映的环境问题来看，这种影响较为有限。而更多的问题则与现代化发展过程密切相关。如水污染、空气污染、噪声污染，基本都是现代产业发展给农村和农民带来的一种影响。所以，从这个角度看，农民所遭遇的环境纠纷问题，之所以复杂，之所以难解，一个重要原因就是这些问题关涉到农民、农村与现代化的微妙关系。某种意义上说，也是当代中国农民及农村发展所面临的一大困境。

　　表9-3的数据反映的是农村居民遭遇环境纠纷的频率。从调查结果来看，在有过环境纠纷经历的人中，五年内家庭只遭遇一次纠纷的占34.8%，反映出近2/3的纠纷经历者五年内遭遇两次以上的环境纠纷。经历5次以上纠纷的达到29%，即平均每年遭遇一次环境纠纷。

表9-3　过去五年中遭遇环境污染问题的次数（2010农村纠纷）

次数	人数	有效%	累积%
1	151	34.8	34.8
2	107	24.7	59.5
3	47	10.8	70.3
4	3	.7	71.0
5	12	2.8	73.8
6	4	.9	74.7
9	1	.2	74.9
10	98	22.6	97.5
11	3	.7	98.2
15	2	.5	98.7
19	3	.7	99.4
20	2	.4	99.8
35	1	.2	100.0
总计	434	100.0	

对农村环境纠纷发生频率的考察，在一定程度上反映出，环境问题一旦出现，纠纷就可能不是偶然事件，而可能成为复杂的关系和冲突过程。由此看来，环境纠纷主要不是某个偶发的环境事件引发的，而是农村生态环境在开发和发展过程中因改变而引起的矛盾与冲突关系。普通的民间纠纷往往起因于某个事件，随着事件的解决逐渐可以化解，而环境纠纷的复发则是因为环境改变过程的不可逆性。环境改变过程的延续和推进，就可能产生各种新的纠纷。

如果从全国综合社会调查的结果来看，城乡居民在对环境问题的感知方面有一定差异。对于城市居民来说，空气污染是头号问题，而对农村居民来说，首要的环境问题是水，包括缺水和水污染问题，其次是生活垃圾处理问题。29%的城市居民认为空气污染对其家庭及生活影响最大，而在农村，只有11.9%的人认为空气污染对其影响最大。不过，城市和农村居民对环境问题的意识也具有较大相近性，他们所认为对其生活影响最大的环境问题中，排在前三位的具有较高的一致性，这些问题是：空气污染、水问题和生活垃圾处理问题（见表9-4）。有较多的农村居民（14.4%）认为化肥农药污染对其生活影响最大，排在第三位。

表9-4　城乡居民认为对其生活影响最大的前3位
环境问题（2010 CGSS）

	空气污染	水问题	生活垃圾处理
城市	1	2	3
（排位、%）	（29.0%）	（20.2%）	（19.1%）
农村	4	1	2
（排位、%）	（11.9%）	（24.6%）	（20.5%）

居民从个人生活角度所反映的环境问题与纠纷，虽有主观建构的成分，但依然真实地反映了现实中的环境问题及其社会影响。从经验调查结果中，我们发现了诸如水污染、空气污染、噪声污染、垃圾处理等环境问题给民众的生活和社会关系带来的消极影响，由此认识到环境污染与开发、发展之间的悖论关系，这些发现或许对我们今后应对和处理环境问题以及由环境问题而引起的矛盾纠纷提供了重要线索和思路。

三、环境纠纷解决机制及行动策略

既然环境纠纷主要不是因偶发事件引起的，那么对于个体行动者来说，解决或应对环境纠纷就可能是一个漫长的过程。现实的经验究竟是怎样的呢？人们在遭遇环境问题之后，究竟选择了什么样的方式来解决问题呢？是忍忍算了还是直接抗争，是诉诸法律还是寻求行政处理？图9-1显示的是农村居民在遭遇环境问题时所选择的纠纷解决机制。

从调查结果可以看到，近一半的遭遇环境纠纷者（47.5%）选择通过诉诸第三方的策略来解决纠纷，诉诸第三方就是请求行政权威、法律机构帮助解决。选择吃点亏容忍污染问题的有26.3%；直接找对方解决的占26.2%。

这一结果显示出中国农村经验与法律社会学中的"纠纷金字塔"和"纠纷宝塔"理论假设存在差异。纠纷金字塔理论和纠纷宝塔理论提出了一个基本假设：人们在社会生活中总会遇到很多冤屈或纠纷，但只有极少数纠纷才会进入到司法或行政正义解决程序之中，即纠纷金字塔或宝塔的顶部，因为很多纠纷是通过基层或其他方式得以解决的。而中国农民在解决环境纠纷的过程中，似乎并不像纠纷金字塔理论所认为的那样，相反，较多的纠纷进入了纠纷解决机制的顶端，选择请求第三方介入来解决环境纠纷占多数，这表明大量的环境纠纷最后进入到解决机制的上层，即需要行政的和司法的正义程序来正式解决。

农村居民在环境纠纷解决机制选择上的"上层化"特征及趋势，一方面可能反映了环境纠纷的特殊性。环境纠纷与其他普通民间纠纷有着一些差别，环境纠纷可能更为复杂、影响更大、更难解决，因而农民既无法容忍，自己又无法解决，只能通过寻求行政结构和司法系统的帮助。

另一种可能是，农民在环境纠纷解决机制中选择的"上层化"趋势，并不完全是因为环境纠纷的特殊性，而是他们选择纠纷解决机制的一种特征。在中国社会转型过程中，居民的纠纷解决机制选择也在发生转变，纠纷解决机制的"上层化"正是这种转变的构成。"上层化"是相对于法社会学关于纠纷解决机制的结构而言的，即居民遭遇纠纷时不是采取容忍和自己解决的方式，而要引入第三方力量。通过第三方解决纠纷的方式虽不等同于"上访"，但较多的还是诉诸于行政的和司法的正义系统。从2005年全国范围的调查情况来看，居民在遇到与个人的纠纷后，选择行政途径和法律诉讼两种方式来解决的占多数，两者达到37.8%，而选择自行解决的为35.8%。①由此可见，中国民众在解决普通纠纷时，并不只是少数人才会选择行政和法律的正义途径，而是多数人选择"上层路线"策略。

---

① 参见杨敏、陆益龙:《法治意识、纠纷及其解决机制的选择——基于2005CGSS的法社会学分析》,《江苏社会科学》, 2011年第3期。

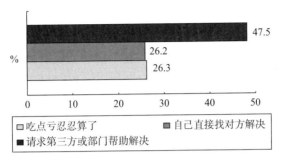

图9-1 农村居民解决环境纠纷的方式
（2010农村纠纷，N=432）

为了进一步考察遭遇环境纠纷的农村居民为何选择不同的解决方式，以下运用二元logistic回归模型对农村遭遇环境纠纷者选择相应纠纷解决方式的影响因素加以分析。三个回归模型将对个人因素、家庭因素和区域因素三个层次的变量进行多层分析，旨在考察不同层面因素对环境纠纷者行动策略选择的影响。

从表9-5的分析结果来看，模型1主要反映个人方面的因素对选择"忍忍算了"的影响，结果发现个人健康状况和职务两个变量具有统计显著性，个人的身体和干部身份因素的影响具有显著性，且发生比率比都低于1，表明身体健康和干部群体选择这一方式的发生比率较之相应群体要低。模型2引入家庭层面的变量后，解释力由6.1%提高到16.3%，说明家庭方面因素对选择这一方式的影响较大且显著，家庭承包地越多、收入越高，选择"忍忍算了"的可能性越低，家庭与外部有关系比没有，选择的可能性更大。模型3引入了区域变量，区域因素对选择"忍忍算了"方式的选择影响不大且不显著。

表9-5　遭遇环境纠纷时"忍忍算了"的发生比率比（2010农村纠纷）

自变量	模型1	模型2	模型3
常数项	.646	6367.596****	809.145**
个人层次的变量			
婚姻状况（已婚=1）	.940	.618	.728
健康状况（健康=1）	.447***	.626	.629
受教育水平（大专以上=3）	1.341	1.549	1.519
职务（干部=1）	.407**	.221*****	.230*****
职业（非农业=1）	1.339	1.287	1.581
年龄（老年=3）	.864	.820	.825
家庭层面的变量			
家庭承包地（ln）		.648*	.610**
家庭收入（ln）		.028****	.050**
家庭与外部关系（有=1）		1.769*	1.900**
家庭有无打工（有=1）		1.193	.978
户口（城镇=1）		1.101	1.159
家庭有无实业（有=1）		.574	.520
区域层面的变量			
调查县			1.361
（太仓=1，横山=2，汝南=3， 沅江=4，忠县=5）			
	χ^2=18.24***	χ^2=39.26*****	χ^2=41.89*****
	R^2=.061	R^2=.163	R^2=.173

注：*p<.1　**p<.05　***p<.01　****p<.005

实证分析结果验证了假设1，即遭遇纠纷者选择容忍策略，主要因个人和因家庭而异。个人的社会力量如身体条件和权力地位以及家庭的经济力量，明显降低了人们对纠纷的容忍度，而家庭的关系资本则能提高选择容忍策略的发生比率，这表明遭遇环境纠纷者如果个人和家庭的力量越强，就越不会选择容忍；同时，纠纷者家庭与外部联系越多，对农村的依赖程度就越低，他们选择容忍的可能性则会大大提高。

表9-6是对农村居民选择自己找对方解决环境纠纷的logistic回归分析，结果显示，遭遇纠纷者选择自行解决这一策略的发生比率，主要受个人的年龄、家庭承包地多少、收入高低、家里有无实业以及区域因素的影响。个人年龄段的提高、家庭承包地越多，村民选择自行解决的发生比率会越低；相反，家庭收入水平越高、家里有实业以及越是以农业为主的地区，人们选择自行解决的发生比率会提高。家庭收入增加一单位，选择自行解决的发生比率是原来的42.2倍，有实业的家庭选择这种应对方式的发生率是没有实业家庭的1.73倍。在选择自行解决策略方面区域的差异较为显著，相对于环境纠纷发生较多的江苏省太仓市和陕西省横山县而言，河南、湖南和重庆的三个县的农村居民，选择自行解决这一策略的发生比率更高。

表9-6　遭遇环境纠纷时自己找对方解决的发生比率比
（2010农村纠纷）

自变量	模型1	模型2	模型3
常数项	1.906	.046[**]	.000[**]
个人层次的变量			
婚姻状况（已婚=1）	.661	.597	.766
健康状况（健康=1）	1.043	.723	.734
受教育水平（大专以上=3）	.905	1.069	1.044
职务（干部=1）	.574	.521	.536
职业（非农业=1）	.765	.644	.855
年龄（老年=3）	.610[**]	.638[*]	.636[*]

续表

自变量	模型 1	模型 2	模型 3
家庭层面的变量			
家庭承包地（ln）		.760	.673*
家庭收入（ln）		6.178	42.228**
家庭与外部关系（有 =1）		.788	.887
家庭有无打工（有 =1）		1.031	.703
户口（城镇 =1）		.445	.479
家庭有无实业（有 =1）		1.739*	1.397
区域层面的变量			
调查县 （太仓 =1，横山 =2，汝南 =3，沅江 =4，忠县 =5）			1.780****
	$\chi^2=11.89*$ $R^2=.040$	$\chi^2=20.15*$ $R^2=.084$	$\chi^2=29.14***$ $R^2=.120$

注：*p<.1 **p<.05 ***p<.01 ****p<.005

从模型参数来看，模型 1 的解释力最低，表明个人层面的因素对农村居民选择解决环境纠纷行动策略的影响并不大。模型 2 引入了家庭层面的变量，解释力提高了一倍，但除了家庭是否有实业这一变量外，其他变量的影响都不显著。模型 3 引入了区域层面的变量后，解释力得以提高，区域变量的影响非常显著，而且两个家庭变量的影响显示出显著性。

回归分析结果表明假设 2 并不完全成立，虽然个人年龄和家庭经济实力影响其选择自行解决策略，但引入区域变量后，区域因素的影响更为显著，表明纠纷者是否选择自行解决策略主要因地区而异。

为何区域因素会影响到个人是否选择自行解决的策略呢？关于这一问题，我们需要知道在不同区域之间，由于开发和发展状况的差别，人们所遭遇的环境纠纷及其性质存在着差别。像江苏太仓市和陕西横山县，农民之所以遭遇更多纠纷且不愿自行解决，那是因为这些地区是因工业发展和煤矿开采给他们带来了环境问题，而在像河南汝南、湖南沅江及重庆忠县等地，仍以农业为主，发展和开发程度较低，农民遭遇的环境纠纷主要是由偶然事件引起的，所以选择自行解决的策略或许更为有效。

区域因素的影响实际反映了环境纠纷的性质对纠纷者选择行动策略的影响，区域工业化开发程度越高，环境纠纷发生越多，环境纠纷不再是个别偶然事件，而成为社会问题，人们难以靠个人和家庭的力量去解决纠纷。

表9-7是对农村遭遇环境纠纷者选择寻求第三方介入来解决纠纷的回归分析结果。从表中数据来看，个人的健康状况、职务和年龄等因素对提高选择这一行动策略的发生比率有显著影响；家庭的承包地规模、家庭收入水平等家庭因素的影响具有显著性，而且引入家庭变量后，模型的解释力提高了9.1%；区域因素在其中的作用较为显著，且影响较大，区域变量发生比率比为0.365，低于1，表明从江苏太仓到重庆忠县，农民选择通过第三方解决环境纠纷这一策略的发生比率依次降低，江苏太仓最高。

表9-7　遭遇环境纠纷时选择诉诸第三方的发生比率比
（2010农村纠纷）

自变量	模型1	模型2	模型3
常数项	.133****	.000***	.058
个人层次的变量			
婚姻状况（已婚=1）	1.432	2.149**	1.399
健康状况（健康=1）	1.993**	1.996**	2.016*
受教育水平（大专以上=3）	.850	.682	.665

自变量	模型 1	模型 2	模型 3
职务（干部 =1）	2.887*****	4.772*****	5.243*****
职业（非农业 =1）	.986	1.120	.601
年龄（老年 =3）	1.672****	1.719**	1.652**
家庭层面的变量			
家庭承包地（ln）		1.763**	2.211*****
家庭收入（ln）		7.343*	2.088
家庭与外部关系（有 =1）		.766	.668
家庭有无打工（有 =1）		.859	1.436
户口（城镇 =1）		1.524	1.431
家庭有无实业（有 =1）		.807	1.009
区域层面的变量			
调查县 （太仓 =1，横山 =2，汝南 =3，沅江 =4，忠县 =5）			.365*****
	χ^2=24.86***** R^2=.075	χ^2=44.87***** R^2=.166	χ^2=66.13***** R^2=.238

注：*p<.1   **p<.05   ***p<.01   ****p<.005   *****p<.001

统计分析结果基本验证了假设3，居民在环境纠纷解决策略上呈现出"上层化"趋势和特征，这是由多层次因素共同作用、共同影响的结果。个人的职务、身体和年龄变量以及家庭承包地规模和收入水平显现出显著性，反映出个人和家庭的社会经济力量会增强个人寻求第三方帮助的信心，纠纷当事者的个人及家庭社会经济力量越强，他们就越信任第三方。人们选择诉诸第三方或走"上层化"路线，并不是因为自己和家庭力量薄弱而要向第三方求助，恰恰相反，正是其社会经济力量的提升促使其将纠纷诉诸权威系统。但经验分析并未显示家庭的关系资本对纠纷解决

"上层化"趋势的影响，这一结果与"纠纷宝塔论"有着一定差别，该研究认为那些登上纠纷宝塔上层的农村居民，较多的是与行政或司法系统中的人有熟人关系，即家庭拥有关系资本者更倾向于爬上"纠纷宝塔"的顶部。[①]不同区域之间，人们在选择诉诸第三方的行动策略上之所以存在差异，是因为开发程度越高，选择寻求第三方解决纠纷的人越多。这一现象表明，当环境纠纷在较发达地区已不是偶然事件时，那就成为一种社会问题，就会有更多的人无法忍受且自行解决不了，于是就寻求行政的和司法的途径进行抗争以达到问题的解决。在这一意义上，环境纠纷的性质或特殊性与遭遇纠纷者的行动策略选择也是相关的，如果农民遭遇的纠纷是偶发事件，他们就更倾向于自行解决；如果污染成为较普遍的社会问题，他们就想通过权威第三方来解决问题。

从2010年综合社会调查来看（见图9-2），有13.1%的居民表示没有遭遇过环境问题，有18.7%的人反映他们采取了行动，

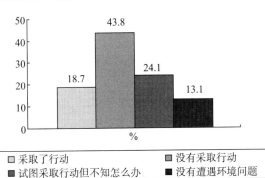

图9-2　遭遇环境问题是否采取行动（2010CGSS）

① 参见Michelson, E. (2007). Climbing the Dispute Pagoda: Grievances and Appeals to the Official Justice System in Rural China. *American Sociological Review*, 72 (3): 459-85.

没有采取行动的达到43.8%。由此看来，在应对一般性环境污染问题时，人们采取行动的积极性相对较低，表明人们的公域环境行动策略与私域环境行动策略有着一定差别。也就是说，人们对公共环境问题，较多以沉默或容忍的方式来应对。

综合社会调查还显示，有1.7%的人在五年当中针对具体环境问题采取过写请愿书和抗议示威等抗争性行动，这与解决私域环境纠纷的"上层化"趋势呈现鲜明对照。这一经验事实表明，当人们遭遇环境污染时，如果污染直接且明显影响到私人的权益，那么就会有较多的人积极行动起来，部分人直接找对方解决，而更多的人是通过找上级部门或司法途径。面对一般性公共环境问题，即便这些问题在一定程度上影响到自己生活和利益，但由于对私人利益影响并不太直接或不太显著，所以较多的人还是以沉默和容忍的方式对待环境问题。

四、小结

在现代化发展过程中，居民遭遇越来越多的环境污染似乎在所难免。这种要发展就必须受污染的"发展悖论"在农村地区表现得尤为突出。报告遭遇环境纠纷的农村居民中的绝大多数来自于开发较快的地区，如工业化程度高的江苏太仓市以及煤矿飞速开发的陕西横山县，那里的农民遇到的环境纠纷大大超过以农业为主的湖南沅江、河南汝南及重庆忠县等地。

农村居民在遭遇环境纠纷后，有近一半的人选择诉诸第三方权威来解决，显现出环境纠纷解决机制的"上层化"趋势，这一经验发现让我们需要重新检视"纠纷金字塔"理论和"纠纷宝塔"理论在中国的适应性，由此我们从中可理解近年来为何民众上访现象增多。

　　实证分析显示出农村纠纷者选择"忍忍算了"主要因个人和因家庭条件而异，个人和家庭社会经济力量的增强会降低人们对纠纷的容忍度；遭遇纠纷者为何选择自行解决纠纷的策略，主要因区域而不同。区域因素所反映的是环境纠纷与纠纷者行动策略之间的关系。纠纷者选择"上层"行动策略主要因为其个人和家庭社会经济力量的增强，以及由环境纠纷性质所致。

　　居民解决环境纠纷行动策略的"上层化"趋势并不意味着人们在积极应对环境问题。面对公域环境问题或一般环境问题，即便居民认为这些问题影响其家庭生活，他们在行动方面仍具有消极化倾向，与解决私域环境纠纷的行动策略"上层化"呈鲜明对照。

　　从对环境纠纷的经验研究中，可以发现人们在遇到具体、实在的环境问题时究竟是如何行动的，以及为何这样行动。此类研究既有助于把握居民应对具体环境问题的行动选择机制，同时也有助于对行动选择背后的环境意识形成更具体的理解，从而在一定程度上弥补"环境关心"理论笼统、抽象地讨论民众的环境意识所存在的局限。

第十章　水库移民及其稳定问题

> 不可靠性、不稳定性和敏感性是现在生活状况的最为充分扩展的特征。
>
> ——鲍曼:《流动的现代性》

水库是人类社会为开发利用、调度配置和有效保护水资源而兴修的水利设施,兴建水库可以发挥防洪、发电、灌溉、供水、生态等方面的作用。在水库特别是大中型水库建设过程中,一般会带来非自愿的移民群体,亦即水库淹没区的居民被迫要迁移他地。据《2019年中国水资源公报》报告,截至2019年,我国兴建水库9.81万余座,其中大中型水库4 305座。在水利水电工程建设过程中,截至2020年我国大中型水库移民后期扶持总人口已达到2 502万人,[①]反映出水库移民仍是一个规模庞大的特殊群体。水库移民群体的特殊性体现在他们原有的定居地及社会构造已经瓦解,因而要面临搬迁以及社会重建等艰难社会适应历程。

新中国成立以来,经过七十余年的努力探索,以实现水库

---

① 参见吕彩霞、张栩铭、卢胜芳:《主动作为 务求实效 推动水利扶贫和水库移民工作再上新台阶——访水利部水库移民司司长卢胜芳》,《中国水利》,2020年第24期。

移民"搬得出、稳得住、能致富"为目标的水库移民政策体系基本形成并不断完善，[①]总体已见成效，为维护社会稳定，促进经济发展，实现库区和安置区"两区"移民安居乐业作出了贡献。但是，随着中国特色社会主义进入新时代，社会主要矛盾发生变化，水库移民群体的发展仍然面临诸多现实挑战，并逐步演化成为当前社会经济发展不可回避的、复杂且急迫的重要问题。

一、水库移民群体的总体状况

水库移民的迁移是为满足水利水电工程建设需要而进行的搬迁，属于被动的、非自愿性的移民活动。非自愿移民的搬迁是一个复杂、艰巨的过程，搬迁会使移民的生产生活受到一定程度的改变甚至损失，其表现为丧失土地、失业、食物没有保障、疾病增加、社会排斥、失去享受共同财富的途径、社会组织结构解体等。[②]随着我国水库移民补偿和安置政策逐步完善，上述风险在一定程度上得到缓解和控制，水库移民群体的总体生存状况不断向好。

（一）水库移民的生产生活

在现有安置政策体系下，水库移民基本生活需求得到可靠保障。按照一般经验，因建设大中型水库而被迫搬迁的移民群体，通常普遍存在生产资料匮乏、受教育程度低、劳动力就业率低、

---

①　参见谭文等：《新发展阶段水库移民稳定与发展战略思考》，《水利发展研究》，2021年第3期。

②　参见李勋华：《水电工程移民权益保障研究》，西南财经大学出版社，2014年。

家庭成员存在重大或慢性疾病等多种致贫因素，脱贫难度高，返贫可能性大。[①]为保障水库移民的基本生计，政府主要采取资金和项目的"双重扶持"，即为移民人口提供扶持资金和扶持项目。如温州市苍南县移民插花安置村章村的移民每人每年可享受600元的直补扶持及150元的出让土地安置移民项目扶持资金，[②]这样就使水库移民的基本生活有兜底保障。此外，对符合条件的移民贫困户，又可纳入当地城乡最低生活保障范围，实现应保尽保。由此，水库移民的温饱问题已基本解决，基础性生活需求获得兜底和保障。

水库移民还可通过多种渠道就业，逐步提升经济收入水平。在多地库区和移民安置区，政府通过加大产业扶持、对外招商引资、拓宽融资渠道、搭建资源共享平台等政策措施，努力解决水库移民就业、创业、增收难题。如在长江三峡库区，通过鼓励特色种植养殖、实施产业精准扶持、搭建电商平台等保障移民就业政策，增加移民村集体收入，农村移民户人均收入水平较非移民户高出一倍以上，成为相对富裕的群体。浙江省鼓励水库移民务工、经商、办企业，同时改善安置地产业环境，加大移民就业吸纳能力，增加个体家庭生意发展机遇，让移民有事可做、有钱可赚，2020年浙江省水库移民家庭年人均收入低于8000元现象全部消除。

越来越多的水库移民通过接受教育培训来提升劳动技能，增加人力资本。文化水平低下、生产和职业技能缺乏一直是制约水

---

① 参见张丹：《多维贫困视角下水库移民隐性贫困的识别与测度》，《水力发电》，2021年第5期。

② 参见王沛沛、许佳君：《社会变迁中的水库移民融入——来自章村移民融入经验》，《河海大学学报》(哲学社会科学版)，2013年第3期。

库移民改善生产生活条件的基础因素。2017年对四川省、云南省202户移民户的实地调查显示家庭成员平均受教育年限仅为五年，[1]反映水库移民人口受教育程度整体偏低。教育水平偏低的农村劳动力通过接受职业教育和培训，会有效提高再就业能力，拓展增收创收渠道。地方政府积极开展种植、养殖技术等第一产业培训，开设木工、厨师、纺织、美发等技能的培训，帮助移民尽快适应安置地生产生活及外出务工环境。江苏、安徽等省加大水库移民职业教育招生力度，并予以就学补助，开展专项计划减轻移民家庭子女教育负担，不断改善水库移民的生产生活条件。

（二）水库移民的社会融入

根据水库移民的搬迁与安置方式，移民分后靠移民、近迁移民，以及跨县、跨省远距离安置的外迁移民。对于所有水库移民来说，地理空间的位移打破了移民既有的、稳定的生计模式，同时瓦解了原生的社会关系与结构。水库移民需要在新的空间位置开启生产生活与社会重建，由于移民与安置地居民在经济生产、文化惯习、人际关系、语言体系、心理认同等方面会存在着种种差异，因此融入陌生社区成为移民需要面对的挑战。

一些研究指出，移民安置地的发展情况和移民的个体因素等会在不同程度上影响着水库移民的社会融入。[2]总体而言，移民的社会融入缓慢而复杂，但近些年随着安置地政府重视程度提高，安置地基础设施、社区组织和服务等不断完善，加之移民受

---

① 参见何思妤、黄婉婷、曾维忠：《场域视角下水库移民人力资本、社会资本的重建》，《农村经济》，2019年第10期。

② 参见王茂福、刘恩培、郑军：《外迁移民非平衡的社会融入：结构及影响因素分析》，《学习与实践》，2021年第2期。

教育程度提高等，水库移民的社会融入程度在提升。

在经济融入方面，水库移民与安置地居民在参与集体经济收益分配、共享发展成果方面逐渐趋于均等化。如安置在温州市苍南县宜山镇谢洋底村、乐清市石帆镇朴湖一村、瑞安市汀田镇汀八村等地的水库移民，他们可以全额享受原住村民积累的集体经济收益。①此外，经济收入水平的提升奠定了移民社会融入的经济基础，移民在创收致富中形成的心理认同和社会关系加速了社会融入过程。

在社会关系融入方面，随着移民安置社区加强了社区建设和社区治理，重视水库移民的社会适应和社会网络重建工作，鼓励移民与当地社区居民一道，积极参与到社区共同体的建设与治理，鼓励移民与当地政府、基层组织和居民积极沟通和联谊。随着移民公共参与的增多，与当地居民交往的增加，促进了移民的社会适应，帮助移民尽快重建起新的社会关系网络，从而加速移民社会关系融入。

在文化融入方面，水库移民的搬迁让移民原有文化发生断裂，移民进入安置社区生活之后，还需要面临文化融入的任务。为帮助水库移民顺利融入安置地的文化，移民安置工作中的教育培训环节通常包含文化适应培训，通过教育培训帮助移民学习文化调适的技能和技巧，了解、熟悉和学习安置地的语言民俗、生活习惯。安置社区通过社区文化建设活动帮助移民的文化融入，如组织文化活动让本地居民尊重、包容和接纳外来移民的宗教信仰、价值观念，形成移民文化与本地文化之间的交流与互动的良

---

① 参见项云玮：《强化属地管理 促进移民融入——温州市水库移民社会融入问题浅析》，《水利发展研究》，2013年第2期。

性关系。浙江省杭州临安区山镇闽坞村自2012年起连续11年由移民与当地居民共同举办"水库移民文化节",通过集体性的、公共的文化活动,帮助移民在新的生活环境中感受到亲和力、凝聚力、归属感,促进了水库移民的文化适应和文化融入。

(三)水库移民的权益保障

水库移民的权益是指作为公民所享有的法律赋予的基本权益之外,还包括因其为国家大中型水利水电工程建设做出贡献和奉献而享受的补偿与扶持等权益。概括起来,这些权益主要包括因不动产被征收而派生的补偿权、居住权、申诉救济权等合法权利,其中财产权、生存权、知情权、参与权和监督权对移民的生存和发展来说尤为重要。在水库移民权益保障方面,随着移民搬迁补偿与安置工作等政策措施的逐步改进,以及水库移民后期扶持工作的加强,水库移民的合法权益始终处于不断完善中。①

对移民被征收的土地和房屋等财产进行补偿体现出对移民财产权的保障,补偿标准直接关系到移民的核心利益。征地补偿标准随社会经济发展水平的提高而不断提高,1953—1981年水利水电建设项目征用耕地的补偿标准为耕地平均年产值的2—4倍,1982—2006年上升至3—6倍,2006年至今提高到10倍左右。征用补偿标准的变化反映出水库移民财产权得到政府的重视和保障,并获得极大发展。

在水库移民的生存权保障方面,移民的搬迁和安置措施越来越多地考虑移民意愿,赋权式的开发性安置方式增多,不仅有

---

① 参见李振华、王珍义:《大中型水库移民后期扶持政策的演变与完善》,《经济研究导刊》,2011年第16期。

效保障了移民的基本权益，而且提高了水库移民恢复生产生活的积极性和能动性。此外，政府设立并逐步提高安置补助费标准，1982年出台"安置补助费"措施，将补助标准设定为耕地年平均值的2—3倍，2006年提高至6倍左右，对保障移民的生存和发展权起到积极作用。

水库移民在征地、拆迁和安置过程中有获知与其利益相关的方针政策、补偿标准、安置方案和其他相关信息的权利，是移民参与和监督移民工作的前提。从新中国成立初期的移民知情权保障法律空白，到1998年首次明确移民享有知情权，再到2006年颁布条例详细规定知情范围、内容及相关程序，水库移民的知情权从无到有并在一定程度上得到政策支持。

参与权是保障水库移民顺利表达利益需求的重要途径。为保障水库移民的参与权，顺利推进移民补偿安置工作，在水库移民管理的具体实践中，征地拆迁、补偿标准和搬迁安置方案确定等各个环节，都充分听取利益相关者的意见建议。通过意见征集的方式让水库移民参与到移民治理工作之中，充分保障了水库移民参与权。

水库移民的监督权是移民对国家机关及其工作人员的公务活动进行监督的权利，其中最受水库移民关注的便是移民经费的使用和去向问题。2006年国务院颁布的《关于完善大中型水库移民后期扶持政策的意见》，明确提出："强化监督，保证资金安全。……要认真执行水库移民后期扶持资金征收使用管理办法，严格资金支出管理，防止跑冒滴漏，严禁截留挪用"。由此规定和落实了移民监督权，水库移民监督权保障工作得以规范化、制度化。

（四）水库移民"两区"建设

水库移民"两区"是指水库库区和安置区。由于库区和安置区都为新建社区，因而都面临基础设施建设任务，基础设施建设状况会关系到水库移民的生产条件和生活条件。鉴于此，水库移民的安置工作与社会治理在不断加大"两区"建设力度，使库区和移民社区的基础设施配套水平和基本公共服务水平得以提升，水库移民的获得感和幸福感明显增强。

具体而言，"两区"交通设施明显改善。交通道路硬化率、入户率提高，人行便道整修、桥梁涵洞建设等基础设施完善工程持续推进，"两区"居民出行难问题基本得到解决，并进一步带动"两区"经济发展。如湖南省资兴市全长超过31公里的东江库区主要通道清滁公路的修建，不仅改善了6万库区移民的交通出行，还拉动了东江湖旅游和库区乡镇农家乐的火爆发展。

"两区"供水工程不断优化。一方面，农田灌排系统等农田水利设施在不断改进，提高了有效灌溉面积，保障了移民生产用水。另一方面，饮水安全管网改造和试点工程加快推进，自来水供水量和入户率持续提高，移民逐步告别饮水难、水质差等问题。例如陕西省仅用六年时间便解决了18.6万人的饮水困难，改善了25万亩耕地的灌溉条件，通过不断完善基础设施建设有效改善了水库移民的生产生活条件。

"两区"供电通信条件改善。为保障水库移民生产生活用电、通信需要，"两区"建设加大电力迁建工作力度，增大供电总量和户均配变容量，提高移民用电普及率。增设移动电话和网络通信基站，改善水库移民与外界的通讯联系条件，帮助水库移民快速适应新的生产与生活。如河南省平顶山市马湾水库移民新村村民如今足不出户便可利用互联网实现与全国 2 700 多家医院医生的远程会诊。

"两区"公共服务设施完善。在水库移民"两区"建设中，为提升"两区"公共服务水平，各地还通过各种途径加大对公共服务设施建设的投入。如"十三五"期间，江苏省实施村民活动广场、卫生院、幼儿园、养老院等公共服务设施建设97项，两区基础设施配套水平显著提升，基本公共服务体系进一步完善。2020年河南省对153个移民村持续加强公共服务设施配套建设，将水库移民安置区建设成为"生产发展、生活宽裕、乡风文明、村容整洁、管理民主"的"美好移民村"。

（五）移民"两区"的生态建设

在中国水利水电事业发展进程中，水库数量在增加，规模在扩大，水库移民在增多，移民"两区"建设面临的生态问题也随之增多。例如一些水库水源保护区内大量修建餐饮娱乐、办工场所，将产生的污水直接排放汇流至水源地；库区移民将生活垃圾倾倒水库岸边，形成地表径流直接影响水源安全；一些库区内甚至进行采矿活动，致使大面积山体裸露，所引发的水源环境风险十分突出。各地面对生态环境问题，积极采取措施，加大整治力度，不断改善"两区"的生态文明建设。

"两区"建设过程注重污染治理，污染防治取得一定成效。例如，2011年重庆市人民政府制定实施《重庆市长江三峡水库库区及流域水污染防治条例》，投入110亿元修建污水、废危等处理设施，建立横向生态补偿机制整治排污行为。通过预防和治理，三峡库区长江干流水质总体稳定在2类，森林覆盖率达到54%以上，当地库区自然生态环境明显向好，三峡库区移民终于可见蓝天、碧水、净土之美景。

水库移民"两区"建设越来越注重生态保护，生态环境不断改善。例如，在新疆乌鲁木齐市水库最多的米东区，全面严格落实河（湖）长制，加快建设河湖生态恢复治理项目，定期委托第三方专业机构对水库生态环境进行检测评价，组织库区移民自发拾捡垃圾并逐步实施禁牧休牧政策。水库水质环境逐年改善，有着"环保鸟"之称的大白鹭已成为米东区水库的常客，当地移民村抓住游客观鸟赏景的机会，组织发展农家乐旅游，移民由此吃上了"生态饭"。

水库移民"两区"灾害防治工作得以强化。大中型水库多数为集雨中心，滑坡、泥石流等地质灾害易发高发，加强大中型水库灾害防治工作是关系到库区人民生命财产安全、社会稳定、经济可持续发展的一项重要而紧迫的任务。例如，2014年湖南省积极尝试地质灾害综合防治体系建设，通过专项投入，历经五年时间集中开展大中型水库等地质灾害防治工作，加固了库区移民群众生命财产安全保障网。

在水库移民"两区"建设过程中，资源的开发利用逐步走向制度化、规范化。围绕库区的开发建设，《水利风景区评价标准》《全国水利风景区建设发展规划（2017—2025年）》等政策条例相继出台，水利资源风景开发保护制度日渐完善，为库区移民生态环境开发提供了建设依据、规范标准和开发指导。此外，"两区"在保证水利资源保值增值的基础上，对水利资源实行资产化管理，如重庆丰都县、金华市武义县等地以股份合作、委托经营等方式，激励库区移民的开发热情，实现移民增收目标。总之，在移民"两区"生态文明建设中，出现了越来越多的制度创新和实践创新，这些创新措施在对保护移民"两区"的生态环境，促进移民发展方面发挥着积极的作用。

二、水库移民的需求与政策

水库移民是个特殊社会群体，有着特殊社会需求，满足其需求要靠特殊社会政策。对于水库移民来说，他们的社会需求源自几个基本现实：一是搬迁，即必须搬离自己的原住地，放弃原有家园，背井离乡，到异地生存；二是恢复生计。水库移民搬迁至陌生的新住地之后，首要任务是恢复生计，亦即要开展新的生产生活。三是重建社会。水库移民的非自愿搬迁过程让他们不仅仅面临失去原有家园的困境，而且还面临如何重建家园的问题。因为家园不光是居住地和耕地的物质空间问题，而且是包含社会文化网络的社会空间。家园重建中的社会重建更为复杂、更为困难。水库移民在面对这三方面的客观现实的情况下，仅依靠自身力量实现恢复和发展非常困难，必须通过合理的介入和干预措施，才能有效帮助他们走出移民困境。为更好满足水库移民的社会需求，国家高度重视对水库移民的政策支持，根据不同时期水库移民安置和发展的需要，出台了一系列重要法规政策，形成了较为完善的宏观政策体系，对满足水库移民多层次的社会需求发挥着积极的作用。

（一）水库移民补偿安置政策

水库移民的补偿、安置工作较为复杂，新中国的水库移民补偿安置工作在不断探索、尝试和改进之中，针对水库移民的补偿标准，以及如何安置移民等问题的解决方案，一直在调整、变化。建国初期，1950年10月政务院发布《关于治理淮河的决定》，该文件确立了淮河佛子岭水库等大型水库的移民补偿和安置工作的办法。1953年底政务院公布《国家建设征用土地办法》。在1958年和1982年，国家先后对这一办法进行了两次修订，明确了征用土地的补偿和安置标准，并规定必须保证水库移民搬迁后的生产生活水平不能低于搬迁前，安置过程中要给予足够的补偿安置费。

1986年，《中华人民共和国土地管理法》颁布，法律明确规定国家建设项目征用土地的补偿和安置办法。第48条规定："征收农用地的土地补偿费、安置补助费标准由省、自治区、直辖市通过制定公布区片综合地价确定。制定区片综合地价应当综合考虑土地原用途、土地资源条件、土地产值、土地区位、土地供求关系、人口以及经济社会发展水平等因素，并至少每三年调整或者重新公布一次。"1987年，水利水电部发布《关于加强水库移民工作的通知》，对水库移民的补偿安置工作作出政策性指导。1988年颁布的《中华人民共和国水法》第二十三条规定："由地方人民政府负责安排国家兴建水工程移民的生活和生产，工程投资预算中必须包括安置移民经费，并应当在建设阶段同期完成移民安置工作。"据统计，1982—1986年间每户水库移民的一次性工程安置补偿费为3 000—3 500元，在1986—1990年间上涨到4 000—7 000元。水库移民的安置补偿标准随着水库移民政策的突破性变化而不断完善和提高。

1991年1月，国务院出台《大中型水利水电工程建设征地补偿和移民安置条例》（国务院令第74号），对水库移民的征地补偿、移民安置和搬迁规划政策等内容进行明确规定，标志着我国水库移民工作正式进入"有法可依"的时代。2006年7月，国务院修订《大中型水利水电工程建设征地补偿和移民安置条例》

（国务院令第471号），进一步提高和统一了移民补偿标准，一方面更好地避免了不同地区移民因补偿标准不同而产生的落差和抵触，另一方面也更好地帮助了移民恢复生产生活水平。2013年7月、12月，2017年4月，国务院对471号令进行了三次修订，该次修订主要扩大和提高了大中型水利水电工程建设征收土地的土地补偿费和安置补助费的范围和标准。

为确保对水库移民的补偿安置工作落到实处，各相关部门纷纷出台了有关政策。例如针对水库移民工作的项目资金安排使用，1992年水利部出台《水库移民专项资金管理办法》（水移〔1992〕3号），1999年，水利部、财政部联合印发《库区建设基金项目管理办法》（〔水移1999〕133号），完善了水库移民专项资金的收入来源、使用范围等规定。针对水库移民工作的具体实施过程，2012年发布的《国家发展改革委关于做好水电工程先移民后建设有关工作的通知》（发改能源（2012）293号）规定，在水电建设中应始终把做好移民工作放在优先位置，实现在做好移民安置的前提下积极发展水电的目标。2014年发布的《关于加强大中型水利工程移民安置管理工作的指导意见》（水移〔2014〕114号）明确了水利工程移民安置管理工作的重点任务，并对移民安置实施过程进行严格监督检查。

回顾水库移民补偿安置政策的变迁历程，政策逐渐从粗放到细化、从单一化走向体系化。整体而言，国家一直高度重视水库移民的补偿和安置工作，为满足移民的发展需要，不断完善补偿安置政策体系。

（二）解决历史遗留问题的专项政策

新中国成立至1985年，全国共兴建了8万座水库（含水电站），其中中央直属水库87座。由于受当时政治、经济等多方面因素的影响，1985年以前投产水库的移民大部分就地后靠安置在库区或山区，其自然条件艰苦，资源严重匮乏，库区经济发展缓慢。1985年至今，全国又开工建设了以小浪底、三峡工程为代表的一大批大中型水库，这些水库大多分布在西部边远山区、民族聚集区、革命老区和连片贫困区。在相当长的时间里，因移民安置缺少详细规划，经费不足，补偿安置标准低，产生了许多遗留问题。

1985年，水库移民的贫困发生率高达80%；1996年，中央直属老水库的人均纯收入仅为全国农民人均纯收入的40%，移民贫困发生率明显高于当地一半居民的贫困发生率，甚至有着周密移民安置计划的三峡移民也由于部分措施不当而导致了明显的移民贫困现象。改革开放后，水库移民的历史遗留问题伴随着经济社会快速发展日益凸显，移民返迁、上访和群体性事件时有发生，国家将移民致贫等问题统称为"水库移民遗留问题"，并在总结经验教训的基础上开始摸索破解水库移民遗留问题的政策办法。

为解决水库移民遗留问题，早期推行的政策是从水电工程发电成本中提取和使用各种基金。所设立的政府性基金专门用于解决水库移民的遗留问题。1981年，财政部、电力工业部出台《关于从水电站发电成本中提取库区维护基金的通知》（电财〔1981〕56号），决定设立库区维护基金，即每度电提取1厘钱的发电成本，用以处理和解决水利水电工程和水库建设的历史遗留问题。

1996年，国家计委、财政部、水利部、电力部联合下发《关于设立水电站和水库库区后期扶持基金的通知》（计建设〔1996〕526号），规定1996年以前经批准开工及1986年至1995年投产的大中型水电站按照250—400元/人的标准，统一核定1986年及以后投产的水电站每千瓦时电量提取后期扶持基金，共提取十年，主要用以解决库区饮水、交通、通电、教育、医疗卫生等生产生活设施建设滞后的历史遗留问题。

2002年国务院批准了水利部、财政部、国家计委、国家经贸委、国家电力公司《关于加快解决中央直属水库移民遗留问题的若干建议》（国办发〔2002〕3号），设立库区建设基金，明确有关省、区、市按照本地区销售电量2厘/千瓦时提取库区建设基金，并要求自2002年起用六年时间解决1985年底以前投产的中央直属水库农村移民温饱问题，扶持资金按人均六年累计1250元核定。在此基础上，2003年水利部出台《中央直属水库移民遗留问题处理规划实施管理办法》（水移〔2003〕113号），用以处理1985年底前投产的中央直属水库移民遗留问题。此外，水利部还印发了《中央直属水库移民遗留问题处理2002—2007年规划及总体规划工作大纲》。

解决水库移民遗留问题的政策机制一直存续，在一定程度上起到了改善水库移民生产生活条件的作用。[1]但随着我国大中型水库大多转向后期扶持阶段，其在水库移民工作中所占的比重越来越小。

（三）水库移民后期扶持政策

在水库移民补偿安置及管理工作中，后期扶持政策是一项核心制度。水库移民后期扶持政策的短期目标是为了解决水库移民的温饱问题以及库区和移民安置区基础设施薄弱的突出问题；中

---

① 参见檀学文：《中国移民扶贫70年变迁研究》，《中国农村经济》，2019年第8期。

长期目标是为了改善水库移民生产生活条件，促进水库移民社区的经济发展，使水库移民生活水平逐步达到甚至超过当地农村平均水平。后期扶持政策坚持"开发性移民"工作方针，主要包括面向所有水库移民的普惠性扶持政策和针对贫困水库移民的专项扶持政策。其中，普惠性后期扶持包括"直接补贴"和"项目扶持"两方面内容。

"开发性移民"是1986年《关于抓紧处理水库移民问题的报告》中提出的水库移民工作方针，即"水库移民工作必须从单纯安置补偿的传统做法中解脱出来，改消极赔偿为积极创业，变救济为扶持，将安置与建设结合，合理使用经费，走开发性移民的路子"。开发性移民工作不同于补偿性移民工作，工作重点从救济生活转移到扶持创业和发展，为移民中长期稳定发展创造有利条件。[1]1991年出台的《大中型水利水电工程建设征地补偿和移民安置条例》（国务院令第74号）经过两次修订，同样坚持贯彻开发性移民方针政策。

在普惠性扶持政策中，"直接补贴"是2006年《关于完善大中型水库移民后期扶持政策的意见》（国发［2006］17号）中规定的主要做法，即给符合条件的移民人口每人每年发放600元直接补贴，持续发放20年。直接补贴政策在水库移民政策中是力度最大的，并做到了精准到户、到人。该政策的出台标志着大中型水库移民后期扶持政策全面推行。[2]落地到水库移民社区的后期扶持项目主要以政府资金项目为主，具体包括基本口粮田及水利

---

① 参见石智雷：《移民、贫困与发展——中国水库移民贫困问题研究》，经济科学出版社，2018年。

② 参见张春艳、李苓：《大中型水库移民后扶政策实施现状及完善建议》，《人民长江》，2016年第15期。

设施、基础设施、社会事业以及生产开发等四种类型。

自1986年开发性移民工作方针提出之后，来自多方面的扶持政策措施相继出台，逐步形成对水库移民发展有力扶持的政策体系。1994年《"八七"扶贫计划》和1996年《中共中央关于尽快解决农村贫困人口温饱问题的决定》提出要重视和解决水库移民温饱和贫困问题。2006年的水库移民后期扶持政策进一步完善了水库移民的扶持政策。随着精准扶贫、脱贫攻坚战略全面实施，享受移民后期扶持政策后依然低于脱贫标准的移民户，可以通过精准识别享受精准扶贫政策，直至达到"两不愁、三保障"的脱贫标准，移民扶持资金逐步向贫困移民倾斜，扶贫脱贫在促进水库移民发展的后期扶持政策中所占的分量越来越大。[①]

从纵向比较角度看，水库移民后期扶持资金的投资来源和规模在不断扩大。据统计，2005年，全国大中型水库移民后期扶持基金的实际征收额约为35亿元。[②]2006年起，针对水库移民的后期扶持资金的来源发生调整，除了既定的移民后期扶持资金，还包括往年后期扶持资金发放后的结余资金。2006—2013年，全国23个省份移民扶持资金总额达1145亿元，年均143亿元，其中后期扶持资金约占75%。[③]

从政策特征来看，水库移民后期扶持政策的规制性强于疏导性，互动性强于单向性。在"自上而下"的政策推广和"自下而上"的实践反馈中，水库移民后期扶持政策的目标取向日益明

---

① 参见檀学文：《中国移民扶贫70年变迁研究》，《中国农村经济》，2019年第8期。

② 参见王应政：《中国水利水电工程移民问题研究》，中国水利水电出版社，2010年。

③ 参见中国社会科学院农村发展研究课题组：《水库移民后期扶持生产开发项目管理研究总报告》，2014年。

晰，以水库移民为核心受众、水库移民社区为发展平台、后期扶持项目为关键依托，由消极补偿转为积极创业，由救济生活转为扶持生产，由短期恢复转为长效发展，并在整合、传导、承接、运用的制度化运作链条中，将国家后期扶持资源有效转化为水库移民社区发展的动力和基础，进而实现水库移民脱贫致富、全面小康和共同富裕的综合目标。

三、水库移民群体的稳定问题

水库移民属于非自愿移民群体，他们有两个社会特性：一是他们属经历社会空间位移的移民群体，即离开他们的原住地到另外一个地方居住生活；二是他们的迁移行为是被动的、非自愿的，亦即水库移民是在非主动选择的情况下要进行迁移，这与自主选择迁移的移民有着较大区别。对于一般移民来说，他们选择迁移是在对迁入地和迁出地的生活做过比较，且在有准备的前提下作出的决策。对于水库移民而言，迁移决定不是自己作出的，而是来自外部的决定。因此，水库的搬迁和适应迁移的过程是在非自主选择情况下进行各类要素资源重新整合的过程、多种社会关系重构的过程和社会结构局部裂变的过程。在此过程中，水库移民面临着诸多社会经济风险，这些风险导致了一系列移民问题，其中较为突出的是水库移民的稳定问题。①所谓水库移民的稳定问题，是指水库移民群体在库区和移民安置区的生产生活顺利恢复，各种补偿安置及社会重建中的问题得以有效解决，保持

---

① 参见施国庆、余芳梅、徐元刚、孙中民：《水利水电工程移民群体性事件类型探讨——基于QW省水电移民社会稳定调查》,《西北人口》, 2010年第5期。

着稳定的社会秩序。水库移民群体的中长期稳定不仅关系到移民自身生产生活的恢复和改善，同时也影响着社会整体的有序运行和平稳发展。因此，对该问题的关注是必要且急迫的。

• 水库移民稳定问题的基本类型

水库移民的稳定问题是较为复杂的社会问题，虽主要表现为移民群体的不满与矛盾纠纷，但实际上关涉到工程、环境、经济、政治、社会与文化等诸多方面的种种问题。如果从类别角度看，水库移民问题主要可分为三大类型：一是经济类的稳定问题；二是政治类的稳定问题；三是社会文化类的稳定问题。

经济类的水库移民稳定问题主要是指与水库移民群体的经济利益关系密切的问题。体现为在库区移民迁移线、土地征收线及其他影响范围已经确定后，地方政府作为移民搬迁安置工作的实施主体，在帮助移民完成实物分解、兑现补偿等的过程中，因实物权属不清、程序执行偏差等原因，直接影响到水库移民的切身经济利益，进而产生的水库移民不稳定的社会风险情况。

在搬迁过程中，土地类别认定模糊或错误、土地等实物的所有权和使用权纠纷，以及实物的标错漏登是经济类水库移民稳定问题的常见表现形式。具体而言，由于农业用地与非农用地、耕地与建设用地补偿价格相差较大，移民的土地价值收益受到直接影响，因此地类的确定问题常常是引发纠纷的风险因素。此外，在一些库区村民小组之间可能存在部分争议土地未界定的情况，户与户之间或村民家庭内部可能存在争议土地。土地等实物权属的确定直接关系到水库移民的获赔补偿情况，一旦处理不当便有可能引发矛盾纠纷，带来不稳定问题。此外，由于各种主客观原因，移民实物可能出现错登漏登情况，由于与切身利益直接相关，水库移民对这一问题的敏感程度也较高。

在安置过程中，土地的分配和调整纠纷、集体财产的使用和分配矛盾，以及后期扶持人口的核定问题是水库移民经济类问题的常见构成。因部分基层移民干部兼具移民身份，受到利益驱使，安置区客观存在土地和集体补偿费用分配不公的问题。这些问题关系到水库移民的基本生计能否获得有效恢复和实现可持续发展，因而容易造成移民产生不满情绪。另外，一些老水库移民安置区时间久远，居住分散，加之历史上缺少系统规划和专门机构管理，在后期扶持人口核定过程中出现遗漏情况，导致部分未被列入后期扶持名单的移民因无法享受后期扶持政策待遇而产生不满，如黑龙江1992年以前的部分老水库就因缺乏规划和相应管理而造成老水库移民漏报情况，[①]这些漏报移民通过持续上访的手段试图维护自身经济利益，给社会带来不稳定风险。

政治类的水库移民稳定问题主要体现为水库移民对水利水电工程项目建设、移民补偿安置政策及制度安排不满而引发的矛盾和冲突。之所以将有些问题归为政治类的，是因为这些涉及水库移民稳定的问题主要针对政策和移民权益关系。虽然有些问题会关涉到水库移民的经济利益，但问题聚焦的是与政策、制度相关的权利关系。这类问题有：补偿安置政策问题、历史遗留矛盾解决政策问题、后期扶持政策问题和政策执行问题等。

补偿安置政策标准不一致通常容易造成水库移民心理不平衡。我国水利水电工程数量较多，遍及全国大部分地区；工程

---

① 参见黎爱华、张鹤、张春艳：《水利水电工程移民稳定问题对策研究》，《人民长江》，2010年第23期。

建设时间跨度较长，同一工程可能需要组织多次移民搬迁才能够完成。"一库一策"的实行，造成同一安置区或相邻安置区、同一时段或不同时期内，水库移民获得的补偿安置标准存在较大差异，造成移民的不平衡心态，由此可能形成不稳定隐患。

水库移民历史遗留问题久拖不决容易激化矛盾。有部分20世纪50、60年代的水库移民持续多年上访，原因在于当时补偿标准偏低，之后这部分移民出现住房难、饮水难、用电难、上学难、就医难等历史遗留问题。由于这些问题复杂，牵涉的部门多，长期得不到有效解决，因而出现水库移民持续上访事件，要求在国家现有移民政策之外根据其他水库移民补偿标准再次进行现金补偿。

后期扶持政策在执行过程中引发部分移民人口的不满。由于水库移民后期扶持政策的执行，一个重要前提就是审核确定扶持对象是否符合条件。由于家庭成员关系、户口等方面的变动，实践中有部分人员未被纳入扶持对象。为此，那些认为自己应属于扶持对象而未能享受后期扶持政策待遇的家庭或个人，就会通过上访等途径来争取扶持待遇。此外，上访者中很大一部分为被排除在扶持范围之外的小水库移民、废弃水库移民和非农水库移民等政策连带影响群体。如在后期扶持政策实施之前，通过购买户口农转非的三门峡移民，就为此多次上访，这些问题在河南、山东、陕西等省的水库移民中较为突出。

移民政策执行不力或会酿成社会不稳定风险。一方面，当水库移民管理工作没有按照既有的政策法规执行时，如未充分征询库区群众移民意愿、有效沟通搬迁安置办法等，水库移民可能拒迁、返迁，甚至出现上访或爆发群体性事件。此外，部分负责库区和安置区补偿安置工作的干部存在工作方式不当、暗箱操作、挪用移民专项资金、权力贪污腐败等问题，水库移民群众由此对基层政府部门和工作人员产生不信任、不满甚至是冲突等不稳定问题。

社会文化类的水库移民稳定问题主要产生在移民迁入安置阶段。水库移民在迁入新社区之后，出现利益冲突和社会问题的可能性更大、形式更复杂、冲突程度更高、协调难度更大。此类问题具体表现为社区重建、社会融合和可持续发展等方面。

在社区重建方面，由于移民搬迁是在强制性政策干预和非自愿的情况下进行的，水库移民社区建设同样在非自愿的情形下推进，即不是按照移民的意志进行恢复重建。此外，与一般农村社区相比，水库移民社区的物质基础更为脆弱、生产方式转型更为紧迫、发展目标差异化更为明显、整合动员能力更为欠缺。①这些问题不仅弱化了移民社区的认同基础和物质基础，而且容易导致水库移民陷入社会交往困境和生计困境，由此埋下移民群体社会不稳定的风险隐患。

在社会融合方面，水库移民在迁入新社区之后，他们通常要面临资源分配问题。在水库移民分散插入式安置的情况下，原住居民和水库移民之间往往存在着"本地人"和"外来人"之间的利益分配差别，从而导致资源使用上的竞争关系甚至是矛盾冲突。

水库移民还要面临社会关系网络重建问题。移民异地搬迁之后，除能保持家庭关系之外，其他初级社会关系及社会结构基本瓦解。由于已有社会网络的破坏，移民在安置区中会产生疏远之感，水库移民的社会资本、社会安全和社会保障等都易降低。如

---

① 参见马德峰：《中国征地外迁移民社区发展困境思考——以大丰市三峡移民安置点为例》，《西北人口》，2006年第5期。

果移民在迁入地不能顺利重建关系网络，他们容易跟当地居民发生摩擦和纠纷，这将严重阻碍水库移民融入当地社会。

我国有大量水库移民来自于西部民族聚居区，较多民族水库移民有着自己的民族文化传统、风俗习惯和宗教信仰。在移民搬迁和安置过程中，存在移民文化调适问题。特别是一些少数民族移民被安插在内地安置社区后，他们会面临语言、风俗和宗教等文化适应与冲突问题，移民必须接纳、适应新的文化体系，否则就会出现社区文化冲突。[①]水库移民的社会文化融入在整个移民社会融入中具有举足轻重的作用，文化是社会的粘合剂，移民与当地居民在文化上的交流和融合，可以大大促进社会整合，有效地将移民与迁入地居民有机整合为和谐的共同体。

水库移民群体的规模虽是有限的，但稳定问题则是多样的、复杂的，且产生的影响是不确定的，重视并尽可能化解水库移民稳定问题的风险有着重要现实意义。当然，水库移民在现实生活中经历的问题往往并不是单一的，而是多种问题相互交织共同存在，继而对水库移民群体和社会稳定产生影响。

四、影响水库移民稳定的因素

水库移民是因水利水电工程建设而引起的规模较大且有组织的人口迁移及其社区重建活动。[②]水库移民中产生的水库移民稳定问题一旦处理不当，水库移民便有可能采取静坐请愿、频繁

---

① 参见徐和森:《中国特色的移民之路: 水库移民工作研究》, 河海大学出版社, 1995年。

② 参见施国庆:《水库移民系统规划理论与应用》, 河海大学出版社, 1996年。

上访、聚众闹事等方式举行抗议活动，甚至组织群体性事件以获取政府重视、社会关注和舆论同情，借以达到自身目的和满足自身需求。水库移民的利益表达和纷争行为容易引起局部混乱，干扰政府治理和社会秩序，并对当地社会经济可持续发展产生一定程度的危害，因而，如何积极应对水库移民稳定问题并加强此方面的治理是一项重大课题。水库移民的稳定还关系到区域均衡充分发展战略以及促进民族团结和民族共同发展等社会发展重大目标，由此更加突显了关注该问题的重要性。

（一）水库移民稳定问题的特征

水库移民并非一般意义的人口迁移或自然社会环境改变过程。水库移民活动有着特殊的动因，即为配合国家水利水电工程建设而开展的被动性、强制性人口迁移活动。水库移民活动有着特殊的性质，是一种由政策主导推动的非自愿移民活动。水库移民活动有特殊的影响，表现为在外力作用下产生在移民社会经济系统上的社会－文化－经济以及社会心理的变迁。[①]水库移民活动的诸多特殊性决定了水库移民稳定问题具有特殊性，即一些水库移民稳定问题可能是由政府行为或政策导向所引起的，这些水库移民稳定问题需要在政府主导下通过行政介入和制度干预予以解决。

维持水库移民稳定在整个水库移民工作中是具有全局性意义的基础性工作。对水库移民稳定问题进行分解剖析就不难发现，从问题内容看，水库移民稳定问题政策性强、涉及面广，纷繁复

---

① 参见陈绍军、程军、史明宇：《水库移民社会风险研究现状及前沿问题》，《河海大学学报》（哲学社会科学版），2014年第2期。

杂的各种社会利益关系和社会矛盾在移民搬迁安置过程中均有集中显现。从问题影响来看，移民稳定问题对水库移民的影响是全方位、多角度的，搬迁安置使得水库移民的原有生产体系遭受侵蚀，就业机会、优质土地和其他创收性资产相应丧失，卫生、教育、社会保障等公共服务状况区域恶化。[①]可见移民稳定问题涉及移民群体的政治权利保障、经济水平发展、社会网络建构和文化教育保障等方方面面。

多元的问题内容和多方的问题影响从侧面影射出水库移民稳定问题的解决无疑是一项复杂的系统性工程。该问题的解决过程需要协调多个政府部门、企事业单位、社会团体和广大群众参与协商。如果缺少系统的解决机制和治理体系，就容易激化各种各样的复杂利益纠葛，造成移民心理认知出现偏差并产生相对剥夺感，进而引发水库移民群体的不满情绪，由此可能导致移民群体矛盾激化并产生相应抗争行为。此外，一些水库移民稳定问题成因复杂，处理难度较大，问题的解决往往具有反复性特征，部分问题历经数年甚至数十年都未能完全彻底解决，这些历史遗留问题的长期性也增加了水库移民问题的复杂程度。

与一般性矛盾纠纷相比，水库移民稳定问题因其特殊性而往往表现出更强的联动性特征和社会放大效应。具体而言，由于水库移民稳定问题的起因往往与广大移民群众的生产生活紧密相关，因而具有相同利害关系的移民对于共同的利益诉求极易产生共鸣，这将导致一方面分散性、个别性的移民问题会产生聚集叠加，加剧移民稳定问题的复杂性和激烈性；另一方面其他有着共

---

① 参见迈克尔·塞尼：《移民与发展：世界银行移民政策与经验研究》，河海大学出版社，1996年。

同经历的库区或安置区移民可能形成横向串连，进而使水库移民稳定问题表现出在不同地域"按下葫芦浮起瓢"式的扩大化、延伸化发展态势。尤其是很多库区和安置区位于民族区域内，这也为水库移民稳定问题增加了一定的民族问题、宗教问题之色彩。

此外，伴随当前网络和自媒体平台的快速发展，实时传播成为信息扩散的新特征。一旦某个水库移民稳定问题爆发，该风险信号就有可能通过各种各样的网络和媒体途径传播至间接利益相关人群，甚至无关的社会组织或群体都具备一定的传播动力，进而形成对社会稳定不利的消极舆情。如果不能及时疏导和管控这些社会稳定风险源，便可能造成事态发展不可控的局面，导致不稳定状态的持续和扩大。因而，水库移民稳定问题已经成为社会不稳定事件中重要的敏感性问题，对这一问题的治理刻不容缓。

（二）水库移民稳定问题的影响因素

制度设置和政策安排于水库移民的稳定而言至关重要，水库移民群体稳定情况在很大程度上受到制度合理性、均衡性和适用性的影响。总体来看，我国在水库移民维稳及其社会治理方面具有一定的制度优势，但这并不意味着水库移民制度已十全十美，相反移民政策本身存在的一些问题，以及移民政策与其他社会政策之间的张力，都是产生移民稳定隐患的原因所在。

水库移民政策的不合理、非均衡是产生水库移民稳定问题的一种制度性原因。一方面，水库移民补偿安置和后期扶持体系长期以来不甚完善，部分移民的正当利益受到损害却没有获得合理补偿，继而引发水库移民稳定问题。例如按照《水利水电工程建设农村移民规划安置设计规范》，南水北调中线工程丹江口库区淹没线上的林地不纳入补偿范围。移民早期在淹没线上投入的林地开发成本既无法继续受益，也没有任何补偿。移民普遍认为这种做法不公平、不合理，要求补偿的呼声非常强烈，成为湖北省外迁移民重大遗留问题。另一方面，水库移民补偿安置、后期扶持标准不均衡，留下水库移民不稳定的隐患。因不同历史时期、不同归口治理库区和同一库区内不同行政区域之间的补偿扶持标准存在差异，移民的不满情绪和信访行为被激发。如均属于范家垭水电站淹没区域的房县和神农架两区，分别于2009年和2012年启动移民搬迁安置工作，但前期搬迁的移民实际补偿资金却比后期搬迁的移民少10万元以上，致使房县移民多次集体上访，要求地方政府执行相同的补偿标准。

另外，水库移民政策与社会政策的不相配套加剧了水库移民稳定问题和矛盾。新中国成立之初，由于对水库移民搬迁的认识较为粗浅，"重工程，轻移民"的思想存在，不仅缺乏配套的社会政策为水库移民后续生产发展提供保障，甚至还取消了部分移民曾经享受的福利。城乡二元体制和其他各种时代性政策等历史原因造成的问题与移民问题相互纠缠，加剧了水库移民稳定矛盾。虽然当下我国水库移民政策有很大进步，充分考虑到了从前期补偿到后期安置的各个环节，但是就政策体系而言，还表现的较为孤立，没有与其他社会政策形成衔接与合力，容易造成水库移民过渡期的体制机制不顺，进而形成问题。

在水库移民维稳工作中，社会治理能力状况会在一定程度上影响水库移民的稳定。具体而言，如果基层治理、源头治理、依法治理和综合治理的水平较高，水库移民群众遭遇的棘手问题能够得到高效顺畅地解决，各项政策都能依法落实和执行，国家扶持力量、社会力量和移民自身力量能够获得有效整合，那么水库移民群体稳定和社会整体大局稳定也就水到渠成。

然而，在实际的水库移民迁置过程中，相关治理工作长期存在着一系列亟待完善之处。首先，部分地区政府对水库移民工作重视程度不足，将移民搬迁安置和后期扶持工作视为水利水电建设工程的附带工作，对于水库移民做出的巨大牺牲和迁移后可能陷入的困境认知不足，以至于忽视了容易引起水库移民稳定问题的各方面潜在因素。其次，政府对移民政策、移民规划和移民实施过程的宣传、公开和解释不充分，水库移民的知情权、参与权、监督权和发展权等正当权益有时得不到有效的维护和保障，这将为水库移民稳定问题的产生埋下隐患。最后，基层水库移民工作治理部门或人员由于各种主客观原因，在政策执行过程中可能出现偏差，有时这种偏差是在合理合法范围之内的，如后期扶持财政资金延迟下拨，但有时则涉嫌违法乱纪，如挪用水库移民资金。无论具体情况如何，这些偏差均有激化水库移民矛盾和稳定问题的巨大风险。

需要注意的是，长期以来，我国在水库移民治理方面已经积累了相对丰富的经验，形成了具有中国特色的水库移民稳定和治理体系，摸索出一套有效开展水库移民治理的工作方法。但是随着社会转型，维持水库移民中长期稳定所涉及的范围更加广泛，关联的问题更加复杂，既有经验和传统治理体系可能不适应时代变化之需要，如何在新时代背景下有效开展水库移民社会治理工作将成为影响水库移民中长期稳定的重要问题。

影响水库移民稳定问题的自然因素主要是指水库移民群体因受到外部自然环境或内在个体条件限制而引发的风险。自然因素带来的风险既包括自然环境对水库移民生存发展的制约，也包括水库移民受自身能力和素质的限制无法实现对自然环境和资源的充分利用而产生的潜在隐患。

一方面，有限的自然条件对水库移民的中长期稳定造成不利影响。大中型水利水电工程多建设于自然环境相对恶劣、生态环境相对脆弱的中西部山区。兴建的水利水电工程侵占和淹没了原本生产条件相对较好的河滩地域或农业耕地，造成土地容纳率下降，环境承载力不足。与此同时，老旧水库移民政策的导向、外迁环境的不确定性和故土难离的思想共同作用，使很多老旧水库移民选择了后靠安置而非外迁安置。上述自然环境的变化使得一些后靠安置移民的生产生活资料的数量和质量大幅降低并长期得不到改善。这既是历史遗留问题，也是现实问题。这一问题的持续存在和不断加剧将直接影响水库移民群体稳定情况。

另一方面，水库移民相对匮乏的社会资本限制其发展并进一步影响移民群体稳定。水库移民相对集中分布在库区、中西部山区和革命老区，这些地区自然环境脆弱性较大，社会经济发展水平较低。相应的，水库移民的经济、文化和社会关系等各类资本相对较为匮乏，这不仅弱化了其抵御自然风险和社会风险的能力，也降低了其对水利、耕地等自然资源环境的开发和利用程度。同时，较低的各类社会资本存量导致水库移民在迁移安置后很难依靠自身能力实现生产生活水平的总体大幅提升，往往需要政府等外力的介入和帮助。但不同移民安置社区能够享受到的外力扶持程度不同，社会经济恢复和发展情况差异较大，因而一些水库移民容易陷入原地踏步甚至持续衰退的困境，这种局面将不可避免地影响着水库移民群体的稳定程度。

水库移民稳定问题的心理因素是指由于移民认知、判断出现偏差而造成影响移民群体稳定的风险和隐患。例如相对较低的移民补偿和扶持标准与过高的期望值对比产生的落差心理，认为迁移前的生活更加美好的偏见心理，认为"闹"可以解决问题和带来更多利益的偏执心理等。心理因素造成的水库移民群体和社会稳定风险值得重视，尤其是下述三类心理因素。①

首先是攀比心理。水库移民的迁移的背景、动因和经历存在诸多共性，安置后面临的困境和挑战大体相似，这使得水库移民的从众心理和趋同心理较为明显，常常发生同一地域、跨地域或跨时间段的移民间相互比较的行为。在攀比过程中，"不患寡而患不均"的传统心态使移民产生不满情绪进而可能引发移民稳定问题。其次是从众心理。特别是在集体上访等水库移民群体性事件中，一些移民看到其他人上访，认为法不责众便也加入其中。这种从众心理加剧了水库移民稳定问题的复杂程度，扩大了问题影响范围，增加了矛盾缓解和消除的难度。最后是不信任心理。个别水库移民对基层政府或相关政府部门的所作所为始终持有消极的怀疑态度，总是自觉或不自觉地将政府关于移民的一切治理行为朝向负面设想，并传播各类小道消息或失真猜测，这种由不信任心理激发的行为极有可能引起水库移民群体的骚动和不安，扰乱水库移民群体的稳定秩序。

需要说明的是，对水库移民稳定问题影响因素的分类概括主要是按"理想类型"原理进行的划分。现实中，几乎所有的水库移民稳定问题的产生原因都混合着制度因素、治理因素、自然因素和心理因素。多种因素相互交织，增加了水库移民稳定问题的复杂性，也为解决水库移民的稳定问题带来挑战。

<hr>

① 参见黎爱华、张鹤、张春艳:《水利水电工程移民稳定问题对策研究》,《人民长江》, 2010年第23期。

第十一章　水库移民的社会治理

在一个人口众多、土地有限的国家里，要进一步提高农民的生活水平，重点应当放在发展乡村工业上。

——费孝通：《志在富民——从沿海到边区的考察》

随着中国特色社会主义进入新时代，社会主要矛盾已发生转变，水库移民的期盼和诉求也在发生变化。为应对新时代社会主要矛盾，实现均衡、充分的发展，水库移民工作及社会治理将紧紧围绕"五位一体"总体布局，以乡村振兴战略作为重要抓手，积极应对水库移民稳定和社会治理新形势，并针对新时代背景下社会治理的新特点而努力探索水库移民社会治理创新之路。

一、水库移民的社会治理理论

在促进水库移民的稳定与发展方面，加强社会治理，不断完善社会治理体系，提升社会治理能力，对做好水库移民工作来说意义重大。围绕水库移民的社会治理问题，目前已有一些理论阐释。

（一）共建共治理论

水库移民的搬迁安置是一个复杂的系统性工程，不仅涉及政府多个职能部门，同时也由于影响人口多、范围广、程度深，还需要不同类型的社会主体共同发挥作用。共建共治是水库移民搬迁安置阶段的重要治理方式和治理特征，其中又特别强调政府行政组织、移民自治组织、非政府组织三方面主体的社会治理参与过程。

水利水电工程建设是在政府统筹规划下对水资源的开发利用和整合配置，由此产生的移民搬迁安置工作政策性较强。目前，我国水库移民治理实行以县级政府具体实施为基础，各级政府和相关职能部门参与的组织结构。水库移民搬迁安置治理过程中，对移民的征地搬迁补偿、移民方案审批监管和后期移民生产生活的恢复发展，都离不开行政组织的介入和支持。"党委领导，政府负责"的治理优势在水库移民维稳治理中得到较为充分的展现。

移民自治组织同样是水库移民搬迁安置过程中的重要治理主体。村民委员会是库区和移民安置区的基层性、群众性自治组织，在水库移民搬迁安置过程中，主要负责宣传动员、土地调整、宅基地安排、集体财产处置、征地补偿费使用和劳动安置等社会治理工作。"两区"村民委员会成员来自移民自身，村民委员会一方面代表水库移民群体表达着心声与利益诉求，另一方面又以组织形式在政府与移民之间发挥牵线搭桥的作用，为政府进行有效治理提供了可靠抓手。

水库移民在水库规划、拆迁、安置和后期扶持全过程中是不可或缺的治理参与者。实践表明，让移民真正参与到移民搬迁的决策、实施、监督、评估等环节中，不仅有利于维护其知情权、选择权和监督权等合法权益，而且内化的参与机制将减少移民搬迁安置工作的阻力，使移民更加认同并接受搬迁安置结果。同时，在一定程度上可以优化移民治理工作程序、提高移民治理工作效率。

保障移民各项合法权利是移民搬迁安置工作顺利、有序开展的前提，但受制于水库移民自身资源的有限性，面对政府灌输式的信息输入或遭受明显利益损害时，水库移民往往处于孤立无助的困境。这样的结果不仅影响到移民搬迁安置工作的质量水平，还会遗留更多的社会问题，因此在移民社会治理中，引入并发挥非政府组织的参与治理作用较为重要。当非政府组织参与到搬迁安置的酝酿商议、前期社会经济调查、搬迁安置规划编制等过程中时，一方面规避了政府组织的强制性所引起的不良效应，另一方面可以集中和整合水库移民多方面意愿和利益诉求，通过组织化、制度化的方式向政府表达，并且作为中间组织可在发生冲突时调节缓解移民与政府之间的紧张关系，从而实现治理有效性的目标。

水库移民搬迁安置工作涉及多元利益主体，他们之间存在着直接或间接的利益关系，既有各方共同关注的焦点所在，同时由于所处立场、角色不同，对于同一问题也存在不同观点（见图11-1）。因此，高效、稳定推进水库移民社会治理，保持移民社会系统良性、有序运行，既有赖于自上而下的政府行政治理，也

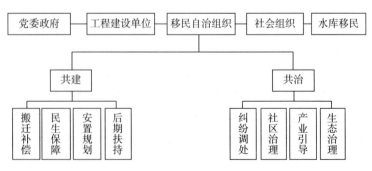

图11-1 水库移民共建共治理论模型

依靠移民自治组织与移民参与自下而上的治理，同时还需要调动、吸纳和利用各种可以利用的社会力量参与共建共治，为新时代水库移民社会治理开创新的局面。

（二）社会干预理论

水库移民的社会干预是指社会治理主体通过一定的机制，将促进移民稳定发展的具体政策措施引入到水库移民群体的生产生活之中，进而对移民社会现状产生政策预期的影响效应。从宏观层面看，对水库移民稳定和发展的社会干预常常是一种动态的资源再分配过程，在微观层面上，社会干预是直接参与和介入式的项目实践或社会行动。

我国水库移民稳定和发展干预的主导者是政府，这是因为水库修建的功能效益主要是关系防洪、灌溉、供水、发电、航运等国计民生的公共服务，因而不宜包含过多的市场主体与因素。在水库移民的社会干预过程中，政府主要运用经济手段和行政手段实行主动干预。其中，经济手段的干预对象主要为电力生产、经营者和使用者，具体干预方式包括价格和税收两种类别，如提高销售电价、增收提高电价增值税的部分和对经营性大中型水库征收库区基金。行政手段的干预对象主要为移民管理机构、水库移民及其安置地，具体干预方式包括后期扶持方案和基建规划的实施管理，如建设移民管理机构、编制具体规划作为后期扶持资金拨付依据、地方出台的移民贷款优惠政策等。

水库移民社会干预机制包括内外双生制。所谓内生干预机制，是指政府部门通过直接向移民注入资金的方式，提高其生产投入、扩大再生产或开展多元化经营，以获得更多的家庭收入，增加其消费能力，推动库区和移民安置区的社会经济发展。外生干预机制主要指政府部门通过投资基础设施建设，增强移民的经营性生产活动能力，增加收益，间接降低农业生产成本，提高农村社会保障水平。通过扶持生产发展项目，改良农田、调整农业生产结构、提高农业生产力。开设技术培训和劳务输出服务，提高农民自身的能力和素质。如果将内生机制与外生机制结合起来，有助于恢复水库移民生计，改变库区落后面貌，促进水库移民可持续性发展。

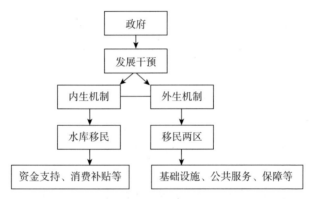

图11-2　水库社会干预理论模型

一些实践经验表明，水库移民干预规划转化为现实并不是简单线性过程。政府根据自身意图制定出台移民干预政策，但由于移民与政府在利益认知、兴趣目标等方面存在不一致，因而干预政策的实施将会在双方博弈中经历一次或多次重塑，以使干预政策更有利于满足自我利益诉求。水库移民干预政策经过变通和重塑后最终落地，然而此时的干预政策已与干预预期发生偏离，实际干预结果与预期目标产生错位，这正是水库移民扶持项目供给失准，水库移民扶持资金瞄准偏移的原因所在。

实际干预政策和目标与预期的偏差虽然会在一定程度上引发

负面效应，但不能忽视干预实施可能带来的正面影响。虽然国家权力的介入和干预的最终结果与干预政策目标有所偏差，但这并不意味着干预的失败，因为这些干预政策实际上已或多或少地对水库移民的生产生活产生正面影响，毕竟现实中并没有与预期规划完全一致的成功项目。

（三）社区治理理论

移民社区建设井然有序、社区治理高效有力，社区居民安定团结，是水库移民库区和安置社区"两区"稳定发展的重要表现。当前，我国已围绕水库移民征地补偿、搬迁安置、生产恢复、后期扶持等事项逐步构建起专门化的政策体系。但是，水库移民社区治理问题却长期处于政策边缘，特别是关于水库移民社区应当"治理什么""如何治理"等问题，多被模糊地等同于"两区"基础设施建设、公共参与及民主协商等问题，或概而化之地纳入到"长远及可持续发展"的目标话语之中。

尽管国家未出台专门的政策文件厘清、确定水库移民社区治理的责任分属、关键内容和操作方案等事项，但从水库移民搬迁安置及后期扶持的一系列条例、规章、标准等政策文本的相关表述中，不难辨析出其中暗含的国家对于水库移民集中安置社区的治理意图，即以移民增收致富、摆脱贫困为短期治理目标，以社区协调发展、缩小差距为长期治理目标，针对水库移民集中安置社区政治系统、经济系统、社会系统、文化系统、生态系统开展多系统建设和治理（见图11-3）。

经济系统方面，水库移民社区将移民经济建设纳入集中安置所在地的经济建设体系之中，发挥所处地域的市场、技术、信息等优势，加快移民社区经济恢复与发展速度，有步骤地帮助水库

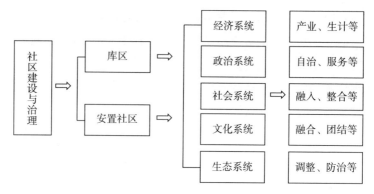

图11-3　水库移民社区治理理论模型

移民社区发展相关的产业项目，推动水库移民生计结构的转型升级。实现移民搬迁前后的生产生活水平不低于移民安置社区当地居民的平均生活水平、移民生产生活发展速度不低于安置社区当地居民的平均发展速度的经济建设基本目标。

政治系统方面，相较于普通农村社区，移民社区需要承担和落实的政治任务更加复杂、敏感。一方面，水库移民社区自身需要尽快完成村级管理组织的恢复和重建；另一方面，移民社区需逐一对接各类政府部门归口，完成人口计生、财务审计、民主选举、基层党建、贫困治理、社保征缴等工作任务。当前相当一部分移民社区干部实行轮班制或一岗多责制，各级政府也纷纷加强向下的人力投入，通过委派专员或驻村工作组等形式指导社区开展政治系统治理工作，缓解社区干部队伍人手不足的窘境，成为维护移民社区稳定的重要补充力量。

社会系统方面，搬迁造成水库移民社会关系断裂、社会组织解体等无形破坏，少数移民长期处于社会边缘化状态且难以融入当地社会。面对社会系统整合方面的挑战，移民社区应积极主动接纳外来移民，高度重视和关心外来移民生产生活，加强移民和安置地居民的沟通、理解和互动，使移民享受与当地居民平等的政治经济权利，促进水库移民尽快融入当地社会。

文化系统方面，一般而言水库移民的文化系统建设包括风俗习惯和民族构成两方面内容。一方面，移民社区集中安置过程中，移民原住地具有宗教含义、风俗习惯的象征物，如宗祠、墓地、戏台等的重建需要尊重移民既有习俗。另一方面，集中安置社区的选择需要考虑移民的民族构成，尽量把民族构成相同或似的移民安置在一起，避免对有宗教信仰冲突的移民实行集中安置，尊重移民安置意愿，促进民族融合。

生态系统方面，水库移民集中安置社区面临着人口压力增加、资源消耗增多、人与自然生态原有的平衡状态被打破等挑战，通过环境容量分析、土地整理、产业结构调整、生产生活方式节能改善等方式实现安置社区的新生态平衡是社区治理的必然选择。

（四）利益协调理论

我国水库移民工作处于新老移民交织的关键时期，随着社会经济快速发展，移民权益意识的增强以多元化需求出现，影响移民群体稳定的因素也在增多，移民治理问题较为突出。水库移民稳定问题实质上是利益问题，如何做好利益协调，实现水库移民中长期稳定和有效社会治理，已成为广受各界关注的重要议题。

我国水库移民社会治理的利益协调机制逐步完善，水库移民治理日益呈现出治理主体多元化、治理手段复合化、治理思维法治化、治理目的人本化等新特征。其一，在以往水库移民社会治理中，政府是移民群体的唯一管理主体，依靠其强制力和权威性，负责本辖区内的移民搬迁安置全过程。水库移民群体的社会治理秉承多中心治理理念，移民、社区组织、非政府组织与政府共同参与到移民治理过程之中。其二，水库移民群体的社会治理手段不再局限于行政手段，法治方式、市场途径和道德习俗等不同手段在水库移民社会治理中的地位日益凸显，治理手段日益复合化。其三，随着立法健全化、执法严格化、法律服务体系日益完善，法治也逐渐成为解决移民群体社会矛盾的可靠、有效、制度化手段，治理思维法治化趋势加深。此外，水库移民群体治理以维护移民权益为根本，建立和完善科学有效的诉求表达机制、利益协调机制、矛盾调处机制和权益保障机制，治理目的人本化特征得到彰显（见图11-4）。

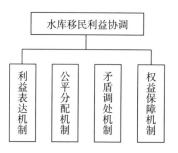

图11-4　水库移民利益协调理论模型

总体来看，我国水库移民的社会治理更加重视利益协调，但不可否认治理问题仍在一定范围内客观存在。首先，由于各种历史原因，部分老水库移民群体贫困面广、贫困程度深，因搬迁而产生的遗留问题多，长远生计没有得到充分保障，信访不断甚至发生群体性事件。其次，随着社会经济发展水平提高、移民维权意识的增强与库区资源环境容量的限制，部分新建、在建水库移民要求提高补偿安置标准，自主选择安置方式，按照市场规则来分享水利水电工程的效益，因补偿、扶持等利益问题引发的冲突对抗时有发生，成为影响社会稳定的重要因素。最后，移民问题常常与民族问题相互交织，这使得治理情况更加复杂，为水库移民群体治理带来更大挑战。

为破解水库移民稳定问题，加强水库移民社会治理，一方面应持续深化完善移民利益协调机制本身，另一方面需加快破解各类水库移民稳定问题，以达到移民利益协调目标。在此基础上，改善水库移民的生产生活条件，促进水库移民安居乐业、实现库区和移民安置社区安定有序。

二、水库移民社会治理的新形势

2020年，中国已实现全面建成小康社会的战略目标，水库移民群体中贫困人口已全部脱贫。由于水库移民群体曾有相对较多贫困人口，且大多贫困程度深、脱贫难度大、返贫可能性高。随着脱贫攻坚战取得胜利，为水库移民的发展与社会治理带来重要机遇。

首先，全面建成小康社会为水库移民改善自然生存环境提供支持。一些农村水库移民安置区山洪、滑坡、崩塌等地质灾害频发，水土流失严重，自然生态环境较为脆弱，居住生存条件相对恶劣，生产生活基本上处于靠天吃饭的状态。部分城镇水库移民的自然生存环境差，一些安置区位置较为偏僻，且因山地沟壑分割，地形崎岖险峻，水库移民往往被分割分布。例如三峡库区迁移重建的奉节县城曾三易其址，由于难以在海拔500米以下地区找到一处一平方公里的平地用于安置水库移民，最终奉节县城在长42公里的沿江岸上呈串珠状分布，不仅难以形成产业聚集效应，而且还受到600多处地质灾害隐患威胁，自然生存环境的安全保障程度较低。随着社会经济快速发展，长期生存在恶劣自然环境中的水库移民迫切盼望改变不良生存状态。在全面建成小康社会进程中，国家针对"一方水土养不活一方人"问题，安排专项资金先后帮助72万特困水库移民搬迁，完成64万水库移民的避险解困任务，为改善水库移民自然生存环境提供了强力支持。[①]

其次，全面建成小康社会为水库移民优化产业建设环境提供契机。农业安置是我国水库移民安置的主要方式，但是水库移民库区和移民安置区普遍存在农业供给质量问题，特别是在后靠移民安置区，这一问题尤为突出。2007年三峡库区移民人均耕地面积降低了21.25%，仅为0.63亩，并且有41%的耕地是不适宜耕种的大于25度的陡坡地。这种情况将直接影响水库移民的基本生活，也影响水库移民的稳定和发展。为解决这一问题，山东、浙江等地方政府筹集专项资金用于库区和移民安置区的农业及配套水利设施建设，引导移民由传统农业生产向生态高效农业转变，如陕西省榆林市靖边县水库移民村探索出适合当地的"村集体+合作社+农户"的农业生产模式，移民群众通过土地流转、劳动力和筹资入股的方式，精准扶持贫困移民脱贫致富，逐步实现"按股分红"收益分配机制。除优化农业生产环境外，移民"两区"还立足当地优势资源，引入外部资本，培育新型经营主体，因地制宜发展特色产业，如柳州市产口村以旅游发展带动全体水库移民脱贫摘帽，唐河县源潭镇以手工地毯编织产业助力水库移民共同致富。

最后，全面建成小康社会为激发水库移民内生发展动能创造

---

① 参见王慧、王振航：《脱贫攻坚的水利担当》，《中国水利》，2021年第5期。

条件。全面建成小康社会不仅通过扶贫脱贫改善了水库移民的生产生活条件，而且脱贫攻坚战略实施过程中扶贫与扶志、扶智的结合，增强了移民脱贫致富和自我发展的内在动能。各地基层政府和移民管理机构出台了系列扶持和激励措施，鼓励水库移民就业创业，并通过职业技能培训提升移民的技能及其在劳动力市场上的竞争力。此外，大力支持水库移民家庭子女教育，最大限度切断贫困的代际传递，通过教育扶持增强水库移民的发展能力。

在实现全面建成小康社会目标之后，我国开始向第二个百年目标迈进，开启全面建设社会主义现代化新征程。在新的形势下，水库移民社会治理工作的重点随之发生转变，从消除绝对贫困转向巩固脱贫攻坚成果、缓解相对贫困和全面推进乡村振兴。乡村振兴是党的十九大提出的重大发展战略，也是新时代做好"三农"工作的总抓手。乡村振兴战略既给水库移民社会治理提出了新要求和新任务，也带来新的发展机遇和有利条件。

乡村振兴战略为水库移民稳定和社会治理提出"产业兴旺"新要求。产业兴旺是乡村振兴的重点，重视产业、培育产业、发展产业是解决移民稳定问题的关键。水库移民"两区"在产业发展上整体呈现不均衡态势，部分地区存在结构失衡、收益薄弱、实质空虚和增收困难等问题。满足产业兴旺的要求，水库移民社会治理要注重转变农业发展方式，进一步优化农业产业产品结构，深入推进水库移民"两区"一、二、三产业融合发展，为促进水库移民增收致富开创有效路径。

乡村振兴战略为水库移民稳定和社会治理提出"生态宜居"新要求。水库库区属于水资源保护地、生态涵养区和生态保护区，是生态文明建设和保护的重点对象。为将水库移民"两区"建成生态宜居之地，移民搬迁安置规划要把生态环境保护置于重要位置，科学合理地规划各种功能区。在产业发展方面，要遵循生态优先、绿色发展的原则，发挥自身生态优势，推动水库移民"两区"的特色产业和高质量发展，将生态文明建设与经济社会可持续发展有机统一起来。

按照乡村振兴战略"乡风文明"的新要求，水库移民社会治理工作将迎来新局面。随着水库移民"两区"乡风文明建设的持续推进，"两区"的文化建设与发展会得到进一步加强，文化在移民的社区重建和社区治理中所发挥的整合作用越来越显现出来。此外，水库移民的历史文物、传统村落、民族村寨、特色建筑、民族艺术、民间工艺等物质文化和非物质文化遗产的保护、传承和开发利用越来越受重视，并在移民"两区"建设和发展中发挥重要作用。

在乡村振兴战略实施背景下，水库移民社会治理将按"治理有效"新要求，不断推进治理创新。乡村治理体系是国家治理体系的重要组成部分，要实现乡村振兴，必须构建起有效的乡村治理体系。在水库移民的"两区"重建的过程中，随着治理效能的不断提升，移民新区的发展将具有新动能，社会秩序会越来越趋于稳定。

生活富裕是乡村振兴的目标之一。随着乡村振兴战略的全面推进，水库移民对生活富裕的要求与追求越来越强烈，这既给水库移民社会治理提出新课题，也是对移民社会治理工作的一种促进。为促进水库移民持续增收，不断提高生活水平，社会治理要努力创新体制机制，引导并带领移民积极地就业创业，不断提升增加收入的技能和能力。

随着全面建成小康社会目标的实现和乡村振兴战略的推进，水库移民的生产生活水平正在得到稳步提升，并生发出对更加美好生活的希冀和憧憬。十九大报告指出，中国发展进入新时代，社会发展的主要矛盾已经发生转变。对于水库移民而言，这一点具体表现为水库移民日益增长的美好生活需要，和"两区"与城市发展之间的不平衡、"两区"内部发展的不充分之间的矛盾，这给水库移民稳定及社会治理工作带来新挑战。

库区和移民安置区与城市之间的发展不平衡，既有客观的自然和经济社会条件差别方面的原因，也有不平衡政策的影响作用。"两区"与城市发展的不平衡主要表现为：水库移民"两区"的经济发展严重滞后于一般城市地区。移民库区多建设于山区，多以农业为主。由于受到耕地少，交通不便等条件制约，经济发展处于滞后状态。那些在农村的移民安置区，由于人口增加而导致人均耕地减少，加上缺乏资金、技术、人才等优势资源，经济发展水平也落后于城市经济。水库移民"两区"的基础设施和公共服务的发展与城市地区也存在明显不均衡。尽管在新农村建设、脱贫攻坚的过程中，农村基础设施和公共服务水平有了非常明显的改善，各地村庄都通了公路、电力和通讯，通自来水的村庄的比例也大幅提高。但与城市相比，水库移民"两区"在社会生活条件方面还是有一定差距，特别是公共服务，均衡发展的空间依然较大。此外，水库"两区"的收入水平与城市居民收入差异显著。按照国家统计局公布的数据，2020年城镇居民人均可支配收入为43 834元，农村居民人均可支配收入为17 131元，虽然农村居民收入水平的增长速度快于城市居民，但城乡居民人均收入差距仍较为显著。

移民库区和移民安置区内生发展不充分是水库移民社会治理面临的又一重要现实问题，这一问题主要体现出如下特征：水库移民"两区"产业发展不充分。当前，库区和移民安置区的产业结构仍以农业等第一产业为主，但受到自然条件和社会经济发展水平限制，"两区"农业基础设施建设不完备、规模化程度不充分、科技资源利用不深入，农业生产成本较大，可持续发展能力较弱。一些库区和移民安置区二、三产业建设投入较多，但是否能够长期、稳定、良性发展仍有待时间检验。水库移民"两区"发展不均衡。浙江、江苏等东部沿海地区"两区"建设与发展情况较为良好，但中西部地区，特别是一些处于"三区三州"深度贫困地区的库区和移民安置区的发展仍存有较大困难，部分库区和安置区缺乏有效的动员和组织，发展缓慢和迟滞，水库移民"两区"的中长期发展不充分。水库移民在收入水平增长方面，主要依靠家庭农业收入、外出打工的工资性收入、财政转移支付性收入，增收的渠道未有效拓宽。水库移民受教育水平普遍有限，直接影响到移民选择职业、发展经济和改善生活的能力。总体来看，水库移民群体在搬迁和安置后，虽然温饱问题得到了有效解决，但在移民发展方面，还处于相对不充分的状态。

社会主要矛盾的转变加剧了库区和移民安置区与城市发展之间的不平衡问题，放大了库区和移民安置区内部发展不充分的矛盾。如果这些问题和矛盾长期得不到有效解决，将不可避免地引发水库移民稳定问题，由此可见，社会主要矛盾转变为水库移民稳定与社会治理带来新挑战。

党的十八大以来，中央作出统筹推进经济建设、政治建设、文化建设、社会建设、生态文明建设"五位一体"的总体布局，并提出"创新、协调、绿色、开放、共享"的新发展理念。"五位一体"总体布局和新发展理念为新时代水库移民社会治理提供了新思路。

创新发展理念为水库移民"两区"建设与发展提供新动能。创新是库区和移民安置区实现发展的有效路径，是推动水库移民群体脱贫致富的动力。在水库移民建设与发展过程中，地方政府和基层组织可立足"两区"实际情况，在法规政策允许的范围内积极谋划、不断尝试、大胆创新。优化水库移民后期扶持模式，通过统筹规划、整合资源，发挥产业扶持、项目创收优势，大力发展新产业、新业态，解决水库移民就业难问题，促进"两区"稳步发展。

协调发展是水库移民"两区"建设与发展需要坚持的基本原则，也是水库移民"两区"可持续发展的保证。协调发展的内涵主要包括：在保持人、社会与自然生态环境之间关系协调的基础上促进发展；维持经济与社会文化及生态文明建设之间的协调；促进区域和社会群体之间的协调发展。坚持协调发展原则，是实现可持续发展的要求。如果只是一味追求发展，忽视发展中的关系协调，那么不协调发展问题将不可避免。不协调发展是不可持续的发展，是隐含风险的发展。如经济发展不考虑与生态环境的协调，可能会带来各种各样的环境污染，并给人类健康带来一定风险。同样，如果发展不能协调社会中不同利益群体之间的关系，引发社会矛盾和社会冲突，会带来相应的社会代价，并进而影响到发展的可持续性。

绿色发展理念为水库移民"两区"建设与发展指明了方向。新时代的发展之路将转向绿色发展之路。保护生态平衡，走绿色发展道路是未来发展的必然要求。水库移民的中长期发展，必须谋求绿色发展。绿色发展对水库移民"两区"建设与发展来说，既是必然的要求，也是重要的契机。水库移民"两区"本身具有生态环境的特殊地位和区域生态特色，在建设与发展过程中，可以充分利用区域的生态优势和特色资源，走出环境保护与经济社会发展紧密结合的高质量发展之路以及绿色发展之路。

开放策略为水库移民"两区"建设与发展创造更多、更广泛的机遇。改革开放为经济社会发展增添活力，对于水库移民社会治理来说，推动"两区"的发展是重要目标和任务之一。水库移民的开放发展需抓住两个重点：一是思想的开放；二是区域的开放。思想的开放就是解放思想，转变传统发展观念。较多水库移民由于长期居住在相对闭塞的地区，虽在漫长历史中形成了传统生产与生计模式，积淀下传统发展观念，但在现代化、全球化的大背景下，传统发展模式和观念会在一定程度上制约和影响现代化发展进程。解放思想可以激发移民的创新活力，更好地适应现代化发展的大环境，将发展传统与建设现代化有效地结合起来。区域开放就是促进水库移民"两区"的对外开放程度，即加强移民"两区"与其他区域以及外部世界的联系，让区域特色资源在一个开放的经济社会体系中发挥更大的效益。例如，水库移民"两区"通过动员和开发民族特色文化传统资源，大力发展诸如旅游业等对外开放型产业，带动"两区"的开放程度，提升经济发展的活力。

在水库移民社会治理中，共享发展将为移民"两区"建设和发展提供更广泛的社会支持。共享发展的新理念体现出人民共享社会主义建设与现代化发展成果的基本精神，以及社会主义发展道路的特点。水库移民"两区"虽面临不均衡不充分发展问题，但随着国家重大发展战略的推进和实施，将获得更多的政策扶持和更广泛的社会支持，从而促进水库移民群体的社会稳定和充分发展。

三、水库移民社会治理的状况

民生建设是社会发展和社会治理的重要内容之一，国家通过民生建设来保障广大民众的基本生存和发展权利，不断改善人民群众的生活水平，增进人民的福祉。随着我国社会主义建设进入新时代，保障和改善广大水库移民的民生状况，成为新时期水库移民社会治理工作的重点任务，水库移民的民生建设不断加强。

水库移民"两区"教育事业发展越来越受到重视。自2012年以来，财政性教育经费占国内生产总值的比例连续八年保持在4%以上，并呈现逐年递增的态势，地方基层政府对库区和移民安置区的教育经费支出维持在此水平之上。水库移民为国家水利水电事业发展做出了牺牲和贡献，为给水库移民提供"反哺"，部分地区实施了相应的教育扶持和优惠政策，支持水库移民及其子女公平地获得公共教育资源。

水库移民"两区"的医疗卫生条件和公共卫生服务水平得以提高。良好的医疗卫生条件是生活水平提高的标志之一，水库移民民生状况的改善在移民"两区"的公共医疗卫生条件改善方面也得以体现出来。随着水库移民对美好生活的需求日益增长，对"两区"医疗卫生服务也相应地提出了更高的要求。为满足水库移民的医疗卫生需要，各地建立起了覆盖水库移民的医疗保险体系，改善了乡村医疗基础设施，逐步提高移民"两区"的公共卫生福利和医疗服务水平。

在水库移民的民生建设方面，移民"两区"的住房保障得以不断改善。为让水库移民"稳得住"，必须满足移民安居乐业的基本需要。因而，在水库移民社会治理工作中，住房保障工作一直倍受重视且投入不断加大。各地的移民搬迁安置和管理充分考虑移民的实际需要，在移民安居工程建设中，关照水库移民的不同住房需求，并在住房福利分配中遵循公正、透明的原则，尽可能让水库移民对住房安置满意。此外，水库移民社会治理还通过移民后期扶持机制，不断改善移民的居住环境，提高住房质量和住房保障。

水库移民社会治理将促进就业作为重点，持续推进并不断改善。就业是民生大计，对水库移民来说，意义更为重要，因为水库移民在搬迁安置之后，常常要面临生计方式的转换和职业流动。如大多数水库移民都是从以农业为主的山区搬迁出来的，如果移民安置区是小城镇或耕地少的农村，那移民就要面临职业转变或流动，也就需要在非农业领域找到就业位置。就现实而言，水库移民群体在经济资本、社会资本、人力资源等方面处于相对弱势地位，解决移民就业问题也就成为水库移民稳定和社会治理工作的重点、难点。为促进水库移民充分就业，需要发挥政府、市场、社区和移民自身的合力作用，政府为水库移民提供更加多元化、精准化的就业信息、就业服务、技能培训、政策优惠和社会支持，市场需要提供更多就业机会，社区和移民自身要积极动员起来，形成良好的创业、就业社会氛围。

养老与社会保障在水库移民社会治理工作中得以落实并不断加强。水库移民能否稳得住，社会保障是最后一道防线。水库移民稳定与社会治理工作只要不断扩大社会保障的覆盖面和保障范围，提高水库移民的保障水平，排除移民群众的后顾之忧，就可保障水库移民社会大局的稳定。在人口老龄化的大背景下，水库移民"两区"的人口老龄化、空心化问题更为突出，因而，健全和完善水库移民的养老保障体系，是改善移民社会治理，实现移民中长期稳定与发展的重要途径。

加强制度建设是新时代水库移民社会治理的重要任务，在推进国家治理体系和治理能力现代化进程中具有重要作用。2020年，水利部等部门在全面梳理水库移民政策法规及制度体系的基础上，根据水库移民工作形势、要求的变化，对18项移民条例配套制度、39项后期扶持政策和12项水利移民技术标准提出了修订意见。①这标志着水库移民社会治理的制度建设得到进一步加强，水库移民社会治理的制度体系在逐步完善。具体而言，水库移民社会治理的改革和制度建设重点围绕以下几个方面展开和深入：

水库移民补偿和安置的法律法规体系进一步完善。指导水库移民补偿安置工作的法规性文件主要是2017年修订的《大中型水利水电工程建设征地补偿和移民安置条例》。为提高水库移民稳定和社会治理水平，进一步完善水库移民补偿安置的法律法规体系，可以《水库移民补偿安置法》的形式，使水库移民的稳定和社会治理工作有法可依，促进水库移民社会治理的法治化、规范化和系统化。

进一步完善水库移民后期扶持的法律法规体系。科学、公正、合理地为水库移民提供后期扶持，对于维持水库移民群体的中长期稳定而言至关重要。要做好水库移民后期扶持工作，让广大移民群众实现"稳得住"的基础目标，在制度建设方面需要根据社会经济变迁的需要，及时制定和出台相应的后期扶持配套措施细则，有效解决水库移民在新环境中面临的种种实际问题，帮助水库移民更好地适应迁置后的生产生活，进而保障水库移民社会稳定的大局。

进一步完善水库移民稳定工作的组织治理体系。与补偿安置和后期扶持法律法规体系不同，组织治理体系属于操作层面的具

---

① 参见吕彩霞、张栩铭、卢胜芳：《主动作为　务求实效　推动水利扶贫和水库移民工作再上新台阶——访水利部水库移民司司长卢胜芳》，《中国水利》，2020年第24期。

体制度安排。在促进水库移民稳定与发展工作中，负责水库移民治理的组织机构包括地方政府移民管理机构、水利部门、民政部门、扶贫部门、基层组织以及其他各类社会组织。不同的组织治理主体在水库移民工作中职能不同，为改善水库移民社会治理水平，需要充分调动、发挥、协调和联动不同治理主体的能动性和功能性，由此提高水库移民社会治理效率，促进水库移民稳定工作稳步开展。

更加注重制度建设的社会治理，这可以说为水库移民稳定工作指明了方向并提供了一条有效路径。制度建设为水库移民稳定和社会治理中纷繁复杂的具体工作提供了操作执行规范，为实现依法治理奠定了重要基础，同时保障了具体治理措施和治理实践在制度轨道上的顺利推进。另一方面，完备的制度设计是实现效率提高的重要前提和途径，制度优势能够在一定程度上转化为效率优势。科学、合理的制度设置和制度安排，特别是制度创新，通常会为改变僵局创造有利条件，从而大大提高社会治理的效力和效率。因此，在维持水库移民中长期稳定，改善水库移民社会治理方面，要破解一些历史遗留难题，要化解新形势下出现的新问题，积极推进社会治理制度建设尤为重要。

中共十九大报告强调"坚持全面深化改革"，提出"着力增强改革系统性、整体性、协同性"社会治理新理念。具体到水库移民稳定与社会治理工作之中，大中型水利水电工程建设引发的水库移民搬迁过程是复杂的、安置过程是艰巨的、后期扶持过程是长期的，这就需要在水库移民稳定与社会治理中更加注重系统协同理念的运用，并将其深入贯彻到以下工作之中。

把系统协同理念贯彻于水库移民搬迁安置过程。水库移民人口数量较多，持续周期较长，牵涉地方政府、项目法人、移民群体等众多主体，涉及项目繁多，包含铁路、公路、桥梁和公共基础设施等不同行业。为确保水库移民工作的稳定开展和顺利推进，需要各级政府、各领域主体系统协同形成协调工作机制，具体包括指导、督促水库移民的前期动员和具体实施工作，协调、平衡水库移民政策执行过程，协商、共议解决水库移民工作中的重大事项和突出问题。特别是在搬迁安置任务重、情况复杂的大中型水利水电工程移民管理工作中，系统协同有关方面机构搭建交流、沟通、议事平台，有利于移民稳定和治理工作的开展。

把系统协同理念贯彻于水库移民政策制定执行过程。水库移民政策的"朝令夕改"、过多泛滥或执行标准不一致等问题容易干扰移民群体的稳定大局，保持水库移民政策的连续性、一致性和严肃性至关重要。这就要求，一方面，各级政府在制定水库移民政策具体细则时应严格按照国家审定的移民安置规划、补偿补助标准及省级政府出台的有关规定执行；另一方面，针对地处界河的水利水电工程移民的补偿安置扶持政策，应在相邻省份相互理解、支持、沟通的基础上系统协同制定出台，保障水库移民享有公平公正待遇。

在水库移民后期扶持过程中贯彻系统协同理念。水库移民的后期扶持，需要系统协同政治资源、经济资源、项目资源和行政资源等各类资源，并将其整合应用于水库移民后期扶持过程之中，这既是新时代移民工作的客观要求，也是水库移民稳定致富的现实需要。为此，各级政府部门和相关组织应建立协同联动机制，汇总水库移民各类补助扶持政策，提高各类扶持资金使用效率，整合各类扶持项目名目种类，以系统协同理念为指导，充分发挥后期扶持资金的引领和撬动作用，为水库移民稳定和治理工作的顺利开展奠定坚实基础。

四、水库移民社会治理机制的构建

随着中国特色社会主义进入新时代，社会主要矛盾的转变，不断改善社会治理显得越来越重要，不断完善社会治理的体制机制也就越来越重要，在推进国家治理体系和治理能力现代化过程中具有重要的作用。为促进水库移民群体的社会稳定及中长期发展，需要进一步加强水库移民的社会治理，完善移民社会治理机制，提升移民社会治理能力，防范重大社会风险。

（一）水库移民社会治理的总体要求

为促进水库移民中长期稳定，推进库区和水库移民安置社区的社会治理现代化，需要坚持贯彻新发展理念，按照"五位一体"总体布局，建立健全水库移民稳定的社会治理体制机制，开创水库移民高质量发展与社会稳定的新局面。

推进水库移民社会治理体系和治理能力的现代化，要坚持以人民为中心的发展思想，牢固树立和贯彻落实新发展理念，坚持正确的水库移民工作方针，以满足水库移民对美好的生活需要为核心，以解决水库移民的实际问题、优化社会服务、增加群众获得感为重点，以体制机制创新为突破口，不断提升水库移民社会治理水平。

提升水库移民的社会治理能力，要坚持和完善共建共治共享的社会治理大方向。创新水库移民的社会治理，需完善党委领导、政府负责、民主协商、社会协同、公众参与、法治保障、科技支撑的社会治理体系，建立和完善人人有责、人人尽责、人人享有的社会治理共同体，确保水库移民群体安居乐业、移民社区社会安定团结。

推进水库移民社会治理的现代化，促进水库移民中长期稳定，需完善民生保障制度，满足水库移民群体日益增长的美好生活需要。民生保障是社会治理的核心内容，推进"以人民为中心"的社会治理，要将民生保障作为基础。保障水库移民的稳定发展，需要做好水库移民"幼有所学，老有所养，病有所医，居有所住，事有所业"的民生保障工程。水库移民民生保障工作的推进，需要建立在制度基础上，通过健全和完善的保障制度，确保水库移民群体的民生安全和社会稳定。

从近期目标来看，构建水库移民中长期稳定和有效社会治理机制主要是着力解决水库移民群体和"两区"建设中的突出社会问题，在全面建成小康社会的基础上巩固脱贫攻坚成果，通过改革创新提高水库移民生计水平，维护水库移民社会稳定。

贫困问题常常是水库移民面临的问题之一，虽然水库移民已全面脱贫，但贫困问题可能转换为如何巩固脱贫成果问题。无论是库区移民，还是安置社区移民，或是其他水库移民，实际上都要面临生计重建问题，在此过程中，贫困问题易发生。所以，维持水库移民中长期稳定，仍需要注重巩固已有脱贫成果，预防水库移民群体返贫。在构建水库移民社会治理机制中，需要建立和完善水库移民反贫困的长效机制，确保水库移民不返贫，并防范相对贫困的发生。

从中期目标来看，构建水库移民有效社会治理机制要做好水库移民的社会重建工作，改善水库移民生活的环境，推进美丽家园建设。水库移民群体在搬迁之后，原有的社会生活空间发生巨大改变，移民都将面临社会适应和社会融合问题。因此，维持水库移民的社会稳定，必须加强社会重建工作，提高社会治理的能力和效率，构筑起水库移民稳定的社会基础。

水库移民社会重建工作的重点在于改善水库移民的社会生活环境，针对水库移民生活环境的特殊性，注重恢复移民社区的社会整合功能，加强社区建设、基础设施建设，加大公共服务的投入力度，促进广大水库移民在新的社会生活环境中重新整合起来，为稳定发展奠定社会基础。

创新水库移民的社会治理是社会重建的重要方面。针对水库移民的社会适应与社会融入问题，社会治理需要在体系和方法上进行创新。通过社区建设、社会工作、文化建设等途径，加强水库移民社区的社会团结与社会稳定，促进水库移民社区与外部世界的联系及和谐发展。

加强水库移民的美丽家园建设是社会重建的重要形式。改善水库移民生活区域的生态环境、居住环境和社会环境，推动美丽家园建设，不仅可以提高水库移民的社会生活水平和生活质量，而且可以大大加强水库移民的归属感和社会认同。在此过程中，广大水库移民的获得感、幸福感也将随之增强，社会和谐、安定团结的局面将得以形成。

从长期目标来看，构建水库移民有效社会治理机制要改善水库移民生产生活条件，促进经济发展，增加移民收入，使移民生活水平不断提高，逐步达到当地农村平均水平。随着社会主要矛盾的转变，水库移民日益增长的对美好生活需要与不均衡、不充分发展之间的矛盾日益凸显出来。改善水库移民的社会治理，保持水库移民长期稳定，需要不断改善水库移民的生产生活条件，促进水库移民持续增收，并为实现水库移民平均生活水平达到所在县级行政区农村平均水平、与当地农村居民同步发展的目标奠定扎实基础。

大力推动水库移民产业升级发展，着力加强水库移民创业就业培训，建立完善促进经济发展、移民增收、生态改善、社会稳定的长效机制。水库移民社区的产业发展以及移民群体的充分就业是保持水库移民中长期稳定发展的基础，如果广大水库移民能够实现安居乐业、生活美好，那么移民社会就能够保持安定团结、和谐有序。推动水库移民的产业升级，需要结合宏观经济改革的大背景，利用供给侧结构性改革和产业转型升级的机遇，充分发挥各地的特色资源，大力推动现代农业、加工制造业和旅游服务业等产业的融合发展。

推动水库移民的产业升级，提高水库移民的收入水平，改善水库移民的生活条件，可以结合国家乡村振兴战略的实施，努力实现乡村产业兴旺和生活富裕。由于大量水库移民安置在农村地区，主要依靠传统农业和外出打工为生。振兴水库移民的产业，重点在推动农村产业结构调整和产业升级，探寻产业融合发展的新路径。

推动和实现水库移民的产业升级与产业振兴，既要大力扶持水库移民的新型产业的发展和经济结构转型，加大对水库移民产业发展的投资，政府可引导和激励社会资金投入到水库移民产业发展之中，与此同时，通过水库移民的社会治理，强化移民社区建设，充分发挥移民社区的动员力量，调动广大水库移民自身的生产积极性和创造性，通过创新创业，大力推动新产业、新业态的发展，提升水库移民内生发展新动能。

新时期，水库移民稳定工作面临新环境，具有新特点，构建水库移民稳定的有效社会治理机制，推进水库移民社会治理体系和治理能力的现代化，重点要坚持以下原则：

共建共治共享原则。创建共建共治共享的社会治理格局，既是政策要求，也是新的历史条件下水库移民社会治理工作的实际需要。创新水库移民的社会治理，要广泛吸纳多方面力量共同参与水库移民的社会建设。在向水库移民提供公共服务方面，可扩大市场开放，通过政府购买服务、健全激励补偿机制等办法，鼓励和引导企事业单位、社会组织、人民群众积极参与水库移民的社会建设。在涉及移民的教育、医疗、卫生、就业、社保等民生领域，要在坚持党委领导、政府负责的前提下，为市场主体和社会力量发挥作用创造更多机会，增强社会力量参与社会建设的能力和活力。

加强和改善水库移民的社会治理，既要发挥各级党委在社会治理中总揽全局、协调各方的领导核心作用，也要积极调动多方力量共同参与社会治理。在涉及水库移民的公共事务方面，依法推进自我管理、自我服务、自我教育、自我监督，努力形成社会治理人人参与、人人尽责的良好局面。

加强和创新水库移民的社会治理，还需让治理成果得到共享。通过社会治理的推进和完善，不断满足水库移民日益增长的美好生活需要，让广大水库移民能够共享治理取得的成果。在水库移民社会治理体系创新中，在政府主导下，构建起共享的、可持续的服务体系。

构建水库移民社会治理的共建共治共享格局，就是形成党委领导、政府负责的多元主体共同参与建设和治理，政府与多元主体形成合力，共同为维持水库移民稳定发挥积极作用，实现发展为了人民、发展依靠人民、发展成果由人民共享的新局面。

问题导向的原则。围绕水库移民日益增长的对美好生活的需要，查找薄弱环节，精准发力，补短板、强弱项，促进库区和移民安置区"两区"的社会稳定和高质量发展。

随着脱贫攻坚取得全面胜利，水库移民中贫困人口全面脱贫，共同迈入小康社会，水库移民的社会治理工作重点就需要从扶贫脱贫转移到巩固脱贫成果与全面推进乡村振兴相衔接之上。

制约和影响水库移民稳定和社会治理的短板主要在民生保障体系建设方面，新时期的水库移民的社会治理需要针对这一短板，通过不断完善水库移民的民生保障制度，创新社会治理机制，弥补水库移民民生保障和可持续发展方面的一些不足，为促进水库移民中长期和谐稳定奠定社会保障基础。

满足水库移民日益增长的对美好生活的需要，保持水库移民的长期稳定，还面临的一个突出问题就是经济发展相对滞后问题。较多的水库移民"两区"存在着资源禀赋有限、产业基础薄弱、基础设施落后等薄弱环节，这些不利因素制约着水库移民的经济发展，在一定程度上影响水库移民的稳定。要让水库移民能稳得住，"两区"的经济发展必须上得去。因此，加强和创新水库移民的社会治理，促进移民稳定，就必须扩展思路，通过各种新途径和新渠道，加快推进水库移民"两区"的经济发展，实现水库移民的平衡、充分发展。

协同推进原则。为促进水库移民稳定，推动水库移民"两区"高质量发展，需要坚持新发展理念，坚持协同推进的原则，把精准扶贫、脱贫攻坚战略，新时代乡村振兴战略与水库移民的中长期稳定发展规划和措施协同衔接起来，充分发挥大中型水库移民后期扶持政策与其他涉农政策的叠加效应，强化部门协作配合，集中资源和力量，合力帮扶水库移民，共同促进水库移民的稳定发展。

改善水库移民的社会治理，促进水库移民的稳定发展，要紧紧把握国家推进的精准扶贫和乡村振兴战略机遇，充分发挥中国特色社会主义制度和宏观政策的优势，顺势推进水库移民的各项治理创新，有效解决一些突出问题。

提高水库移民的社会治理效率，实现良好的治理效果，政府与多元主体之间、参与治理的各部门之间必须加强协同配合，形成合力机制。在水库移民的协同治理方面，上下级各部门需要加强沟通协调，也要有横向各部门的协调联动机制，避免各部门单项治理措施的低效率或部门间治理措施不协调带来新问题的发生。

因地制宜原则。构建水库移民有效社会治理机制，需要坚持因地制宜、精准发力的原则。水库移民群体的规模虽不大，但群体的多样性和复杂性特征突出，保持水库移民稳定大局所面临的问题也多样复杂，并不相同。因而，有效地开展水库移民社区的社会治理，促进移民的社会稳定，不宜按照一个模式、一条路径推进。要实现水库移民的稳定和高质量发展，就要针对不同水库移民的实际情况和发展定位，厘清工作思路，强化规划引领，分类指导，稳步实施。

不同地区的水库移民以及移民中的不同人群，在移民搬迁、社会适应和社会融合的过程中，会遇到各不相同的问题，有各自相应的需要。做好水库移民稳定工作，还要在社会治理中了解移民差异化需要，因地制宜采取差异化的治理策略，充分调动移民社区的社会文化资本，激发移民社区的内生发展动能，提升水库移民自身发展的自主性、能动性和创造性，通过发展来促进移民的稳定。

（二）水库移民社会治理路径

实现水库移民的中长期稳定与发展目标，移民社会治理还需探索相应有效的路径。具体而言，在新时代水库移民的社会治理中，可以沿着以下路径推动有效的治理。

依法治理路径。法治建设的不断深化，科学立法、严格执法、公正司法、全民守法全面推进，坚持依法治国、依法执政、依法行政的共同推进，坚持法治国家、法治政府、法治社会的一体建设，开创依法治国新局面。

新时期为维护水库移民稳定大局，创新水库移民的社会治理，需要沿着法治路径来推进具体工作，这也是依法治理的基本要求。只有以法治理念为指导，以法制体系、法治程序和规范为支撑，水库移民社会治理才能取得更好的政治、经济和社会效益，才能更加有效解决影响水库移民社会和谐与稳定的源头性、根本性和基础性的重大问题。

创新水库移民中长期稳定的社会治理，法治路径将有助于协调社会关系、规范社会行为、解决社会问题、化解社会矛盾、促进社会公正、应对社会风险、保持社会稳定。探寻水库移民稳定和社会治理的法治路径，需要重点围绕以下几个方面推进：

首先，进一步完善与水库移民治理的相关法律法规和政策条例，为依法推进社会治理提供科学立法的基础。我国已形成具有中国特色的涉水库移民的法律法规体系，对保护水库移民的权益，促进水库移民稳定起到了积极作用。随着社会主要矛盾的转变，以及水库移民稳定的社会环境已发生了变化，为了推进科学立法，更好地维护水库移民的利益，满足水库移民新的社会需要，需要在水库移民稳定工作中，根据实际情况的需要，不断完善已有的法律法规和政策条例，为保持水库移民中长期稳定奠定良好的法律制度基础，充分体现中国特色社会主义法律制度的优越性和制度优势。

完善水库移民社会治理的法律法规，关键是要针对影响移民稳定的一些突出问题、痼疾、历史遗留问题等难以解决的事项，这些问题同时又是法律没有明确规定的，这就要通过科学立法、法律完善的途径，为治理实践、问题解决提供公正、合理的法律依据。

加强水库移民社会治理的科学立法，既要完善水库移民搬迁安置阶段治理工作的法规体系，也要完善水库移民后期帮扶工作的法规体系，实现水库移民社会治理工作的全过程有法可依，并能保证治理工作的公平合理。

其次，加强水库移民社会治理的严格执法与依法行政。为维护水库移民稳定，必须严格按照法律法规推进社会治理。正确处理水库移民维权和维稳的关系，依法维护水库移民的合法利益，同时引导水库移民依法有序开展维权。在维护水库移民"两区"社会秩序的稳定方面，要坚持法治原则，严格执法。对损害水库移民合法权益的行为，要严格按照法律追究责任，为水库移民维护合法权益提供有效保障。与此同时，对危害社会秩序稳定的违法行为，需要通过法治宣传、高效执法等途径加以预防、控制和治理。

依法行政是构建水库移民有效社会治理机制法治路径的重要保障。创新水库移民的社会治理，推进依法行政，建设法治政府，一方面要依法确立政府在水库移民社会治理中的主导、协调、监管责任，另一方面要促使政府在社会治理中依法行使权力，实现权责统一、权威高效的执法体系。在维持水库移民稳定、强化社会治理的过程中，需不断完善相关行政执法程序，强化对行政执法的监督，提升行政执法的规范化、公正性的水平。

此外，大力营造人人守法、人人参与、人人负责的社会环境。在水库移民"两区"的社区建设与社会治理中，加强公众法治意识和法治精神的培育，逐渐营造起民众自觉遵纪守法、自觉维护公共秩序、积极参与公共事务的良好社会氛围。

水库移民社区稳定秩序的构建，归根到底还是要依靠广大的移民群众。建设良好的法治环境，进一步巩固水库移民社会治理的法治基石，需要加大对广大民众的普法力度，建设社会主义法治文化，树立法律至上、法律面前人人平等、人人遵纪守法的法治理念，努力形成依法办事、依法解决问题、依法化解矛盾的社会环境。

重视能力建设路径。改善水库移民的社会治理，促进水库移民稳定、高质量发展，是国家治理体系和治理能力现代化的具体构成之一。实现这一目标，需要加强水库移民的社会治理能力建设。通过社会治理能力的提升和现代化，为开创水库移民社会治理新局面奠定坚实的基础。

促进水库移民稳定、高质量发展的治理能力建设路径主要包括四个方面：一是基层社会治理能力建设与提升；二是化解矛盾问题能力建设与提升；三是风险应对与应急能力建设；四是引导和动员能力建设。

提升水库移民社会治理的能力，重点在基层社会治理能力建设，提升基层社会治理水平。由于基层干部与群众接触更直接，互动机会也更多，推进社会治理能力现代化，要将社会治理的重心下移，夯实基层社会治理的各项工作，为移民群众办实事、办好事，解决好移民群众的操心事、烦心事、揪心事，提升移民群众的获得感、幸福感、安全感。从感情上接近、行动上深入群众，坚持移民群众利益无小事，让移民群众真正感受到社会治理带来的实效，提升主动性和积极性。

构建风险防范路径。化解矛盾纠纷，解决社会生活中的问题，调和社会关系，恢复社会秩序，这些是社会治理的重要内容。创新水库移民的社会治理，推进治理体系和能力现代化，需要不断加强和提升治理主体化解矛盾、解决问题的能力。化解矛盾、促进和谐是水库移民稳定的基础。水库移民群体经历了搬迁和社会位移过程，期间可能会遇到诸如拆迁补偿、安置补贴、后期扶持以及生产生活适应等方面的矛盾和问题，要维持水库移民社区的和谐与稳定，就要有效地解决他们遇到的实际问题，化解各种棘手的矛盾。为了更好地化解矛盾解决问题，水库移民社会治理体系需要加强相应的能力建设。形成及时把握和了解矛盾问题状况的信息获得机制，积累能够更加有效化解复杂矛盾的成功经验，创新化解矛盾解决问题的方法与手段。

促进水库移民稳定，还需要有效防范危及稳定的重大秩序风险。就目前水库移民稳定形势而言，总体的态势趋于和谐稳定，大多数水库移民得到了合理安置，搬迁后的生产生活能够正常运行，社会秩序保持平稳有序。但不可否认的是，相对而言保持水库移民稳定所面临的问题较为特殊，潜在的秩序风险依然较大。在一些地方的信访事件中，水库移民的信访占有相对较大的比例。因此，推进水库移民社会治理体系与治理能力现代化，必须提升治理主体应对重大风险与应急管理的能力。对于水库移民"两区"的属地政府来说，尤其要建立健全社会风险的预警和防范机制，并形成有效地化解风险的机制。提升应对风险的能力，就是能够控制住各种风险源和风险因素，保证社会不出现动乱，维持社会秩序稳定。

为有效地应对和化解秩序风险，地方政府要成立突发公共事件的应急管理机制，在水库移民较集中的地区，要把水库移民稳定风险评估作为重点监测对象。一旦在水库移民的社会治理实践中出现紧急情况，特别是秩序危机状况，相应的部门能够及时提供风险信息，决策部门能够对风险及可能的危害作出科学判断，对相应的应急措施和危机处理办法作出决策，这样会大大降低风险，至少能够降低风险带来的危害。

水库移民"两区"的属地政府，可通过改革创新的途径，积极引导地方经济的发展，引导水库移民群体的自主、创新发展。而水库移民"两区"的基层社区就要提升社区的动员能力，通过有效的社区动员，结合国家制度的优势，发挥政府的积极引导作用，这样将有助于形成推动水库移民稳定、高质量发展的合力。水库移民社会治理能力的提升将会大大增强社会治理在促进水库移民中长期稳定发展中的作用，同时也为改善水库移民社会治理状况、提高社会治理水平奠定能动性基础。

创新治理机制路径。社会治理机制是指在社会治理实践中各种措施和活动的具体环节及运作方式。在水库移民社会治理中，治理机制主要是一种从上到下，从中央到地方再到基层逐级推进落实的单线垂直的行政和半行政化的治理机制。在这种治理机制中，基层治理发挥着关键的、核心的作用。这意味着，水库移民社会治理的效率、治理的效果，在很大程度上取决于基层机构和组织。垂直的行政化和半行政化治理机制虽然有利于国家政策和法律的执行与落实，对于维护秩序稳定发挥一定作用。但单一化的治理机制在治理效率，特别是在解决水库移民实际问题和发展问题方面，作用较为有限。

为保持水库移民中长期稳定，需要建设更加有效的社会治理机制。在水库移民有效社会治理机制的建设方面，重要的是推进治理机制创新，要从单一化、行政化治理机制转向共建共治共享的治理机制。具体而言，水库移民社会治理机制的创新主要包括：

把水库移民的社会治理与乡村振兴和社区建设有机统一起来。一方面在国家宏观战略背景下，推进水库移民的社会治理，让水库移民的"两区"建设与社区建设和社区治理有机统一起来。社区是一种生活共同体，或者说是"家园"，社区建设就是"家园建设"。通过水库移民的社区建设，发挥社区在社会治理中的重要作用，并在社区基础上形成共建共治共享的治理格局。

创建多样化的水库移民社会治理方式方法。在水库移民"两区"的社会治理实践中，基层组织和基层干部常运用单一化、行政化与半行政化的治理方法，这在较大程度上使得水库移民基层社会治理的实际效果受限。要将基层社会的多方面治理力量更加有效地转化为治理效能，并在实践中达到更好的治理效果，那就要针对水库移民面临的复杂多样问题，采取灵活多样的方式方法。

构建水库移民社会治理的联动机制。行政化与半行政化的水库移民社会治理机制具有有效的传动机制，也就是能够把上面的政策和意图贯彻下去的机制。然而，在把多种力量汇合起来，在治理实践发挥合力作用方面，依然缺乏有效的机制。因此，要创新水库移民的社会治理机制，还要在治理的联动机制的建立上进行突破。

共建共治共享的社会治理机制是新时代社会治理创新的大方向，真正建设起共建共治共享机制，仍要在社会治理实践中，根据实际情况进行创新和扎实推进。

创立共建的治理格局，一方面要有效地动员已有的社会力量，积极参与到水库移民的发展与社会治理当中。另一方面，要加强培育新的水库移民社会治理主体和治理力量，扩大社会治理主体的范围，集聚更广泛的社会治理力量，形成多元、多样及多种社会治理主体共同应对水库移民的发展与社会治理问题。

形成多种社会治理主体共治的格局，必须建立多主体的协商和联动机制，一方面针对水库移民的突出问题，协调多个治理主体参与到问题应对和治理之中，同时让多主体统一起来，联合采取有效治理措施，形成治理合力，以提升治理的能力和效率。

社会治理的根本目的是提高民众的福祉。提高水库移民的社会治理能力，改善社会治理效果，目的在于让广大水库移民能够从社会治理中获得更多的收益，也就是要让移民群众能够享受到社会治理的成果。因此，有效社会治理机制建设还需要建立成果共享机制。

增强文化建设路径。文化是社会的黏合剂，加强水库移民的文化建设对促进水库移民的更好融入和重新整合，维持水库移民的稳定，改善移民社会治理非常重要。一方面，文化建设可以更好地满足水库移民精神方面的需要。随着物质生活水平的普遍提高，广大水库移民的精神生活需求也日益增长，无论是库区还是移民集中安置社区，只有不断加强文化建设，丰富水库移民的精神文化生活，才能形成积极乐观向上的社会文化环境，才有利于移民的心理和精神疏导，并增强水库移民群众的获得感、幸福感和自信心，为水库移民的社会稳定和发展提供强有力的精神支撑。

另一方面，文化建设能够增进水库移民的文化融合。在推进水库移民文化建设的各项活动过程中，吸引和动员起广大移民群众参与社区文化活动，由此增进相互之间的交流和情感联系，消除隔阂，这有助于预防和化解社会矛盾，营造和谐共建的社会氛围。

此外，文化建设将为水库移民社会经济的高质量发展创造文化资本和文化资源。新时代水库移民的发展将面临新的形势，有着新的发展任务，因而需要新的发展路径。水库移民的文化发展路径，不仅是水库移民发展的重要基础，而且给水库移民产业振兴与融合、社会变迁带来新动能和机会。

为更好推进水库移民的文化建设，需要做好以下几个方面工作：首先，按照共建原则，加大水库移民文化建设的投入。文化建设需要有资金投入作为物质基础，以往基层社会的文化建设资金投入较为有限，政府的资金支持和投入更多地用于解决一些物质生活方面的问题。为适应新时代水库移民稳定与发展的需要，文化建设的投入需要增长。文化建设的顺利推进，既需要政府部门加大资金投入，也需要吸纳更广泛的社会资金的投入。让更多社会和市场主体有途径参与到水库移民文化建设之中，也能共享文化发展带来的收益。

其次，按照互惠共享原则，加强已有文化资源的整合与开发。水库移民的文化建设既包括公共文化事业的发展，也包括文化产业的发展，两者既有区别，又存在相辅相成的联系。水库移民"两区"文化事业的繁荣发展，将会为文化产业发展和产业振兴提供新的动能和机会，文化产业等新业态的出现和发展，会带动水库移民"两区"社会经济的振兴，还能为文化事业的持续发展奠定物质基础。新时代推动水库移民"两区"文化产业的发展与产业振兴，其关键在于发现、动员、整合和利用好已有的文化资源。在水库移民"两区"的文化建设中，可以充分调动移民群众的文化创造性，发挥移民文化特色的资源功能，将特色资源转化为发展资源和文化资本。

此外，加强水库移民文化工作者队伍建设。水库移民"两区"的文化建设，离不开文化工作者的引导和推动。文化工作者既要有公共服务热情，又要具备一定的专业素质，需要有懂得基层文化建设规律的工作者队伍。

文化是一个国家、一个民族的灵魂。文化兴国运兴，文化强民族强。没有高度的文化自信，没有文化的繁荣兴盛，就没有中华民族伟大复兴。在水库移民社会治理实践中加强文化建设是文化强国战略的重要组成部分，搞好水库移民的文化建设，必须培养一批懂文化、有奉献精神的基层文化工作者队伍。

（三）改善水库移民社会治理的措施

维护水库移民中长期稳定大局，需不断加强社会治理。从当前水库移民稳定形势以及未来趋势来看，完善水库移民的社会治理体系，提升水库移民社会治理能力，改善水库移民社会治理的效率和实际效果，可重点采取以下措施：

确保水库移民中长期稳定与发展，既关系到地方的稳定与发展大局，也关系到社会稳定与发展的全局。因此，属地党委政府需将水库移民稳定与发展工作放在战略高度加以重视，不断完善"党委领导，政府负责"的水库移民工作领导体制。

强化属地党委政府对水库移民稳定和社会治理的领导，一个重要目的就是保障水库移民稳定和社会治理工作顺畅高效地开展。在地方党委政府的领导下，通过社会治理体制机制的创新和完善，强化属地的主体责任，落实好相关部门的分工责任，提升水库移民社会治理的能力。

加强地方党委、政府对水库移民稳定和社会治理工作的领导，另一个重要目的是做好水库移民社会治理的统筹协调。水库移民的社会治理是一项综合性工程，要与改革和发展的各项任务相协调，也需要多部门的共同参与。只有确立地方党委、政府的领导责任，才有助于建立健全权威高效、职责明晰、分工合理、注重落实的水库移民社会治理体系。

推进水库移民社会治理体系和治理能力现代化，强化地方党委和政府的领导，需重点从以下几个方面去落实：

第一，强化地方各级党委、政府在水库移民稳定与社会治理工作中的主体责任。通过建立和完善领导干部目标责任制，把水库移民稳定和社会治理状况作为地方党政领导班子考核评价的重要内容。只要地方党委、政府高度重视，加强领导，做好统筹协调，影响水库移民中长期稳定的消极因素和棘手问题便可通过高效顺畅的社会治理得到有效应对和解决。

第二，做好水库移民稳定和社会治理的统筹规划和协调联动。强化地方党委和政府对水库移民稳定与社会治理工作的领导，关键是要统筹规划好相关部门和机构的职责、工作内容，形成在社会治理实践中统一行动、统一管理、协调一致的运行机制。

水库移民稳定和社会治理工作涉及面广，所要应对的问题可能还具有历史遗留问题的性质。水库移民的社会治理工作通常要跨部门、跨区域，因而建立起高效的、协调的治理实施机制就非常重要。在地方党委、政府领导的统筹规划下，通过相关职能部门如水库移民管理局的牵头作用，将不同部门、不同层级、不同主体的治理力量有效协调和整合起来，形成跨部门、多主体参与的协作机制，推动跨部门、跨区域和多主体的共建共治与综合治理。此外，要建立健全地方党委领导下的水库移民稳定与发展工作议事协调机制，由多部门、多层级机构参与，研究解决本地区水库移民社会治理方面的重大问题，强化综合决策，形成工作合力。

第三，强化水库移民管理部门与其他相关部门之间的分工协作。地方水库移民工作管理部门或机构在水库移民社会治理中具有责任主体的地位，承担着向水库移民提供公共服务的责任，为属地党委和政府在水库移民稳定与发展工作方面的统筹谋划和科学决策提供专业性、部门性支持。地方党委、政府可通过强化领导，加强水库移民管理部门与其他部门之间的协作和联动。

第四，健全属地党委、政府的"抓落实"机制。强化地方党委、政府对水库移民稳定和社会治理工作的领导，关键在于确保制度及各项政策措施能够落地，能够见实效。所以，地方党委、政府在领导和部署水库移民社会治理的各项任务时，需重点加强对具体政策落实工作的领导，要注重抓落实，以确保水库移民的各项治理措施能够在地方顺利落地。

水库移民群体规模虽不是很大，但具有一定特殊性，因而在社会治理工作中需要特别加以关照。水库移民在搬迁、安置、生活以及在与原住民的互动过程中，可能面临这样那样的问题，有着各种各样的诉求。有些诉求可能是移民生活中的小事，但对于政府的相关管理部门来说，群众的诉求无小事，需要积极地加以应对，这样才有利于将矛盾化解在萌芽之中。

在水库移民稳定和社会治理方面，常面临一个突出问题就是水库移民上访案件较多。这一问题所反映的是水库移民的诉求在基层没有得到有效解决，导致移民群众选择上访途径来解决问题。针对这一现状和趋势，创新水库移民社会治理的措施和方法显得非常必要。维护水库移民稳定，减少水库移民的"上访"，需要政府相关管理部门增加"下访"。为正面应对水库移民的问题和诉求，政府的水库移民工作管理部门要深入库区和移民安置区，主动地、广泛地开展接访和下访活动，深入到水库移民"两区"的一线接待移民来访，倾听移民群众的诉求，了解水库移民生产生活的实际问题，尽量将各种矛盾和问题化解在基层。

通过建立水库移民管理相关部门的"下访"工作机制，促进政府部门与水库移民的直接交流与互动，有利于向水库移民群众开展政策法规宣传和动员教育工作，提升水库移民的法律意识，缓解水库移民上访突出问题。在现场接访和"下访"活动中，政府部门不仅可以直接听取来访群众的诉求，而且能解决的问题在现场就可进行协调解决。对无法当场解决的，群众反映强烈的问题，可成立化解工作领导小组，制定出相应的工作方案，对每个问题加以调查，并给群众一个交代。随着工作态度方式的转变，宣传解释到位，水库移民会敞开心扉反映问题，从而将一些矛盾问题在基层有效化解。

为方便广大移民群众表达诉求，除了"上访"和"下访"等相对特殊的机制外，更重要的是基层诉求表达和传递机制，以及公共平台机制。在社区和村委会设立接收群众诉求表达中心，基层汇总后将诉求信息上报到市县政府综合治理办公室，再根据问题处理任务汇报分派到所涉及的相关部门。此外，发挥"12345，有事找政府"之类的公共信息平台的诉求表达机制作用，让移民群众了解和运用公共信息平台，顺畅地反映问题和表达诉求。

应对群众的各种诉求，满足群众的合理要求，解决群众的实际问题，预防矛盾激化升级，这是水库移民社会治理的重要内容。做好水库移民诉求的应对与矛盾化解工作，关键在基层。在基层社会治理中，要关注水库移民的突出诉求，了解他们面临的实际困难和问题，及时把握水库移民的心态和思想动态，基层治理要建立矛盾和问题排查机制，掌握水库移民矛盾纠纷信息，尽可能地将矛盾和问题在基层加以有效解决。此外，积极应对水库移民的诉求，还需进一步夯实水库移民"两区"的社区建设与社区治理，发挥基层治理的及时性、直接性优势，让水库移民所遇到的常见问题通过社区治理就得以及时解决，让各种矛盾纠纷在社区就可得到直接有效的化解。

第十一章 水库移民的社会治理

水库移民在搬迁过程中，要在新的环境中生产和生活，对于他们来说，稳定与发展就面临着社会适应与社会重建问题，亦即必须适应新环境下的生产与生活，重新建立新的社会网络和适应新的社会环境。因此，水库移民的社会治理，一项重要任务就是要帮助水库移民更好地适应新生活，帮助他们尽快完成社会重建，以便恢复到常态化、稳定的社会生活秩序状态。

社会重建工作其实是一项复杂的社会治理过程，顺利地推进水库移民的社会重建，帮助他们更好地适应新生活，需要引入一些社会工作的专业性指导和扶持。社会工作的理念和方法在我国社会治理中的运用尚不广泛，但从长远发展的角度看，专业性的指导和方法不仅有助于提高水库移民稳定与发展工作的效率，也有助于改善水库移民社会重建与社会治理的状况。通过引入社会工作机制，经过专业训练的、具有专业知识的社会工作者可以有针对性地帮扶水库移民，更加有效地解决水库移民在社会适应和社会重建过程中社会文化心理以及经济生活等方面的诸多问题。

在水库移民社会治理中引入社会工作可采取两种主要途径：一是大力引导和鼓励志愿服务进入水库移民的社区建设与社会重建之中；二是通过政府购买公共服务的方式为水库移民的社会治理提供相应社会工作者的服务。

志愿服务是社会工作机制的一种重要形式，在公益活动、公共服务、社会建设和社会治理等方面能够发挥重要作用。水库移民的社会治理可采取这一方式，动员和鼓励广大志愿者，积极地参与到水库移民的社会重建与社会治理活动之中，为移民群众提供信息、技术、服务和协调等多方面的支持，帮助水库移民更加有效地重新建立起社会系统，以便顺利恢复正常的生产和生活。在新的形势下，水库移民社会治理需要发挥新型资源的作用，创新社会治理的方式方法。大力发展志愿服务事业，一方面实际上是为水库移民的社会重建与社会治理提供一种新的资源，即来自于社会的资源，引入新动能；另一方面是社会治理方式方法的创新。

地方政府还可根据水库移民社会建设与社会治理的实际需要，采取政府购买公共服务的方式，向一些专门社会组织或社会工作专业机构购买公共服务。例如在水库移民的社区建设、基层治理和公共服务供给等方面，政府不必直接参与具体的治理与服务事务，可通过向第三方购买专业性的服务来推进社会治理，这不仅可达到治理的目的，而且可能会提高社会治理的效率，改善治理的效果，因为专业性服务会发挥出分工的优势，让专业的社会工作者更好地、更有效地开展水库移民稳定和社会治理工作。

加强水库移民的社会治理，促进水库移民保持中长期稳定，还需要针对水库移民群体的特殊性，采取有针对性的治理措施。

随着全面建成小康社会目标的实现，水库移民贫困人口全面脱贫，扶贫攻坚任务告一段落。这并不意味着贫困问题彻底消失，而可能以不同形态表现出来。对于水库移民群体来说，生产和生活环境发生巨大变化，其脆弱性相对更突出。一些不利因素更容易演变为返贫源，如失业、疾病、突然变故、灾害等，使相对脆弱的移民群体返贫。因此，在水库移民的社会治理中，巩固扶贫攻坚成果与乡村振兴的有效衔接显得尤为重要。

做好新时期水库移民的社会救助工作，首先，必须建立和完善水库移民困难户的救助制度，在现有社会救助体系和水库移民补助制度基础上，进一步对特殊困难户或困难个体，提供有针对性的困难补助和救助，最低生活保障以及临时性救助。通过完备缜密的社会救助网，真正"兜住"水库移民中低收入家庭和脆弱家庭的生存与生活安全。

其次，通过创设多元化的社会救助项目，科学、精准地推进水库移民的困难救助，提升社会救助的水平和效率。对水库移民特困人员实施有效的社会救助，关键在于准确地核实需要救助的对象，并施行及时有效的救助行动。为达到高效顺畅的社会救助，可设立更加符合救助实践需要的公共项目。特殊困难人员在遇到困难时，可以向各种各样的社会救助项目申请救助，这样即可让困难群众的积极参与，提高救助项目资金的使用效率和准确性。

此外，强化对水库移民困难群众的全面救助。社会救助在提供生活救助、医疗救助、养老救助、司法救助的同时，还需增加心理救助的内容，以帮助困难群众树立生活信心，摆脱抑郁、焦虑等消极心理，开展心理疏导和行动干预，预防消极社会心理和不良社会情绪的发生。

最后，对水库移民社会救助工作的效果及社会政策的效应还需进行科学评估。不断改善水库移民社会救助工作状况，提升社会救助政策的实际效率，就需要对已有工作和现有政策在实际中产生的效果与效应加以准确评估，从中积累经验，发现问题，创新未来社会救助工作的思路和方法。

水库移民稳定和社会治理工作涉及各个层级的党政机关，从中央到地方乃至基层组织，也涉及各个层级的多个部门，既包括水库移民管理部门，也包括财政、发展与改革、水利、民政、扶贫、信访、农业农村等。要做好这项工作，提高工作效率，需要解决层级和部门之间的协调问题。只有各个层级、各个部门围绕着水库移民中长期稳定大局，形成协调一致的决策部署和相互统一的行动，才能真正形成合力，促进水库移民稳定和社会治理工作的顺利开展。

建立和完善水库移民稳定和社会治理工作的高效协调机制，可重点从以下几个方面推进：

一是强化社会治理决策协调。科学决策是做好水库移民稳定和社会治理工作顶层设计的关键，各级政府在编制水库移民工作五年规划和实施细则的过程中，既要加强不同层级之间的沟通联系，也要加强相关部门之间的协调合作，以确保决策的科学性、系统性和可操作性，为水库移民稳定和社会治理奠定科学合理的制度保障。

二是加强服务协调。做好水库移民稳定和社会治理工作，实际是向广大移民群众提供全面、充分和满意的服务，更好地满足广大水库移民的需要。在向广大水库移民提供服务的过程中，要注重协调工作，以保证高效顺畅地提供服务。各种服务的任务，如贫困地区农村饮水、农田水利、防洪抗旱、重大工程、水保生态、农村水电等，能够得以圆满、顺利地完成。

三是明确各方主体责任。由于水库移民工作所涉及面较广，牵涉的部门较多，要协调好多部门的工作，就必须有一个主体责任机构在此过程中发挥主体和协调中心的作用。水库移民管理机构在移民与政府、移民与多方面力量之间具有桥梁中介地位，因此，科学合理的水库移民稳定和社会治理协调机制就要落实水库移民管理机构的主体责任，实现责任到位。移民的诸多事务需要通过管理机构去处理和解决，各项移民政策的落实和执行也需要由移民管理机构去协调和监督，落实政府的各项工作责任。

四是强化行动落实的协调。水库移民中长期稳定和社会治理工作的重中之重在于将中央有关制度、政策法规和战略部署落到实处，所以行动落实是根本。要更好地、更加有效地落实水库移民管理的各项政策，必须强化层级之间、部门之间的行动协调，在政策落地、具体措施实施方面协调一致、相互配套，形成合力，这样将有助于水库移民社会治理实现"搬得出、稳得住、能致富"的目标。

第十二章　基于水资源需求管理的
水利扶贫

中国的水利经济几乎是和农业同时产生，春秋以后灌溉的方法已逐渐普及于各地。

——冯和法：《农村社会学大纲》

水利部和英国国际发展署合作开展的"中国水行业发展项目"，在北方的辽宁和甘肃两省正进行水资源需求管理（简称WRDM）模式的案例研究。该项目旨在通过对辽宁省的大凌河流域和甘肃省的石羊河流域两个案例区的研究，结合全球水伙伴技术咨询委员会提供的国际成功管理经验和手段，结合中国的社会经济发展状况，探索适合中国国情的科学的水资源需求管理模式。

水资源需求管理项目的一个基本原则是通过管理策略和方法的改进，促进公平、高效地使用水和水资源的可持续发展，达到贫困人口生存和生活状况得以改善的目标。

通过水资源管理来进行扶贫，确属一种新思路、新方法。但如何通过管理实现水利扶贫的目的呢？这需要在理论和实践中不断探索，这里根据在项目设计和计划阶段进行的实地调查的一些经验材料，主要就水与贫困、水资源需求管理与水利扶贫的关系问题作初步探讨。

一、贫困与水

在人们的一般观念里，贫困指的是一种收入低微、缺衣少食、无处遮身、无钱看病、供不起子女读书等尴尬的状况。但事实上贫困属于有多种表现的复杂社会问题。

从扶贫的角度看，为了从总体上了解贫困的状况，多数国家都有测算和衡量贫困的方法，较为流行的方法与英国朗特立（S. Rowntree）方法基本相似，朗特立给贫困下的定义是：总收入不足以获得维持身体正常功能所需最低量的生活必需品，如食品、住房和其他日用品等。目前，世界银行所采用方法基本按这一定义，根据PPP价格（购买力平价）和家庭消费抽样调查数据来计算日均生活费用，并将日均生活费用1美元定为贫困线。

无论是全球贫困线还是各国设定的贫困线，通常都主要用来衡量和比较贫困减少的大致情况，并不能作为指导扶贫政策和扶贫计划的标准，因为贫困是一种复杂的社会问题，具有多样性，在诸多方面都会存在，贫困的原因是多方面的，因此扶贫的目标和方式也是多样的。

例如，国际农业发展基金在1992年的研究中就明确提出了贫困在用水方面的表现。该研究指出，在114个发展中国家，居住在农村的人口有25亿人，其中近10亿在贫困线之下，他们当中有半数以上的人喝不到干净的饮用水，更多的人得不到保证农业生产所必需的灌溉用水，从而得不到足够的粮食和食品。

与水相关联的贫困，可称之为"水贫困"，在辽宁和甘肃的案例区表现得较突出。在甘肃的民勤县，生活在石羊河下游地区的农村居民，面临着缺水和水质污染、环境恶化的多重困境。在辽宁省北票市台吉区，居民经常遭遇管网老化导致的长时间停水。由于干旱缺水，不仅农业产量和收入降低，而且生产和生活成本也大幅度提高，从而间接导致收入水平的下降。例如地下水位的下降和远程运水，明显提高了供水成本，这对利润率本来就很低的小农生产来说，对贫困作用的边际效应就非常大；此外，过度灌溉和垦殖，导致了水质的退化，高矿化度的饮用水引发一些地区肠胃疾病的高发病率，这也间接导致或加剧了部分农村家庭的贫困。

脆弱性是衡量贫困的重要指标，从脆弱性角度来看，贫困与水的关联更为明显。无论在甘肃省还是辽宁省的案例区，不仅贫困人口对水资源的反应具有脆弱性，而且水资源本身的脆弱性极为明显。如果遇上风调雨顺的年份，一些农民的收入和生活状况会比较好，一旦遇到干旱缺水的年份，其收入和生活状况就与前者形成巨大的反差，很容易就陷入贫困境地，水与该地区居民的生存和生活有着特别紧密的关系；另一方面，贫困也增加了水资源及生态的压力，许多农民由于收入偏低，又无其他收入来源，就拼命地扩大灌溉面积来增加收入，从而加剧了环境恶化和收入减少的恶性循环的局面。因此，对这些地区来说，从水资源及环境的角度去理解和减少贫困问题，无疑具有特殊的意义。

二、水利扶贫中的工程与管理

新中国成立以来，水利事业得到了长足发展，尤其在水利工程和基础设施建设方面所取得的成就举世瞩目。近些年来，国家在水行业发展方面加大了投资力度，许多工程项目的建设，为增加农民的收入和解决城乡居民生活用水起到了较大的促进作用。

但是，偏重于工程建设的治水思路，在较大程度上制约了国家水资源项目投资的实际效率。据世界银行2001年的评估报告显示，中国的水资源项目投资的效率还有待提高，尤其在促进扶贫和提高社会效益方面，仍有较大的改善空间。

从理论上讲，任何一个水利工程的建设，都是一种资源或利益的再分配机制。所谓再分配机制，就是首先把资源或财富从大众那里集中到某个部门或机构那里，然后再由部门或机构来执行分配。再分配机制是计划经济体制中常用的手段和工具，这一工具确实可以保证稀缺资源在高效率部门的使用。但是，这一机制可能存在社会公平的问题。因为一些弱势群体在公共资源的支配和处置的决策中，其权力和影响力显然要大大低于那些技术和行政官僚以及其他强势群体。这样，如果没有相应的管理措施和制度约束，就很难保证来自于公众的资源的使用会给所有群体带来同等的收益。

从国际经验来看，在较多的国家存在着不合理的再分配体制。一些声称能给公众造福利的项目投资，其从立项到建设乃至运行等整个过程中，都存在不合理的再分配问题，一些技术官僚和富人从项目中得到了大部分收益，而真正的贫困人口则从中获益微薄。例如，一些大型的输水或灌溉工程耗资巨大，但建成之后，由于水源有限，再加上一般农民难以承受高得惊人的水价，所以很多工程设施长期处在停用和失修状态，从而导致公共财富的巨大浪费。这样的工程之所以在设计和立项论证中得以通过，常常是因为缺少利益相关者的广泛参与、社会评估和有效的管理体制。

从社会学角度来看，工程技术专家和管理人员置身于社会系统之中，他们有自己的利益需求，在工程论证和建设中，可能会把自己的利益需求渗透到项目之中。通常情况下，一旦某个项目得以通过，工程技术群体的成员无疑会从中获益。那么，在他们追求自身利益时，如果没有制度的制约，何以保证他们始终都追求公共的利益呢？

此外，当一个执行再分配功能的水利工程建立起来之后，就会在社会中形成某些重大影响，对社会不同群体和阶层产生不同的作用，如果没有公平合理的分配原则和方法，也会造成或加剧社会不公。例如，一座水库建成之后，它将改变上下游用水户以及不同用水部门和行业之间的利益格局，只有在建立科学合理的水库管理模式和分配制度的前提下，才能保证水库的经济效益、生态效益和社会效益的提高。

我国水利主管部门发现，水利扶贫存在的问题主要表现在三个方面：一是水利设施的失修严重；二是水资源开发利用程度较低；三是科技教育落后，劳动力素质较低。

这三个方面问题的成因或多或少都与管理和制度创新的滞后性有关。一些国际发展项目的经验教训表明，旨在解决某一问题的扶贫项目工程，可能一时能解决紧急困难，但是，随着项目的结束，工程就会失去应有的作用。原因就在于当地缺乏相应的管理体制和制度安排来保证工程功能的制度化、可持续发展。

我国水利设施之所以失修严重，表面上看可能是因为缺少资金，但从深层意义上看，工程建设与管理和制度安排的失调是重要的原因之一。也就是说，在工程规划、设计和建设的同时，可能会由于对工程建成后的运行、管理和维护的制度没有做好充分的准备，导致维护、管理和资金以及效益的不可持续问题。

为了避免工程扶贫中的再分配问题和项目效益的不可持续性，国际上通行的做法是，在实施水利工程扶贫的同时，建立一种能够让所有重要利益相关者特别是贫困人口高度参与的管理机制和合理的制度安排。只有让利益相关者参与进来，并通过制度确立下来，这样扶贫的内容和行动才能得以稳定，扶贫项目才具有可持续性。

三、水资源需求管理中的扶贫原则和方法

在水利扶贫中，水资源的需求管理可以进一步促进和完善扶贫的效率和范围。

水资源需求管理的扶贫原则主要包括：1）贫困者利益优先照顾和考虑的原则；2）可持续发展原则；3）公平获取水源的原则。

在管理决策和体制改革的过程中，首先要考虑贫困者的利益需要及相应的扶贫措施，这无疑会促进管理和政策的受益范围的扩大和效率的提高，即能够促进社会福利效用的最大化。因为，在面临同样的困难和问题时，贫困者更为脆弱，那么帮助和扶持对他们来说效用就更大。譬如说在遇到缺水问题时，富裕者或有权者可以通过买水、迁移或其他途径来解决问题，但贫困者则可能是束手无策。由此可见，如果公共政策能优先考虑社会中贫困者的利益需要，帮助他们解决一些困难，那么这样的政策就是福利效用最大化的政策。这一原则可以帮助管理者在决策和管理过程中，树立一种扶贫意识。

不可持续性问题以及水资源的不合理配置，对贫困者影响最大。在甘肃民勤县，下游的农民因地下水位急剧下降、水质恶化以及土地沙漠化和盐碱化而面临着生存和生活的危机。如果生态问题特别是水环境问题得不到缓解，贫困是不会得到消减的。公平地分配水的原则并非意味所有人都应得到同样多的水，而是指

在有限资源的基础上，确保某些最基本的需要得到满足，如生活用水、维持生计的灌溉用水，以及维持生态平衡的用水等。

在水资源稀缺地区，水资源在维持生态均衡和环境保护方面是一个核心要素。水利扶贫可能需要在水资源整体评估和规划的基础上，在有限资源量的条件下，立足于需求管理而不是供给管理，因为需求管理是通过内因而不是外力来解决问题的。

水资源需求管理可以通过以下措施和方法实现水利扶贫，这些方法主要包括：

1）水权。通过立法确立贫困者维持生活基本需要的用水权以及传统习惯确立的水权的有偿转让与交换。在水权制度的基础上，重新合理配置整个流域或区域的水资源，建立促进用水效率提高的水权交换和转让市场。

2）定向补贴和交叉补贴的水价体系。核准和确立维持传统农业灌区农民收入不变的基础上的用水定额，实行累进的水价制。对维持农民生计水平的用水量实行定向补贴的减免水费，对介于维持生计水平和标准收入水平之间的用水权，实施部门和地区交叉补贴的有偿转让制。对超过维持标准收入水平的用水则加收高价水资源费。

3）生态环境保护基金。在严重缺水和环境恶化的贫困地区，国家有必要建立公共环境保护基金，为贫困地区的农民减少耕种和灌溉面积、扩大环境保护范围的行为提供相应的补偿和激励。公共基金的来源是一定的水资源费、环境保护费以及受益的东部地区的财政补贴。

4）节水。节水不仅仅意味要减少用水，而且要在此基础上提高用水的效率。在水资源稀缺地区推广节水行动，将促进节水技术创新和高效农业的发展，并最终达到增收扶贫的目标。

5）用水户参与的社区管水模式。在水资源主管部门的主导下，引导广大用水户积极参与到节水、环境保护和水资源管理中来，通过水资源的高效利用来促进收入增长，是农村贫困地区走出贫困的可持续之路。因为只有充分调动广大用水户的主动性、促进他们的节水意识、环境保护意识和科技文化水平的提高，才能从根本上解决地区缺水的困境。

总而言之，有效的水资源需求管理体制是保证旨在扶贫的供水工程和项目持续、高效发挥作用的必要条件。需求可能是无限的，然而供给是有限的，如果需求得不到合理规划和管理，那么供应再多也不可能满足所有的需求。水资源需求管理正是基于这一逻辑，并以高效、公平和公众参与的原则，对水资源实施合理规划、对需求实施有效管理，从而使有限的水资源和有限的扶贫资金发挥更大的扶贫作用，实现水利扶贫的福利效用最大化。

第十三章　水资源相关贫困与水利扶贫的意义

> 人类有能力使发展可持续进行，保证满足当代人的需求，而不以损害后代人满足其自身需求的能力为代价。
>
> ——世界环境与发展委员会:《我们共同的未来》

通过实施精准扶贫与脱贫攻坚战略，2020年底，中国实现了农村绝对贫困人口全部脱贫的目标，如期全面建成小康社会。虽然贫困人群已全部脱贫，但巩固脱贫成果以及预防返贫风险依然重要，因而，关注并研究贫困与反贫困仍有一定意义。

一、贫困与水资源

贫困是一种社会问题，表现为经济生产和社会生活处于非常困难和窘迫的状况之中。不同国家对贫困问题有不同的理解，对贫困的标准或贫困线的界定有差异。世界银行将贫困线定为人均每天的支出水平低于1.25美元，2015年将这一标准提高到1.9美元。中国在2011年将农村贫困线提高到农民年人均纯收入2 300元，低于这一水平即为贫困人口。按照这一标准，2014年，中国仍有7 000多万贫困人口。由此可见，在脱贫攻坚阶段，中国平均每年有1 000万贫困人口得以脱贫。

产生贫困的原因来自多方面，根源有多种，既有自然的，也有经济、政治、社会与文化等方面的因素在其中发挥作用，而且各种因素通常并非孤立，而可能是共同影响。例如，自然资源贫瘠地区，往往容易产生贫困，现实中有在恶劣的自然条件下创造出丰衣足食的生存与生活状况的案例，这说明某一种因素并不必然决定贫困的形成，贫困属于复杂的社会问题。

从生计资本构成论角度看，贫困人群的生计资本通常存在自然资本匮乏问题，即贫困人群所拥有的自然资源一般都比较贫瘠。因此，从这个意义上说，自然条件的恶劣、自然资源的匮乏通常在贫困问题的产生中起着不可忽视的作用。贫困人群所生存的自然生态环境非常不利于发展，可以利用的自然资源非常贫瘠，这在较大程度上制约了他们的生产和生活的改善。

水资源相关贫困不等同于水贫困，水贫困"是指自然界中缺少可供使用的水，或者人们缺少获得水的能力或权利"。[①]而水资源相关贫困是指贫困的产生原因与水资源方面的问题相关。水资源对于人类生产与生活来说，是重要的自然资源。贫困人群一般对水资源的反应具有脆弱性，而且贫困地区水资源本身的脆弱性也极为明显。水资源的匮乏及其他水资源问题常常是致贫的主要因素之一。我国大量的农村贫困人口属于因水资源问题致贫的。他们要么生活在严重缺水的岩漠化、荒漠化地区，要么就是处在水土流失严重、易受洪涝灾害侵袭的贫瘠山区，或是受到水资源污染问题困扰的地区，还有部分水库移民群体，由于移民安置问

---

① 参见孙才志、王雪妮：《基于WPI-ESDA模型的中国水贫困评价及空间关联格局分析》，《资源科学》，2011年第6期。

题而出现贫困现象。总之,水资源相关贫困是贫困问题的重要构成,从水资源管理角度来认识贫困问题和推进反贫困与扶贫战略具有重要意义。

就问题的形成机制而言,水资源相关贫困大体可分为三大类:一是自然资源禀赋造成的贫困,也就是贫困人群的产生与他们生存和生活的自然生态环境密切相关,如在易旱易涝地区,人们遭受自然灾害的频率较高,因灾致贫的人会随之增多。二是水资源不均衡配置造成的贫困,这类贫困与水资源管理和资源分配不公相关,如在一些河流流域上游或下游地区,由于发展经济受到一定程度的制约,由此产生了一定的贫困人群。三是水资源不当使用造成的贫困。较为突出的问题有水污染和地下水超采导致贫困的产生,水污染和地下水位下降带来的土地荒漠化,导致生产和生活的自然环境发生恶化,受影响区域的部分农村人口因而陷入贫困境地。

就中国国情而言,贫困问题发生在农村地区相对较多,有很多地区由于存在这样那样的水资源问题,贫困问题发生风险增高。与水资源相关的贫困问题发生风险或因水问题而致贫返贫的风险仍在一定程度上存在。在这个意义上,水利扶贫依然值得关注和研究。

二、水利扶贫的经验与问题

由于有较多贫困问题的产生与水资源及其管理相关,因而水利扶贫在扶贫与反贫困中起着举足轻重的作用。水利扶贫是指由水资源主管机关或水利部门主导的,主要运用水利资源和水利手段来帮助贫困人群脱贫或反贫困的扶贫方式。

　　在扶贫开发及脱贫攻坚的过程中，水利部门紧紧围绕民生水利，践行新时期治水思路，着力建设移民政策法规、实施移民安置管理和后期扶持政策，在水库移民方面取得了新突破、新成效。[①]从近些年来中国水利扶贫的经验来看，水利扶贫重点围绕以下几个方面展开了有效的扶贫脱贫工作：1）实施国家重点水利工程的建设，惠民生，促进扶贫减困。水利部门在一些重点地区推进农村饮用水安全工程建设，解决了这些贫困地区生活用水困难问题。此外，在一些贫困山区投资建设的水库电站工程，对推动当地经济发展和生活条件的改善发挥了重要作用。2）加大对贫困地区的防灾减灾项目的投入。通过防灾减灾项目建设，提升农村贫困地区的防洪抗旱能力，预防和减少了农村贫困的发生。3）加强农田水利建设。在推进新农村建设过程中，各级水利部门加大了农村基本农田水利建设力度，特别是对重点贫困地区，国家加大了对基本农田水利建设的投入，缓解了农村贫困地区的农业生产脆弱性。4）开展了定点扶贫和对口支援。水利部主要联系三峡地区的重点贫困县，开展了定点扶贫和对口支援工作。通过水库移民的后期扶持项目，预防和消除因水库移民而产生的贫困。

　　概括起来，中国水利扶贫在推进片区联系、定点扶贫和对口支援工作，以及在推进扶贫攻坚规划的实施和水利行业其他扶贫工作等方面，已经取得了有目共睹的成绩。[②]作为部门性和行业性的扶贫，水利扶贫在全国总体扶贫和反贫困战略推进过程中，

---

　　①　参见车小磊，唐传利：《围绕中心　抓好落实　推动水库移民和水利扶贫工作科学发展——访水利部水库移民开发局局长唐传利》，《中国水利》，2014年第24期。

　　②　参见唐传利：《围绕中心　开拓进取　推动水库移民和水利扶贫工作新发展》，《中国水利》，2013年第24期。

发挥了突出的作用。

与此同时，我们也需要看到并关注水利扶贫存在和面临的一些问题，这些问题可概括为如下几个方面：首先，水利扶贫存在和面临着部门扶贫与总体、行业目标与扶贫目标边界模糊问题。尽管从已有经验看，水利扶贫在国务院扶贫开发领导小组的协调下，能顺利实施和开展各项水利扶贫项目。而且水利部在全国扶贫总体规划的框架下，制订了《全国水利扶贫规划》，在一定意义上明确了水利扶贫的目标和任务。然而，就扶贫的本质目标而言，水利扶贫的扶贫目标仍有待进一步明确，仍需要与行业目标作更清晰的区分界定。水利扶贫未明确要减少和消除多少水资源相关的贫困人口，每年需要减少或消除多少贫困，以及通过什么样方式和策略去减少和消除这些贫困。

其次，水利扶贫对工程和项目的依赖问题。工程水利是我国水利或治水的一种传统理念，该理念认为唯有通过水利工程，或只要通过水利工程建设，才能造福人民。然而，从发展的眼光看，工程水利存在着一定局限，发展水利事业实际还关涉人与水资源、自然与社会的关系问题，仅仅依赖水利工程，有时候并不一定能达到人类社会福利的最优状态。受工程水利理念的影响，水利扶贫有对工程和项目实施的过于偏重甚或依赖。水利工程和项目建设对改善农村贫困地区的基础设施、改善农业生产和居民生活条件确实能够发挥一些积极有利的作用，工程、项目建设一般具有普惠性，会让一些片区的民众都能从中受益。因此，水利工程和项目建设，可能在扶贫开发中发挥一定积极作用，但对于贫困人群来说，其扶贫作用或许是有限的，因为工程项目难以精准地、直接地让贫困人群受到特殊的帮扶，因而难以确保减少和消除贫困。

再次，水利扶贫对象的范围局限和扶贫精准度偏低问题。从水利扶贫已有经验来看，扶贫的重点在三峡地区，主要围绕水库移民的后期扶助和重点对口支援开展扶贫工作。虽然水利扶贫这一范围和对象的选择和定位具有特定的历史意义，然而就全局性水利扶贫而言，如果将扶贫范围局限在单个地区，可能会漏掉其他地区的贫困人群，由此使得水利扶贫不能精确瞄准贫困人口中的与水资源高度相关的贫困人群。

此外，项目制下水利扶贫效率受限问题。总体来看，我国在扶贫开发方面，存在着脱贫成本高、扶贫效率低的问题。[1]这一问题的存在，较大程度上与项目制扶贫策略相关。在主要由政府主导的扶贫开发过程中，扶贫开发工作的开展和实施，通常是以项目的形式推进实施的，选择这样的推进策略，主要是为了使扶贫资金在财政支出和行政监管上更具合法性和可操作性。然而值得关注的是，已有的经验和一些研究表明，通过项目制提供公共物品，对提高公共物品的公益效率或社会福利效用存在较大局限。在项目实施过程中，项目委托、代理和具体执行与实施单位其实都是具有各自利益诉求的主体，他们在项目推进中追求各自利益的行为会使得项目所设计的公益目标或公共利益大打折扣。项目制的制度安排似乎难以规避这样的制度漏洞。此外，项目制所设定的项目通常还具有专项性、单一性。贫困问题是一种复杂的自然、政治经济与社会问题，扶贫开发如果完全依靠专项或单一维度的扶贫，在实际工作中其社会效果不一定能达到理想状态。扶贫的本质目标是要消除贫困，尤其是要消除结构性的贫

---

[1]　参见董晓波：《农村反贫困战略转向研究——从单一开发式扶贫向综合反贫困转变》，《社会保障研究》，2010年第1期。

困，即要让社会中不存在由政治经济及社会文化等结构性因素导致的贫困线之下的贫困人群。

水利扶贫已经在扶贫开发以及脱贫攻坚中发挥了突出的作用，在全部脱贫及全面建设小康社会取得胜利之后，水利扶贫的意义有了新的转向、新的目标和新的方式。水利扶贫将在转向与创新基础之上，在巩固脱贫攻坚成果和全面推进乡村振兴战略中发挥新的功能。

三、精准、综合与可持续的水利扶贫战略

《全国水利扶贫规划》的出台，对一段时间内中国水利扶贫进行了一种总体规划，增强了水利建设的政策扶持，也提供了水利扶贫的总体框架和重点任务部署。

脱贫攻坚取得胜利，意味着扶贫目标全面实现，但原有的政策措施和帮扶工作并不能终止，水利扶贫工作有了新的形式和任务，在巩固脱贫和预防贫困再发生方面，水利扶贫仍具有重要的意义。全面脱贫之后的水利扶贫不再有脱贫任务，但作为部门性、行业性的反贫困工作，水利扶贫要为巩固脱贫和新的发展目标作贡献。在新时代水利扶贫工作中，需要与巩固脱贫成果与乡村振兴及高质量发展的总体趋势保持一致，坚持精准、综合与可持续三个原则：

第一，精准原则。从水利发展及贫困问题演变的趋势看，2020年全面建成小康社会之后，绝对贫困、整体性贫困问题已基本解决，因此反贫困工作要有合理的或新的战略规划。所谓合理的，是指反贫困工作目标是合理的。为巩固脱贫成果，并与乡村振兴实现有机衔接，水利扶贫工作需要精确地推进，精确地把握

脱贫地区和脱贫人口的贫困再发生风险，以及相对贫困问题的预防与应对，有针对性地采取有效的干预措施，消除返贫隐患。

精准原则的意义在于能使预防和反贫困工作和措施能够精准、直接地面向实际问题、核心问题和关键问题，反贫困工作因而不会停留在泛泛的形式之上，而是能够解决具体的潜在风险，尤其是起到防微杜渐的作用。

在水利部门和行业中，实施精准的预防和反贫困措施，首先需要建立起水资源相关贫困发生风险的"瞄准机制"，这个"瞄准机制"主要由两个因素构成：一是要瞄准水资源相关的致贫风险因素。即根据全面脱贫之后的新形势，分析和研判各种可能致贫与返贫的诱因，筛选或瞄准重点与水资源问题相关的致贫因素，准确、及时把握这些风险因素的动态状况。二是要瞄准容易发生贫困或返贫的区域，重点分析研判这些水资源相关问题以及致贫风险，因地制宜、因人制宜采取有效的防范和应对措施，达到真正消除贫困再发生风险的目标。

第二，综合原则。水利部门推进综合性预防和反贫困工作，主要是相对于单向度的扶贫开发和专项的项目扶贫而言的。贫困是复杂的社会问题，旨在解决或是预防贫困问题的扶贫工作应是综合性的，如果依赖于某项措施，依赖单一路径，或许难以从根本上消除贫困问题，也不利于预防贫困和防止返贫。

随着扶贫攻坚目标任务的完成，扶贫战略转换为巩固脱贫成果与乡村振兴有机衔接，这意味着扶贫开发从单向度转向综合性。具体而言，在新的时期，贫困问题的治理需要综合性治理，要瞄准贫困发生的重点风险源，实施综合的应对政策和措施，包括社会救助、产业开发、扶持发展和贫困预防等各种政治经济计划和社会行动，以达到有效预防贫困再发生和促进新发展的目的。

水利防反贫困工作坚持综合性原则，需要在预防和应对贫困问题的方式方法方面有创新，要超越以往的工程项目扶贫的传统理念，采取更加直接、更加有效的综合治理措施，以提高水利扶贫的效率。此外，综合性水利扶贫还要求预防和反贫困工作的开展不受制于部门性和行业性服务，即不能完全依赖于水利工程建设和水利项目实施来推进，而是要真正地、直接地面向脱贫者、面向贫困风险，只要是能解决贫困问题、消除返贫风险的各种有效措施，都要拿来服务于预防贫困和反贫困事业。唯有这样，才能真正达到巩固脱贫成果和预防返贫的目标。

第三，可持续原则。在项目制扶贫中，扶贫行动受制于项目期限。不论扶贫目标是否实现，随着项目的到期，相应的扶贫行动会随之终止，而很少有后续的、跟踪的扶贫服务。由此构成扶贫措施和扶贫工作的不可持续性特征。广义的扶贫实际包括预防贫困和反贫困，既要防反绝对贫困，也要防反相对贫困，这项工作是长期而又艰巨的，要巩固全面脱贫的成效，预防和避免返贫或新的贫困人群的产生，扶贫事业的发展需要坚持可持续性原则。

坚持可持续原则，就是要使巩固脱贫成果的计划、政策措施和预防贫困的工作具有持续性和后期跟踪服务的机制。在具体推进水利扶贫工作中，可以采取针对已瞄准的水资源相关贫困问题或返贫风险，实施包干制与责任制的工作机制，将防范和消除水资源相关贫困风险的任务与责任交由某个机关或组织来包干承担，委托机关主要负责协调落实相关资金和工作实际效果的评估与监督，以确保相关部门和单位常规性预防工作的延续性。保障防反贫困工作的可持续性，还需要有相应的政策或规则的规定，要求承包者或预防与反贫困工作者对原先的帮扶对象有后续的相关服务和维护，以有效地巩固已有的脱贫成果，并对后续发展起到进一步促进作用。

　　精准、综合与可持续的水利扶贫战略，是在防反贫困问题的进程中，将精准原则、综合性原则和可持续性原则统一起来，规避常规性防反贫困工作的形式化、单一化和暂时性的问题，保障所开展的工作能够发挥巩固脱贫成果的作用，并能让脱贫效果和脱贫地区的发展得以持续下去。坚持精准、综合与可持续原则，水利相关的防反贫困工作需要建立起三种机制：瞄准机制、协调机制和持续机制。首先，水利防反贫困问题要建立起瞄准机制，以准确把握贫困发生风险的重点源头，尤其是与水资源相关的风险源；其次，还需要建立起新的协调机制、工作方式，以综合多种资源和力量，达到防反贫困效率的优化；最后，要建立能将乡村振兴有效衔接的机制，维持水利防反贫困工作的可持续性。

第十四章 把根留住：地下水资源 保护的社会学反思

> 这件事，要坚持二十年，一年比一年好，一年比一年扎实。为保证实效，应有切实可行的检查和奖惩制度。
>
> ——邓小平：《邓小平文选·植树造林》

水是生命之源，也是社会生活之根基。水资源的枯竭或水源地污染，将会威胁到人类生存和生活的安全。中国属于水资源短缺国家，2020年水资源总量31 605.2亿立方米，全国总供水量和用水量均为5 812.9亿立方米 ，其中，地下水源供水量892.5亿立方米，浅层地下水位总体上升，山西及西北地区平原和盆地略有下降。在经济快速增长的过程中，用水需求不断扩张，水资源短缺带来生态危机和环境问题越来越越凸显出来。在华北和西北的干旱和半干旱地区，随着地下水的过度开采，地下水位持续急剧下降，由此造成了一些地方出现荒漠化、盐碱化、地面下沉、地下漏洞等生态环境恶化问题，严重威胁着社会生产与生活的安全，以及可持续发展。

一、地下水位下降问题何以产生

为什么会出现地下水位持续下降及其次生生态危机问题呢？

就问题的根源而言，其原因主要在于我们处理和应对水资源需求矛盾的理念、思路和策略以及方法等方面存在着不合理性。具体来说，中国经济在快速增长的过程中，对水资源的需求自然会随之大增，水资源的短缺随之加剧。而以往的水利理念偏重于以经济利益为中心，即只要为了经济利益，就可以随心所欲地支配、开发和利用水资源，用"人定胜天"的思想指导水利实践，而大大轻视甚至可以说忽视了有限的水资源的合理配置，更没有真正从社会与生态的角度去关注水资源的保护。

以往的水利理念注重运用工程技术来造福人类，大量的水库得以兴建起来，这些水库工程确实在防洪、抗旱和水电等方面给广大人民群众带来很多福祉。但是，任何事物都具有两面性，水库工程技术的发展和运用如果与生态环境、与社会经济的可持续发展不协调，那也会给自然生态和人类社会带来不可逆的影响。缺乏环境评估和社会评估，大量水库一哄而上，难免泛滥成灾。

目前，在华北、西北干旱与半干旱地区，几乎出现了"无河不干"的现象，一个重要原因就是在河流的中上游滥修水库，大量水库拦截了有限的水资源，无法避免河流断流乃至干涸的结局。例如，流经京城的永定河在清朝期间，汛期时还需要派几千士兵防洪，而如今为何断流了呢？只要沿河向上走，数一数有多少水库就知道原因了。

河流的断流和干涸问题不仅仅是水资源问题，而且意味着更为严重的生态危机，由其次生的生态环境问题，如荒漠化将直接威胁人类的生存。在甘肃省石羊河流域，中上游地区大量截流，让这一内陆河断流，导致下游湖泊干涸，使得下游的民勤县相应地区出现沙逼人退的局面，并成为沙尘暴的重要源地。流经北京的永定河断流，导致沿河地带及下游地区出现地下水位的下降，影响到植物的生长，从而出现耕地荒漠化的倾向。

尽管影响河流的断流和干涸、地下水位下降、荒漠化等生态环境问题的因素可能是复杂的，但是，面对如今令人堪忧的水资源局面和水环境，人类只能从自己身上找原因、只能从社会文化的角度去探寻希望之路。因此，我们需要从社会学视角对以往工程水利的理念和行为加以反思，反思人类那种改变河流自然状况的水利工程，是否给人类赖以生存的生态环境造成了不可逆的损害；反思工程水利实践是否受人类短期发展观念的支配；反思发达的、先进的水利工程技术与贝克提到的风险社会是否有关系；反思水利工程技术应该如何同人文的、生态的关怀结合起来。

当今社会，传统的工程水利需要向生态人文水利转变，这一转变并非指全面放弃水利工程，亦非否认水利工程技术的积极功能，而是指水利工程不能只偏重于经济价值，还要偏重生态平衡与社会和谐，要从生态学和社会学的角度寻求水资源保护和生态保护，探寻达到人与自然、水资源与社会经济协调发展的路径。

二、水资源悲剧与再分配体制

当前中国北方地区出现的河流断流、地下水位下降、土地沙化等问题，某种意义上说，就是哈丁所概括的"公地悲剧"。北方地区出现的水资源悲剧，是与水资源的共有产权制度安排分不开的。

我国现有的水资源所有制属于国家所有制和集体所有制，这种所有制在水资源配置、开发、利用、管理和保护的实践中，通常情况下实际演化为水资源的共有产权和水资源管理的再分配体制。水资源的共有产权主要体现在水资源总体规划、取水许可和用水定额管理得不到切实的实施，从而导致水资源向中上游用水者"免费"开放，各种各样的用水者可以轻松获得取水权。特别是对地下水资源，取水许可管理和监督不严，导致水资源事实上的共有产权局面。在产权共有的情况下，也就避免不了机会主义或"搭便车"的行为。人们都为了自我利益尽可能地去获取水资源而不必承担任何保护成本，也不会考虑取水环境恶化所带来的消极影响，最终的结果是导致水资源枯竭或水环境污染的悲剧，这就是"公地悲剧"产生的社会机制。

水资源配置与管理上的再分配体制在大量水库的修建上得以集中体现。水库特别是内陆河上的水库，把自然流淌的河流人为截断，强行库存水资源，以便人为支配和分配，因而成为一种水资源再分配权力的物理基础。随着水库建设起来，河流及地下水水资源的自然配置格局被打破，导致资源开发和利用的不均衡，人为加剧水资源的短缺性和水环境的恶化。在河水自然流淌的时候，人为地截流和过度用水会受到制约，因而对水生态环境平衡的影响是有限的，而有了水库这一再分配权力基础，河流水资源被集中起来，可以按照管理权力的意志分配给某些用水者，从而迫使其他用水者超采地下水资源来满足用水需求，这也就造成地下水位不断下降。中国北方的一些河流流域，中上游兴建水库，将水资源集中起来，再分配给戈壁滩上或沙漠里建起的工业城市，这种再分配行为无疑是造成河流水资源和环境悲剧的罪魁祸首。

当然，兴修水库确实能防洪抗旱，兴利除害，但是如果修建水库的目的是为了再分配水资源，而且对水库的管理缺乏有效的法律制约，也就意味着这种人为的权力得不到制约。任何不受法律制约的权力，都有可能给自然和社会秩序带来负面效应。目前一些水库的建设权和管理权为地方政府的相关机关管理，他们首先是地方利益的代表，同时自身也可能会有权益收益追求。由于掌管水资源再分配权的权力是自身利益追求，而不是完全的公共利益代表，因而难以成为真正的水资源保护者。这就难免出现"麻雀看蚕"的局面，也就是看护者因自己的利益而去侵占被看护的对象，与委托人的愿望和目标相悖。也就是说，指望地方政府去保护好水资源及水环境，难以达到真正保护的目的，这就给水资源管理体制留下了很大的漏洞。

在当前情况下，要有效地遏制河流断流和地下水位持续下降的趋势，需要在水资源管理体制上削弱水资源的再分配权力，要对现有的再分配权力和再分配行为用严格的法律加以制约。

流域综合管理体制能在一定程度上限制地方性的水资源再分配权力，对实行水资源在流域范围合理、协调和均衡配置起到积极作用，有利于实现对流域水资源和水生态环境的保护。我国虽建立起了一些河流流域管理机构，但流域水资源综合管理体制实际上还并不完善，这主要是因为对流域利益相关者的法律规制还不够明确和完善，因而对水资源国有产权的管理和保护尚未达到理想的效果。要避免国有水资源的悲剧结局，就必须加强立法，健全和完善流域水资源综合管理体制。

三、节水型社会与制度建设

有效保护水资源，促进生态平衡，中国还需要加强节水型社会的建设。改变水资源自然状态的主要因素来自于人类社会的开发、利用行为，推进人类与自然、社会与环境的和谐发展，就要从社会入手，促使人类的社会行为方式与水资源保护和可持续性发展的目标相一致。

建设节水型社会，关键在于制度规制和制度建设。就中国国情而言，首先要建立起节水型社会的核心制度体系，这一制度体系包括文化、法律、政策和实施层面的系统法规和具体细则。只有通过系统制度的规制作用，才能形成社会合力，共同促进节水行为和用水的合理化。

在文化层面，制度建设的重点在于节水的大众教育行动和节水生活方式的建构；在法律规制方面，关键要进一步完善节水法律体系，同时需要提高执法和法律实施的能力，使节水法律能真正发挥实际效力；在节水政策方面，需要进一步使节水法律具体化、可操作化，将法律原则转化为管理细则；在操作层面的制度建设上，重点是要建设起有效率的水资源管理组织和促进提高节水效率的技术创新。

建设节水型社会，还需要加强水资源需求管理。传统的工程水利强调供给管理，也就是想方设法供给水资源。在节水型社会，需要从供给偏重转向需求管理。强化水资源的需求管理，旨在使水资源的配置在基本生活、农业生产、工业生产、生态环境保护等不同用水需求之间得以合理、协调地安排。水资源需求管理通过调控社会的用水需求，遏制不合理的、不利于水资源保护的用水需求，从而可以从源头上避免对水资源可持续发展和水环境造成危害的取水和用水行为。

节水型社会并非简单地限制人们用水，也不是一味地让人们都减少用水量，关键是要建立一种机制，让人们自觉选择效用最大化的用水行为，也就是以尽可能少的用水量来获取尽量大的个人和社会效用或福利，从而实现在用水总量控制的前提下，达到有限水资源能在社会经济的可持续发展中得以高效率地开发和利用的目标。

因此，在水资源的配置效率问题上，政府主导的再分配模式虽能对用水矛盾的缓解起到一定作用，但难以实现资源配置效率，而且再分配的成本往往比较高。如果通过制度或法律来明确界定水权，并作水权市场的制度安排，那么既可大大降低政府管制的成本，也会使人们按照水权范围自觉节约用水，同时还可通过市场机制来调节用水，实现用水效率的提高。水市场制度作为水资源管理制度的重要补充，通过制度、组织的创新，能更好地促使用水行为走向规范化，强化人们的水资源及物权意识。

总之，中国的水资源问题具有重要的战略意义，需要从战略高度推进水资源及水环境的保护，科学合理地处理和解决发展中的水资源开发、利用和保护的关系，直接关系到社会经济的可持续发展。

第十五章　气候变化、灾害风险与
社会治理

> 愚公移山、大禹治水，中华民族同自然灾害斗了几千年，积累了宝贵经验，我们还要继续斗下去。
>
> ——习近平：《安徽考察调研时的讲话》

气候变化是当前全球面临的重大挑战。气象学的研究显示，一百年来，也就是自1906年来，全球地表平均温度升高了0.74℃，在21世纪末已提高至1.1℃以上。根据中国气象局发布的观测结果显示，中国百年间（1908—2007年）地表平均气温升高了1.1℃。近五十年来中国降水分布格局发生了明显变化，西部和华南地区降水明显增多，而华北和东北大部分地区降水则显著减少。高温、干旱、强降水等极端气候事件有频率增加、强度增大的趋势。近三十年来，中国沿海的海表温度升高了0.9℃，沿海海平面上升了90毫米。尽管气候变化是由复杂因素引起的，但是根据《联合国气候变化框架公约》（UNFCCC），气候变化（climate change）就是指"经过相当长一段时间的观察，在自然气候变化之外由人类活动直接或间接地改变全球大气组成所导致的气候改变"。这一界定明确了由人类活动影响的气候变化与由自然原因导致的气候变迁之间的区别。到目前为止，一些科学研究还发现，工业化过程中人类活动所排放的温室气体特别是二氧化碳的排放，对全球气候变暖有着较为显著的影响。鉴于此，人类正在全球范围内采取积极行动，主动减少碳排放，尽可能遏制全球气候变暖的趋势。

一、气候变化问题

不论人类针对气候变化而采取的积极行动会在何种程度上缓解全球气候变化问题，我们都必须正视这样一个事实，那就是：气候变化是一种全球性的、长期性的趋势。也就是说，气候变化及其影响将在相当长的时期内存在。

从科学认知和直接经验的角度看，气候变化的事实主要体现在三个方面：一是全球气候变暖；二是酸雨现象；三是臭氧层破坏。全球气候变暖基本上已成为气象科学界以及公众的共识，欧美的一些气象组织的观测发现，2020年是有记录以来气温最高的一年，创纪录的高温要比工业化之前的气温高1.25摄氏度。

酸雨既是环境污染现象，也可看作是气候变化现象，因为酸雨通过降雨过程将人类燃烧地下矿物燃料而向大气排放的酸性污染物转移到地面，因而可视为人类活动直接影响降雨的现象。

臭氧层是能够吸收大量太阳照射中的紫外线的大气层，在距地球25公里外的大气层，臭氧浓度最大。臭氧层是地球的一道空气屏障，可防止太阳紫外线的过度辐射，保护地球生物与生态平衡；同时又将能量蓄积在大气上层，对气温起到调节作用，防止平流层气温升高。臭氧层破坏是指臭氧层的臭氧被消除或耗竭，环境科学研究表明，人类在生产生活中产生的氟氯烃化合物进入臭氧层是造成臭氧浓度降低和臭氧层破坏的重要原因。1985年，英国科学家观测到南极上空出现臭氧层洞，并发现这与氟利昂分解的氯原子有着直接的关系。

就直接经验而言，人们在平常生活中能感受到的气候变化就是极端天气出现的频率增高，像暴雨、暴雪、极热、极寒、台风、干旱少雨等极端天气频繁出现，给人类生存与生活带来巨大的挑战。面对这一挑战，积极谋划和采取行动来应对和预防气候变化可能带来的影响，有效管理灾害风险，做到未雨绸缪，将风险和损失降到最低水平，对于各国的经济社会发展来说，显得尤为重要。某种意义上说，这种防御性的策略，是切实可行的、具有实效的生存和发展策略。

气候变化给人类社会带来的挑战或重大影响主要是生存环境的改变及灾害风险的增多。如全球气温上升，会加剧水资源短缺的形势。全球变暖已造成冰川融化的加速，冰川的快速融化既造成部分地区的洪灾，又加剧了水资源的短缺，因为冰川是地球上的重要淡水水库。气候变化明显增加了灾害风险，灾害发生频率的提高给人类生存、生产与生活造成越来越多、越来越大的挑战。例如，与水相关的洪涝灾害、旱灾，威胁着人类生存环境和粮食生产，也给社会生活带来更多挑战。气候变化带来的这些挑战或影响在短期内是难以逆转的，更不可能立即消除。尽管国际社会在积极加强合作，极力减缓气候变化的速度、削弱气候变化的趋势。1979年，第一次世界气候大会召开，倡导并呼吁国际社会共同保护气候。1992年，《联合国气候变化框架公约》得以通过，确立了发达国家与发展中国家"共同但带有区别的责任"原则，阐明了行动框架，力求将温室气体排放控制在一定水平。1997年，149个国家和地区的代表通过了《京都议定书》，明确限制发达国家温室气体排放量以抑制全球变暖，议定书要求到2010年，所有发达国家二氧化碳等六种温室气体的排放量要比1990年减少5.2%。2015年12月，第21届联合国气候变化大会通过了《巴黎协定》，该协定由178个缔约方共同签署，旨在对2020年后全球应对气候变化所采取的行动作出安排。2016年4月，中国在协定上正式签字，成为巴黎协定缔约方之一。

全球气候变化是一个非常复杂的问题，与地球上的所有国家都有着紧密关系。为应对气候变化，国际社会采取协调一致行动既是重要的也是必要的。但是，人类社会尽快建立起恰当的社会文化机制来适应气候变化可能更加重要。

从人类发展的历史长河来看，适应不断变化的环境是人类最基本也是最理想的策略。随着人们所赖以生存的生态环境发生变化，人们会努力通过社会的、文化的机制，引导和制约社会行动，以使社会在特定生态环境中生存下来和持续发展。

既然气候变化的事实已经被发现，那么我们就应该针对气候变化对环境的影响，尽早采取社会的、文化的策略，积极主动地迎接挑战，以便尽快适应气候变化的大环境、大背景，在变化的环境中追求并实现更好的发展。

二、主要灾害风险

要适应气候变化引起的环境变化，关键在于科学地认识气候变化给人类社会生活带来的潜在灾害风险。我们只有更好地认识和预见新环境中的灾害风险，才能更好地控制和管理这些风险，从而可以将灾害的社会损失降到最低，由此安全渡过这些风险。

气候变化对不同国家或地区有不同的影响和潜在风险，相对于中国国情而言，与气候变化相关的灾害和环境风险主要有这样几个方面：

第一，水生态环境安全风险。中国是一个缺水较为严重的国家，特别是华北、西北等干旱、半干旱地区，水资源短缺问题本来就较为突出。在气候变化的影响下，降水分布的不均变得越来越突出，干旱、半干旱地区遭遇干旱灾害的风险在不断升高。干旱灾害不仅危及农牧业生产，也危及水生态环境安全。随着地下水超采问题越来越严重，地下水位的快速下降、河流断流、沙漠化、盐碱化等现象给生态环境带来巨大压力，水资源危机的风险变得越来越大，水资源安全将可能面临严重挑战。而水生态环境安全又直接关系到人的生存和生活的安全。

在气候变化的大背景下，水安全的风险显得尤为突出。因为气温和降雨两个重要气候因素都与水高度关联。气候变暖以及极端天气不仅仅加剧淡水的消耗，而且使水资源的分布更加不均衡，由此导致水安全风险大大提高。例如，2020年，我国南方地区频繁发生因连续遭受暴雨袭击而导致的特大洪水，而北方地区则出现长时间无降雨过程的严重干旱现象，这种极端反差现象反映的正是气候变化带来水安全风险。

第二，粮食安全风险。极端反常气候出现频率增加是气候变化的重要表征之一。极端气候使得北方干旱和南方洪涝灾害的风险升高，此外气候变暖也使得病虫害发生的风险加大，这些灾害风险将给农林牧业的生产带来极大的不确定性。农业与粮食生产受气候条件的影响相对较大，气候变化带来的灾害增多，无疑增加了农业与粮食生产的风险。

中国是一个人口大国，保障粮食安全具有重大战略意义。因此，控制和管理气候变化对农业生产特别是粮食生产带来的灾害风险，有着非常重要的意义。对气候变化背景下的种种极端天气、水旱灾害、生物灾害等风险发生的机制及可能后果要加以更充分的研究、更全面的认识、更有效的防范。

第三，海岸生态环境风险。全球气候变暖导致了海平面不断升高，海平面升高使得沿海地带的生态环境发生变化，咸潮及海水倒灌给河口海岸地区带来巨大的水资源和环境风险。此外，海平面升高还给沿海地带造成其他生态环境问题。

中国有3.2万公里的海岸线，东部沿海地区属于经济较为发达的区域，具有举足轻重的地位。随着全球变暖导致的海平面升高，区域的生态环境也发生着变化，其中就潜藏着一些难以预见和预报的安全风险。因而在社会生产与生活中，为防范和规避海平面升高带来的种种安全风险，必须密切关注和充分认识气候变暖给沿海区域可能造成的影响和危害。

第四，物种灭绝风险。气候变化过程中出现的气温、降水及海平面异常现象，对一些动物栖息地和植物生长的位置造成了严重影响，甚至是不可逆的破坏，使得越来越多的动植物难以适应快速变化的生存环境，或是失去了原有的栖息地和生长位置。受气候变化的影响，会有越来越多的物种濒临灭绝。

物种灭绝的风险表面看与人类社会似乎关系不大，然而事实上直接关系到生物多样性和生态系统的平衡问题，从而在一定程度上影响着整个生态系统的安全，即给人类生存的大环境增加了安全风险。

第五，间接的环境安全风险。随着气候变化导致的灾害风险增多，一些次生或间接灾害风险可能增大。例如，为应对气候变化，人们不得不尽量减少碳排放，而快速增长的能源需求，使得人们寻求发展核电和水电等低碳能源。但是，从日本福岛核电站遭地震破坏后所带来的环境危机来看，这些替代性的能源在自然灾害面前，隐藏着巨大的安全风险。

气候变化是全球性的、复杂的环境问题，其影响范围非常广泛，带来的灾害与安全风险复杂多样，有些是显著可见的，有些则是潜在不可见的；有些风险是直接危害，有些则是间接影响。对于气候变化的灾害与安全风险，人类社会需要正视问题，直面现实，协调行动，共同参与全球治理。

三、社会治理应对

应对气候变化的社会治理，就是要在认识和分析气候变化可能带来的各种灾害与安全风险基础之上，探寻如何构建起科学合理的社会与文化机制，以使社会生活和社会运行能更好地适应变化中的环境。

气候变化虽被界定为人类活动的结果，但这一结果是长期的、累积的过程所致，而且其中也有自然因素的作用。面对气候变化的客观事实，如果人类社会在短期内无法实现彻底扭转气候变化的基本格局，那么，就必须采取积极的社会应对措施。也就是说，即便国际社会采取了共同行动，极力地控制和减少碳排放及温室气体排放，力争减缓气候变暖的速度，人类社会环境治理的措施对气候变化状况的改善也可能是渐进的、长远的。为应对气候变化带来的现实问题，有效降低乃至规避气候变化给社会正常运行带来的灾害风险，建立并不断完善预防和减少灾害影响与损失的社会治理体系就显得尤为重要。完善灾害风险的社会治理体系，重点需要加强以下几个方面的机制建设：

首先，加强与气候变化相关的灾害及风险的预测、预报及预警机制的建设。预测、预报和预警机制建设关键在于加强对气候变化及其影响的科学研究，不断提高预测和预报能力；同时建立起合理、快速的预警系统，提高社会预防和规避灾害的能力。

人类社会积极应对气候变化所带来的影响与危害，最关键的是对将要发生的灾害以及潜在的风险作出较为准确的预测，并能及时发出建设性的、有效的预防警报。预测、预报和预警灾害风险既是技术问题，也是社会治理问题。如果在推进社会治理体系和治理能力现代化过程中，重视并强化灾害治理，那么人类对灾害风险的认识能力和预测能力会不断提升，在此基础上进一步完善预警和预防机制，会大大增强人类社会抵御和应对各种灾害风险的能力。

其次，进一步加强救灾赈灾体系建设。当与气候变化相关的灾害风险增大时，社会必须建立起一个高效的、完善的救助体系，使受灾群体和社会能更快地恢复正常生活和运行。完善的灾害救助体系，需要在法律、制度、政策、组织和操作等多个层面进行制度和能力建设。一方面为救灾和灾后重建提供法律与制度的依据，另一方面为救灾和灾后重建提供基本的物质保障。

气候变化带来极端天气的增多可能导致更多的灾害。面对灾害的挑战，人类社会需要建立起有效的救灾赈灾体系，发挥社会救助机制的功能，帮助受灾人群安全渡过灾害的影响和破坏，并顺利实现灾后重建，以恢复正常社会生活秩序。

再次，加强灾害应急管理机制建设。灾害给社会造成的是一种特殊的危机状态，尽管灾害危机通常是局部的，但是，局部危机如果不能得到有效管理和控制，可能会造成更大范围甚至是全局性的危机。因此，面对灾害，社会必须有一套高效的应急管理机制，这种机制可以在较短时间协调和调动多方面力量，使问题或危机得到有效控制。

在气候变化的背景下，突发极端性天气和自然危害现象增多，人类社会需要相应增强应对突发事件或灾害的能力，以便高效地协调和组织灾害发生时的社会团结协作行动，从而可以更好地防范灾害对人类社会的危害，降低灾害造成的各方面损失。

最后，推进应对气候变化的社会与文化适应机制建设。气候变化将带来人类生存环境的变化，人类除了要努力减少因自己的活动引起的气候变化，还需要主动迎接气候变化带来的挑战。通过转变发展方式、创建各种文化策略，来更好地适应气候变化。例如，为适应气候变化可能造成的水资源问题，我们需要在农业生产、城市建设等方面，建立起节水型的社会机制。此外，为应对可能的灾害，提高自我保护和社会互助的能力，我们需要在文化意识方面增强灾害防护、保险意识以及社会互助意识的培养，在全社会构建起防灾、减灾和救灾意识。

人类社会与文化不断进化的一个重要机制就是适应机制。在漫长的自然历史长河中，人类为适应各种自然生态环境，积极探索并建构出多姿多彩的文化系统，并通过人类智慧，顺利生存下来，推动着社会持续发展和不断进步。

气候变化带来的社会影响和问题可能会越来越多、越来越复杂，而且这些影响和问题具有长期性。防止或减缓气候变化固然重要，但很好地管理和解决气候变化带来的问题可能更具有现实意义。

第十六章 灾害社会学建设与防减灾意识的建构

> 一地的灾荒，与一地的社会上和经济上，有很大的关系，故有研究它的价值。
>
> ——李景汉:《定县社会概况调查》

灾害是指给人类社会带来生命、财产以及其他利益等方面的损失或灾难的自然变异现象和特殊社会行为。从灾害源头来看，灾害包括自然灾害和人为灾害，自然灾害是由特殊自然力量如极端气候、地质运动、特殊生物等现象造成的，人为灾害是指由社会力量造成的损失和灾难，如战争、火灾、矿难等。无论就灾害的根源还是就灾害产生的过程来说，灾害都包含了自然属性和社会属性。自然属性指的是灾害所反映的自然物质运动和自然生态的本质和规律，社会属性是指自然物质运动与社会的互动关系，也就是社会对客观物质运动所作出的反应方式。即便是自然灾害，其社会属性也非常重要，因为灾害总是相对于它对人类社会生活所造成的危害而言的。极端自然现象如雷电既可能造成灾害，也可能不造成灾害，或造成灾害的程度不同，如果社会采取有效防范措施，即可避免灾害或降低受灾程度。

一、灾害与灾害研究

既然灾害具有自然和社会双重属性，那么，对灾害的科学认识就应该包括两个方面，一是灾害的自然科学研究，二是灾害的社会科学研究。灾害社会学正是要对灾害的各种社会属性加以考察、探讨和研究的社会科学学科之一。具体来说，灾害社会学的研究内容主要包括：灾害的社会学原理研究，从自然与社会互动的视角，探讨、拓展和深化对灾害的社会属性的认识，形成关于灾害及防灾减灾的社会学理念；灾害对社会系统的影响研究，探讨社会运行过程中主要灾害对经济生产、社会生活、政治生活和人类其他活动可能产生的影响，以及对这些影响进行社会评估的方法；防灾减灾的社会体系研究，从法律、制度、政策和组织等方面，探寻如何在社会发展规划、社会设置、社区建设中逐步建立和完善防减灾社会体系；赈灾救灾的社会机制研究，主要从社会救助、社会保障、社会保险、社会政策、社会组织、政府等方面，探究建立稳定、可持续和高效赈灾救灾社会机制的途径；灾后重建体制的社会学研究，着重从文化、社会网络、系统功能等视角思考灾区社会重建的原则、策略和社会经济途径；灾害社会史的研究，梳理和总结人类社会所遭遇灾害影响的历史规律，以及历史上人类在灾害预防、减灾、抗灾救灾和灾后重建方面的成功经验和失败教训；灾害次生社会问题的应用研究，主要考察不同灾害所次生出的各种具体社会问题，如心理问题、救助救济问题、生活秩序恢复问题等，分析和探讨不同灾害社会问题的形成机制和社会影响，以及解决这些问题的社会策略。

人类社会在自然历史过程中一直都在探索如何预防灾害、如何减轻灾害带来的破坏和造成的损失。但不同时期，人类认识的重点不同。古代社会，由于人们认为灾害是超自然力作用的结果，所以人类社会把防灾和减灾寄托在对超自然力的崇拜或迷信之上。随着近代自然科学的发展，人类对自然运动规律的认识越来越广泛和深入，逐渐把握了一些灾害现象的形成规律，并能对有些现象加以预测。于是人们把对防灾和减灾的重点放在灾害预测、控制和救援技术的研究之上，也就是只注重灾害的自然科学研究。如今，灾害的自然和社会双重属性越来越清楚地被人们所认识，因此在防灾减灾中人们越来越注重把对灾害的自然科学研究与社会科学研究有机结合起来，强调技术防减灾知识与社会防减灾知识的综合运用。

目前，在一些发达工业化国家如日本和美国，灾害社会学的研究受到广泛重视，也取得较为丰富的成果，并在防灾减灾的社会实践中，发挥了知识支持的作用。相比而言，我国的灾害社会学研究尚未得到足够的重视，尤其在灾害与社会的关系方面缺乏专门的和综合性的研究。因此，当前在我国建设和加强灾害社会学研究尤为必要。其必要性体现在三个方面：一是完善灾害知识体系之必要，对灾害的自然科学研究能够为人类提高防灾抗灾能力提供技术性、工具性知识支撑，但缺乏灾害的社会学知识，不利于人们建立应对灾害的社会支持系统。一个完整的防灾减灾和抗灾救灾体系，也需要得到完整的关于灾害的知识体系支持。二是社会学既要研究常态下的社会运行机制，也要研究非常状态下的社会运行机制，唯有这样，社会学的知识体系和学科体系才是完整的，才能够为社会管理和社会建设实践提供全面的知识支持。三是大国社会之需要。中国是一个幅员辽阔的大国，也是人口和经济大国。在大国社会，即便是某种灾害现象发生概率较小，对于一个大国来说发生局部灾害的可能性也较高，而且造成的破坏和损失相对更大。因而研究和探讨如何在一个大国建立起预防灾害、抵抗灾害和减轻灾害损失的社会机制和体制是非常必要的。

灾害实际上是一种概率小、危害大的事件。要合理有效地预防灾害、减轻灾害损失，人类社会既不能因噎废食，也不能麻痹大意，而是要树立正确的防范灾害风险的意识。也就是通过协调一致的社会行动，来控制和应对可能发生的灾害，以及在紧急状态下通过调整人们的社会行动来尽可能地避险和降低损失。所以，一个社会的防灾减灾能力可以说是该社会自我调节能力的反映，这种能力在较大程度上取决于一个社会对灾害的意识和认识。只有通过不断强化灾害意识、完善灾害知识系统，才能把先进的技术手段和人的力量统合起来，形成防灾、减灾和救灾的社会系统，使灾害的风险和损失降至最低。

防灾减灾的社会意识不是自然形成的，而是要在多种社会实践中建构起来。加强灾害社会学研究，正是要通过对灾害的社会属性和社会调节机制的考察和研究，促进社会的防减灾意识的构建。具体而言，灾害社会学研究将在以下几个方面有助于推动社会防灾减灾意识的建构。首先，通过对人与自然、自然与社会、灾害与社会互动关系的审视和反思，灾害社会学将有助于人们树立全面的、科学的保护自然生态和应对灾害的基本理念和方略。虽然灾害社会学研究并不直接提供应对自然灾害的工具和技术，但是它在灾害社会史、防灾预警机制建立、减灾社会性战略、抗灾救灾社会体制以及灾后重建社会机制等方面所取得的理论认识，不仅对人类防灾和减轻灾难的社会行为具有宏观的指导意义，而且社会学对防减灾经验的研究，将揭示人类在与自然灾害相抗争的具体实践中，是如何运用政治的、经济的、文化的、组织的和社区的力量，把社会成员动员和联合起来应对自然灾害的。这些经验既是一种非常有益的社会记忆，同时也对指导各种抗灾救灾实践具有重要应用价值。

其次，灾害社会学研究聚焦于社会适应和调节机制在防灾减灾中的作用，有助于社会防减灾意识从自然转向社会、从技术防减灾转向社会防减灾。现代防减灾意识的建构，不能只关注于对自然物质运动中的风险防范，还要强调对社会活动中的风险加以防范。现代社会，在平常的情况下，农业和粮食生产的经济效益相对较低，于是人类在土地和水资源配置上，尽量缩小农业和粮食生产方面的资源配置，仅维持在满足最基本需求的程度上。但是，一旦出现大规模的、连续的极端气候，社会一时就难以调整长期积累的生产格局，这就增大了粮食危机和饥荒的风险。洪涝、干旱的出现是人类所难以控制的，但是，社会可以控制和防范洪涝和干旱可能造成的灾难。所以，建构现代防减灾意识就需要从社会体制机制着手，也就是审视和反思人类社会的各种设置和惯习行动能否满足安全度过自然界运动的非常时期，或者是各种社会设置在遇到特殊的自然现象时存在哪些风险。

灾害社会学建设将会促进现代社会建构社会风险管理意识。现代社会正如德国社会学家贝克和英国社会学家吉登斯所说的那样，是一种风险社会。先进科学技术的发展和广泛使用，既给人类带来了更多福利，也有较多潜在的风险。譬如，在水害的防范上，现代水利技术通过修建水库等设施，提高了防洪、抗旱的效率，但是，大量兴建水库也暗藏很多风险，如果不能在设计和建设时进行综合评估，并对潜在风险加以有效控制和管理，水库也会直接威胁人类生命和财产安全。因此，先进的自然科学技术必须与科学合理的风险评估和管理机制相配合，才能化解潜在的社会风险，真正有利于防减灾。

再次，灾害社会学关于抗灾救灾和灾后重建的应用性研究，探索怎样发挥国家、团体、组织和社区以及个体在灾害发生时的应急和自我救助功能；怎样利用社会合力来救济受灾群体；怎样运用社会心理学和社会工作方法在精神上抚慰受灾者；怎样评估受灾的社会损失以及怎样帮助受灾群体修复社会网络和恢复正常生活；怎样解决灾后的一系列具体社会问题，如何通过法规制度来设定社会生活设施的建设标准，来促使人们去排查和提高房屋、道路及桥梁等设施的安全性；如何建立高效的抗灾救灾社会机制，来增强人们应对灾害的能力；如何通过制度建设，来保证受灾者的生活恢复和灾后重建的有序进行。人们可以从这些研究中获得关于应对自然灾害的社会文化策略方面的知识，从而增进社会与文化减灾的意识。当人们遭遇或面对危机时，这些意识会指导他们作出合理的社会行动，引导他们自救、救助他人、团结和合作，帮助他们最大限度地减轻或降低灾害的破坏和影响。

最后，灾害社会学将为建构地方性的防减灾意识提供知识支持。在现代化过程中，流动性的加大在一定程度上冲淡和削弱了传统的、地方性的防减灾意识和知识体系。因为人们的意识和认知结构与所生活的生态环境有着密切关系，比如在洪灾、旱灾、地震多发地区，当地人有着与这些自然灾害相抗争的悠久历史，因而积累了相对较为丰富的、实用的生活经验和抗灾经验，形成了较强的防范相关灾害的意识。由于社会流动频率的增加，普遍性的、统一模式的知识体系和价值占据主导地位，而传统地方性知识和价值走向边缘化。与此同时，一些从灾难经验中积淀的防减灾知识渐渐被社会遗忘，防减灾意识逐渐淡化。加强灾害社会学的经验研究，有助于人们重构地方性防减灾意识，把传统与现代减灾知识有机结合起来，增强各地区公众的防灾减灾意识。

二、共构防减灾意识

2003年，我国突发非典型肺炎公共卫生危机，2020年，新冠肺炎疫情爆发，人们逐渐认识到社会防减灾机制的重要性，尤其是政府管理机关进一步强化了防灾减灾意识，各级政府部门先后建立起各种应急预案机制，大大增强了政府应对危机的快速反应能力。淮河大水、南方冰雪、汶川大地震、"新冠"疫情以及近年来南北方遭遇的特大洪涝等灾害的考验，反映出政府能在防减灾和抗灾救灾中发挥核心领导和组织作用。与此同时，灾害在一定程度上暴露出民众、公共管理以及工程设计理念中防灾减灾意识的薄弱。一些生活设施和公共设施的安全标准偏低、紧急情况下民众避险、自救和自组织能力相对低下，实际上都与薄弱的防减灾社会意识有一定的联系。从灾害的经历中，我们需要认识到加强防灾减灾意识构建的必要性。

从社会学的角度看，增强防灾减灾能力，不能仅靠某个部门，而是要在全社会建构起积极的防范意识。为实现这一目标，我们还需要在三个方面进一步加强：一是在公共教育体系中普及和强化防灾减灾知识教育。汶川县有一所中学每年都坚持紧急疏散和避险知识教育和演习，在2008年的汶川大地震中，他们的绝大多数学生能够立即意识到灾害的发生，并能迅速组织起紧急撤离，从而大大降低了损失。这个例子有力地说明教育对防灾意识和能力的培养是多么有效。日本是个多地震国家，人们的防减灾意识主要是通过学校教育来培养和树立的。防减灾意识培养和知识教育在实践中被证明非常有效，当自然灾害发生时，民众会熟练地运用防减灾知识，从而达到有效降低灾害损失的效果。二是加强和完善防减灾方面的法制建设。要通过立法等法律途径和方式来规范和统一公民对防减灾的认识，尤其是对建设和规划中的安全标准的认可和执行。三是发挥公共媒体的教育和预警功能。运用各级大众媒体传播防减灾知识，适时报告季节性或时段性的灾害风险，并提供科学的、专业的预防策略和应对方法。总之，只要我们整个社会增强了防减灾意识，在危难时刻能协调行动，灾害风险是可以防范和控制的，至少在灾害现象发生后，我们能大大地降低灾害造成的经济与社会方面的损失。

三、提升防减灾能力

灾害无论是自然灾害还是人为灾害，理论上都是不可避免的。特别是在全球气候变化、环境恶化的大背景下，极端气候带来的自然灾害发生频率有上升的趋势，人类社会面临的灾害风险在增大。人类社会要生存并实现可持续发展，也就要不断提升防灾减灾的能力，以适应变化的世界带来的挑战。

防灾并非指防止灾害的发生，灾害总会按一定频率发生，人类无法阻止自然界和社会中极端因素或现象的发生。防灾是指未雨绸缪，社会要做好灾害来临后的有效应对措施和积极的准备，以保障生命、财产安全，最大限度降低和减少灾害造成的影响与损失。例如，人类的防汛抗旱工作就是一项典型的防灾减灾工作，洪涝灾害和旱灾的出现难以避免，但人类社会可以通过防汛抗旱的系列措施，达到防灾减灾的效果，即将洪灾旱灾的破坏程度和造成的损失尽可能地降低。

减灾亦非减少灾害的发生频次，因为自然灾害的发生是不以人们的意志为转移的，人类在自然灾害面前，所能做的主要是减少灾害造成的社会影响和各种损失。

灾害与防减灾是人类与自然交互作用的一种方式，也是社会运行的方式之一。灾害是自然界和社会中的一种现象，一种超常或极端的现象，给人类社会的正常生产生活及秩序不可避免地带来负面的、破坏性的影响，甚至危及生存和生活的安全。在遭遇灾害时，人类必须作出及时、有效的应对措施，以抵御灾害对各方面带来的冲击和威胁。

作为自然界和社会中的极端、异常现象，灾害现象的发生常常难以预测或预见，且有着巨大的破坏力，这些因素给人类社会的防减灾工作带来比较大的难度。例如，2021年7月，河南省郑州市遭遇的强暴雨和洪涝灾害，尽管天气预报预测有暴雨来袭，但由于单日降雨量超出历史极值，导致对极端天气的具体后果难以作出准确、详细地预见，而且短期内应对其超强破坏力也面临着诸多困难。因此，人类与灾害的斗争中，重点就是不断增强防灾减灾的能力，亦即灾害治理的能力建设。

防灾减灾的能力建设与能力提升关键在两个方面：一是对灾害的认知能力；二是社会治理与社会建设能力。

人类对灾害发生规律及可能造成后果的认识，是人类社会有效预测灾害发生、预估灾害后果、预警灾害防范、预案救灾赈灾等方面行动的基础。提升对灾害的认识能力，既关系到对灾害的预测能力及预报的范围和准确性，也影响到应对和处置灾害造成破坏的技术水平。对灾害发生的规律性和造成灾害后果的机理的认识越充分，知识存量越多，那么灾害的预报技术和防灾技术就会越高。有效地防灾减灾在很大程度上取决于人们对灾害的认知能力，而要提升灾害认知能力，关键在于对灾害的科学研究。对各种灾害持续、系统的研究，会不断增加人类对极端的、不寻常的灾害现象和事件的认识，不断拓展人类应对灾害的视野，为防灾减灾提供更丰富的智慧和经验支持。

防减灾能力建设是社会治理与社会建设重要组成部分，因为防减灾能力是指社会防范和减少灾害损失的力量，这种力量是要通过社会动员、社会协调、社会组织机制进行整合而形成的。在灾害面前，个体的力量非常弱小，难以有效地防灾减灾。提高防灾减灾的能力，必须充分发挥社会机制的作用，将分散的个体有效地整合起来，形成社会团结协作的力量，共同应对灾害，这样才能更好地推进防灾减灾以及救灾赈灾工作，尽可能地降低灾害造成的影响和损失。

在推进社会治理与治理能力现代化的过程中，需要把灾害治理纳入社会治理与社会建设的范畴之中，不断强化防减灾意识，不断增强社会防减灾能力。对于大国的社会治理来说，尤其要注重灾害治理，不断推进灾害治理体系和能力的现代化。因为在一个幅员辽阔、人口众多的大国之中，总会有局部地区发生灾害现象和事件，为更加有效地应对灾害威胁，更加有效地赈灾救灾，需要发挥国家的力量，也就是依靠国家社会治理体系来应对灾害及其所造成的问题。

俗话说"天灾人祸"，反映的是灾害造成的严重破坏和重大损失往往是由两方面因素叠加导致的，即自然灾害和社会能动性两个方面因素。天灾是指客观发生的自然灾害现象，是不以人的意志为转移的，人祸指的是人们的行动选择不能帮助自己避免灾害的影响和损失，甚至可能放大灾害的负面后果。提升防减灾能力某种意义上就是要尽量避免人祸，让社会能动性朝着有利于人们规避、抵御和降低灾害带来的破坏和损失的方向起作用。

主要参考文献

Cordano, M., Welcomer, S. A., & Scherer, R. F. (2003). An Analysis of the Predictive Validity of the New Ecological Paradigm Scale. *The Journal of Environmental Education*, 34(3): 22-8.

Dunlap, R. E., & Van Liere, K. D. (1978). The "New Environmental Paradigm". *The Journal of Environmental Education*, 9(4): 10-19.

Dunlap, R.E., & R.E. Jones. (2002). "Environmental Concern: Conceptual and Measurement Issues", *Handbook of Environmental Sociology*, 3(6): 482-524.

Ester, P., & Van der Meer, F. (1982). Determinants of Individual Environmental Behaviour. An Outline of a Behavioal Model and Some Research Findings. *Netherlands (The) Journal of Sociology anc Sociologia Neerlandica Amsterdam*, 18(1): 57-94.

Hardin, G. (1968). The Tragedy of the Commons: the Population Problem Has no Technical Solution; It Requires a Fundamental Extension in Morality. *science*, 162(3859): 1243-48.

Hines, J. M., Hungerford, H. R., & Tomera, A. N. (1987). Analysis and Synthesis of Research on Responsible Environmental Behavior: A Meta-Analysis. *The Journal of Environmental Education*, 18(2): 1-8.

Inglehart, R. (1995). Public Support for Environmental Protection: Objective Problems and Subjective Values in 43 Societies. *PS: Political Science & Politics*, 28(1): 57-72.

Michelson, E. (2007). Climbing the Dispute Pagoda: Grievances and Appeals to the Official Justice System in Rural China. *American sociological review*, 72(3): 459-85.

Oreg, S., & Katz-Gerro, T. (2006). Predicting Proenvironmental Behavior Cross-Nationally: Values, the Theory of Planned Behavior, and Value-Belief-Norm Theory. *Environment and Behavior*, 38(4): 462-83.

奥尔森:《集体行动的逻辑》,陈郁、郭宇峰、李崇新译,上海三联书店、上海人民出版社,1995年。

奥斯特罗姆:《公共事物的治理之道》,余逊达、陈旭东译,上海译文出版社,2000年。

贝克:《风险社会》,何博闻译,译林出版社,2004年。

车小磊、唐传利:《围绕中心 抓好落实 推动水库移民和水利扶贫工作科学发展——访水利部水库移民开发局局长唐传利》,《中国水利》,2014年第24期。

陈绍军、程军、史明宇:《水库移民社会风险研究现状及前沿问题》,《河海大学学报》(哲学社会科学版),2014年第2期。

褚俊英、王建华等:《我国建设节水型社会的模式研究》,《中国水利》,2006年第23期。

崔建远:《水权转让的法律分析》,《清华大学学报》(哲学社会科学版),2002年第5期。

董文虎:《三论水权、水价、水市场——水价形成机制探析》,《水利发展研究》,2002年第2期。

董晓波:《农村反贫困战略转向研究——从单一开发式扶贫向综合反贫困转变》,《社会保障研究》,2010年第1期。

龚文娟:《当代城市居民环境友好行为之性别差异分析》,《中国地质大学学报》(社会科学版),2008年第6期。

何思妤、黄婉婷、曾维忠:《场域视角下水库移民人力资本、社会资本的重建》,《农村经济》,2019年第10期。

洪大用:《环境关心的测量:NEP量表在中国的应用评估》,《社会》,2006年第5期。

洪大用:《经济增长、环境保护与生态现代化》,《中国社会科学》,2012年第9期。

洪大用、卢春天：《公众环境关心的多层分析：基于中国CGSS2003的数据应用》，《社会学研究》，2011年第6期。

洪大用、肖晨阳：《环境关心的性别差异分析》，《社会学研究》，2007年第2期。

黄海峰：《中国绿色转型之路》，南京大学出版社，2016年。

科尔曼：《社会理论的基础》（上），邓方译，社会科学文献出版社，1999年。

黎爱华、张鹤、张春艳：《水利水电工程移民稳定问题对策研究》，《人民长江》，2010年第23期。

李勋华：《水电工程移民权益保障研究》，西南财经大学出版社，2014年。

李振华、王珍义：《大中型水库移民后期扶持政策的演变与完善》，《经济研究导刊》，2011年第16期。

刘丹等：《长江流域节水型社会制度建设框架体系研究》，《节水灌溉》，2008年第12期。

Loucks, D. & J. Gladwell 编：《水资源系统的可持续性标准》，王建龙译，清华大学出版社，2003年。

陆益龙：《流动产权的界定——水资源保护的社会理论》，中国人民大学出版社，2004年。

陆益龙：《纠纷解决的法社会学研究：问题及范式》，《湖南社会科学》，2009年第1期。

吕彩霞、张栩铭、卢胜芳：《主动作为 务求实效 推动水利扶贫和水库移民工作再上新台阶——访水利部水库移民司司长卢胜芳》，《中国水利》，2020年第24期。

马德峰：《中国征地外迁移民社区发展困境思考——以大丰市三峡移民安置点为例》，《西北人口》，2006年第5期。

迈克尔·塞尼：《移民与发展：世界银行移民政策与经验研究》，河海大学出版社，1996年。

裴丽萍：《水权制度初论》，《中国法学》，2001年第2期。

彭远春：《城市居民环境行为的结构制约》，《社会学评论》，2013年第4期。

沈满洪、谢慧明、李玉文等：《中国水制度研究》（下），人民出版社，2017年。

施国庆：《水库移民系统规划理论与应用》，河海大学出版社，1996年。

施国庆、余芳梅、徐元刚、孙中艮：《水利水电工程移民群体性事件类型探讨——基于QW省水电移民社会稳定调查》，《西北人口》，2010年第5期。

石智雷：《移民、贫困与发展——中国水库移民贫困问题研究》，经济科学出版社，2018年。

水利部新闻宣传中心：《中国治水这五年：2012—2017》，黄河水利出版社，2017年。

孙才志、王雪妮：《基于WPI-ESDA模型的中国水贫困评价及空间关联格局分析》，《资源科学》，2011年第6期。

谭文、张旺、田晚荣、李新月：《新发展阶段水库移民稳定与发展战略思考》，《水利发展研究》，2021年第3期。

檀学文：《中国移民扶贫70年变迁研究》，《中国农村经济》，2019年第8期。

唐传利：《围绕中心　开拓进取　推动水库移民和水利扶贫工作新发展》，《中国水利》，2013年第24期。

唐启明（D.J.Treiman)：《量化数据分析：通过社会研究检验想法》，任强译，社会科学文献出版社，2012年。

汪恕诚：《C模式：自律式发展》，《中国水利》，2005年第13期。

王灿发：《环境纠纷处理的理论与实践》，中国政法大学出版社，2002年。

王慧、王振航：《脱贫攻坚的水利担当》，《中国水利》，2021年第5期。

王茂福、刘恩培、郑军：《外迁移民非平衡的社会融入：结构及影响因素分析》，《学习与实践》，2021年第2期。

王沛沛、许佳君：《社会变迁中的水库移民融入——来自章村移民融入经验》，《河海大学学报》(哲学社会科学版)，2013年第3期。

王应政：《中国水利水电工程移民问题研究》，中国水利水电出版社，2010年。

武春友、孙岩：《环境态度与环境行为及其关系研究的进展》，《预测》，2006年第4期。

项云玮：《强化属地管理 促进移民融入——温州市水库移民社会融入问题浅析》，《水利发展研究》，2013年第2期。

肖晨阳、洪大用：《环境关心量表(NEP)在中国应用的再分析》，《社会科学辑刊》，2007年第1期。

徐和森：《中国特色的移民之路：水库移民工作研究》，河海大学出版社，1995年。

杨朝霞：《环境纠纷解决机制的选择与运用》，《环境经济》，2011年第1期。

杨敏、陆益龙：《法治意识、纠纷及其解决机制的选择——基于2005 CGSS的法社会学分析》，《江苏社会科学》，2011年第3期。

伊慧民：《黄河的警示》，黄河水利出版社，1999年。

张春艳、李苓：《大中型水库移民后扶政策实施现状及完善建议》，《人民长江》，2016年第15期。

张丹：《多维贫困视角下水库移民隐性贫困的识别与测度》，《水力发电》，2021年第5期。

张军红、侯新：《河长制的实践与探索》，黄河水利出版社，2017年。

"环境友好型社会中的环境侵权救济机制研究"课题组：《建立和完善环境纠纷解决机制》，《求是》，2008年第12期。

"中国水治理研究"项目组：《中国水治理研究》，中国发展出版社，2019年。

中华人民共和国水利部编：《2019中国水利发展报告》，中国水利水电出版社，2019年。

后　记

2000年6月，我从北京大学社会学人类学研究所博士毕业，有幸被中国人民大学社会学博士后流动站招录，跟随合作导师郑杭生教授。进站之前，我的博士导师周星教授在日本任教，所以我在博士后研究选题时就请教了刘世定教授。在博士学习阶段，刘老师给了我很多帮助和指导，我受益匪浅。对博士后研究计划，刘老师建议从社会学角度去考察和研究为什么北方很多河流出现断流现象。这一选题虽与我博士阶段的研究领域——中国户籍制度研究有很大不同，但我觉得这项研究意义重大，不仅关系到现实社会中河流与水资源的保护问题，也是社会学的新领域。对这个研究方向，导师郑杭生教授给予了认可，郑老师一直对新领域、新方法持开放、包容乃至支持的态度。

在博士后研究期间，机缘巧合，社会学系向中国水利水电科学研究院水资源研究所推荐我参加了水利部与英国国际发展署的合作项目"水资源需求管理"，并担任中方的社会学专家。在这个项目中我重点考察了东北辽宁省大凌河流域和西北甘肃省石羊河流域地区，关注水与社会生计、弱势群体、公共参与及利益相关者等方面的问题。项目实践让我了解到西方国家国际援助项目的本质和实际运作的策略，庆幸的是我借此机会顺利开展了水与社会、河流及水资源保护问题的社会学研究。在博士后研究报告基础上，出版了《流动产权的界定——水资源保护的社会理论》（2004年）一书，从制度社会学理论阐释了水资源的困境与保护问题。

有了水资源与社会学跨学科研究经验，后来我又应邀参与了中国水利水电科学研究院、水利部发展研究中心的一些课题研究，主要涉及节水型社会制度建设、水库移民社会治理等问题，在水与社会研究领域做了一点贡献。

水是生态环境的核心元素，水资源及水相关问题也是重要的环境问题之一。因为水资源保护的研究，我进入了环境社会学领域，并成为中国社会学会环境社会学专业委员会的一名副会长。在此领域，我运用社会调查数据，写了有关水环境方面的几篇文章。本书从环境社会学视角来看治水问题，也是我对这个学术共同体的一点贡献吧。

重拾水与社会的研究，一是基于对现实形势的思考，二是希望能起到抛砖引玉的作用。在社会生活中，我们已越来越感受到了鲍曼所说的现代性困境，也就是人类面临的世界性困境，那就是全球气候变化问题。气候变化带来的问题集中体现在水相关问题上，极端气候导致干旱少雨和洪涝灾害，以及气温升高导致海平面上升，这些问题意味着新时期的治水需要拓展视野，需要共同行动积极地应对生态环境问题和气候变化带来的挑战。从环境社会学视角来审视治水问题，就是要直面现实，积极探寻应对气候变化背景下的有效治水方略与路径。

出版此书的另一个目的是提出问题，亦即当下我们该如何去应对和解决复杂且严峻的水问题。近年来，中国相继出台大江大河的生态环境保护战略，有长江十年禁渔政策，黄河流域高质量发展战略。在应对气候变化方面，中国提出碳达峰、碳中和"两碳社会"建设战略规划。国家这些重大发展战略实际上为环境社会学提出了诸多有待研究的课题，因而需要有更多的社会学者去关注和探究水相关问题及水治理。

书中的部分内容是在一些报刊发表的文章，有些是在课题研究报告基础上经过整理、修改和完善而成。我的研究生邢婧宇、黄彦婷、蓝海清、王梓萱、周磊刚、董倞乔等参与了水库移民稳定与社会治理部分的研究和写作，邢婧宇还协助收集和核查了部分文献资料，在此向他们表示感谢。

感谢本书责任编辑赵润细付出的辛勤劳动，她严谨认真的态度和非常专业的编校工作，让本书增色不少。

感谢妻子俞敏，每次收到书稿清样之后，她都帮我先认认真真地校对一遍。谢谢儿子陆亮，温馨的家给了我无穷的前行动力，家人的理解和支持，激励着我践行自己的"学术长跑理论"。在我看来，学术活动如同长跑，过程是枯燥的、孤独的，独自地重复转圈，需要意志、耐力和坚持，但每次跑步过后，身心却能获得释放和自由，妙不可言，更能享受长跑带来的乐趣，并乐在其中。

作者于时雨园

2022 年 4 月 8 日